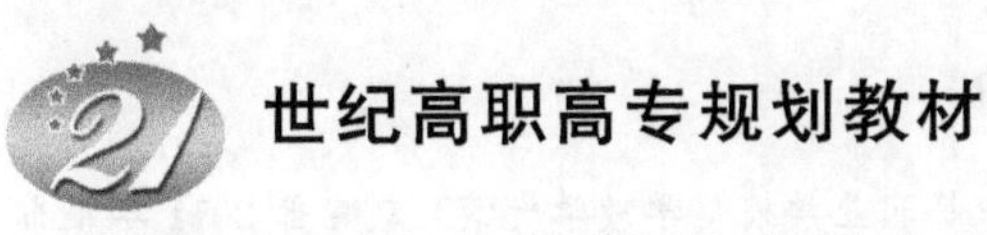

世纪高职高专规划教材

高等职业教育规划教材编委会专家审定

实用化学教程

主　编　黄　彬
副主编　许　敏　甄艳霞　魏　月
参　编　徐荣华　杨桂玲
主　审　郑　骏

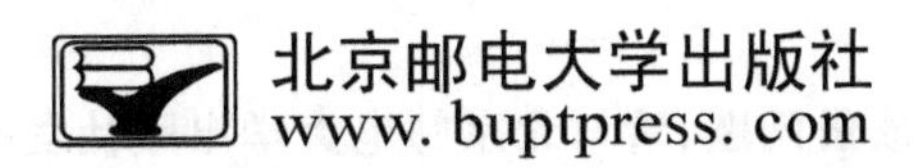
北京邮电大学出版社
www.buptpress.com

内 容 简 介

本书是作者在多年的教学实践的基础上，依据教育部《中等职业学校化学教学大纲》、教育部 2011 年颁布的《全国各类成人高等学校招生复习考试大纲——高中起点升本、专科》以及相关高考复习考试大纲，同时根据化工企业对技术工人的要求，以突出基本理论为指导思想编写的一本实用化学教程。内容的选择注意了基础性、实用性和拓展性，为化工工艺、化工分析、生物制药、环境保护与检测、药物分析与检验、新材料等专业后期学习打基础。

全书分无机化学基础知识、有机化学基础知识、化学实验基础知识三部分：无机化学基础知识部分和有机化学基础知识部分供各专业使用，可满足各化工、化学、生物制药、环境保护与检测、药物分析与检验、新材料方向等的职业岗位对高素质劳动者共同的对化学基础的需求，也可满足学生参加对口单独招生高考、成人高考等升学考试的需求；化学实验基础知识部分供化工、化学等相关专业选用，可满足化工分析、环境保护与检测、化工工艺，精细化工、生物制药等专业基本的实验操作需求。各部分内容有相对的系统性和独立性。本书既可作为职业技术教育各专业的化学教材，也可以作为备考复习用书。

图书在版编目(CIP)数据

实用化学教程 / 黄彬主编. -- 北京 ：北京邮电大学出版社，2018.2（2023.9 重印）
ISBN 978-7-5635-5376-1

Ⅰ. ①实… Ⅱ. ①黄… Ⅲ. ①化学－职业教育－教材 Ⅳ. ①O6

中国版本图书馆 CIP 数据核字(2018)第 020709 号

书　　　名：实用化学教程
著作责任者：黄　彬　主编
责 任 编 辑：满志文
出 版 发 行：北京邮电大学出版社
社　　　址：北京市海淀区西土城路 10 号(邮编：100876)
发　行　部：电话：010-62282185　传真：010-62283578
E-mail：publish@bupt.edu.cn
经　　　销：各地新华书店
印　　　刷：北京虎彩文化传播有限公司
开　　　本：787 mm×1 092 mm　1/16
印　　　张：12.75
字　　　数：330 千字
版　　　次：2018 年 2 月第 1 版　2023 年 9 月第 5 次印刷

ISBN 978-7-5635-5376-1　　定　价：32.00 元

前　言

化学是化工、应化、制药、环境、材料和轻化等与化学关系密切的各类专业本科生的第一门基础课，也是职业类学生实现从中学到职业类学校在学习方法和思维方式方面的过渡和转变的桥梁。从这个意义上来讲，化学课程既是学生学好更高阶段其他化学课程的基础，又是培养科学素质、提高创新能力的关键，因此，一部好的教材对学生而言尤为重要。本着教材的编写应当符合教学基本要求和遵循教学基本规律的原则，在教材编写中，力求做到在与中学教学内容妥善衔接的基础上，教材内容由浅入深、循序渐进、注重基础、突出重点，以利于学生的自学和创新能力的培养；内容的选择注意了基础性、实用性和拓展性，面向专业需求，设计基础实验部分。内容的处理方法主要体现在以下几个方面：

(1) 注意数学自身的系统性、逻辑性，不拘泥于对某些基础理论的严格论证和推导，而尽量采用从实例、现实问题背景或案例引入新知识。

(2) 例题的编排由易到难，注重层次性，并通过解题前的“分析”和解题后的“注意”帮助学生掌握解题的思路和解题中应注意的问题。

(3) 习题的编制以复习巩固学习目标为主，部分在难度、深度和题型的广度上略有拓展，供学有余力的学生选用。

本书将无机化学的知识、有机化学知识、化学实验知识体系进行了整合，这种整合既体现了编者的一贯思想，又纳入了某些新的创意，也是编者教学工作的总结。本书由无机化学基础知识、有机化学基础知识、化学实验基础知识组成。

本书各章安排了适量的思考题和习题，帮助学生理解掌握基本概念、基本原理、基本知识和基本内容。有些章节还安排了一些知识面略宽、难度略大、综合性略强的题目，以便引导学生自学和因材施教。

本书既可作为职业技术教育各化工、应化、制药、环境、材料和轻化等与化学关系密切的各类专业的化学教材，也可以作为备考复习用书。

本书由黄彬主编，许敏、甄艳霞、魏月副主编，徐荣华、杨桂玲参编。全书由郑骏主审。

本书编写过程中得到了南京化工技师学院的领导及相关部门的大力支持，也得到了其他学科和专业老师的帮助，在此表示衷心的感谢。

由于编者水平有限，书中难免有不妥之处，敬请读者批评指正。并恳请将意见和建议发至：42070656@qq.com。

编　者

2017 年 8 月

前　言

目录

第一部分 无机化学基础知识

第三部分　化学实验基础知识

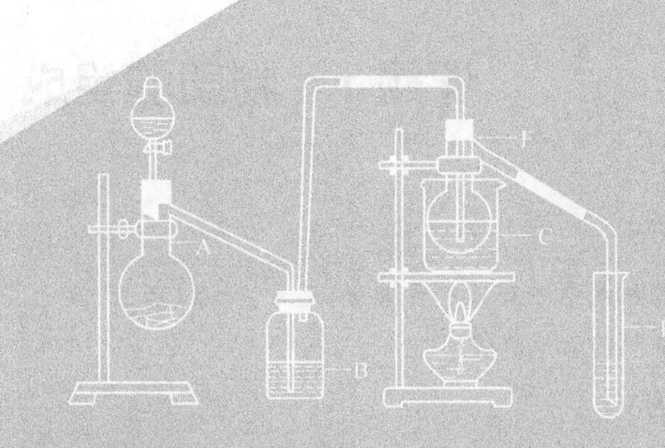

第一部分 无机化学基础知识

第一章　物质的组成和分类

课题1　物质的组成

【教学目标】

掌握物质的组成中涉及的重要概念：元素、分子、原子、离子等概念的内涵及外延；明确各类物质中存在微粒的一般规律。

【教学重点】

物质组成、分类的知识体系的建立和理解。

【教学难点】

各类物质中存在微粒规律性的分析。

【知识回顾】

一、物质组成

化学的研究对象及内容：化学是一门研究物质的组成、结构、性质以及变化规律的基础自然科学。自然界中的各种物质都是以不同的微粒构成：分子、原子、离子。

(1) 分子：保持物质化学性质的一种微粒。

分子运动论：①质量非常小。②不断运动。③分子间有一定间隔。

组成：原子。

表示：分子式。

物质举例：分子晶体。

意大利的阿伏伽德罗最早提出的分子概念。

(2) 原子：化学变化中的最小微粒。

特点：①原子比分子更小。②不断运动。③物质内部原子间有一定间隔。

组成：质子、中子、电子。

表示：元素符号。

物质举例：金刚石、晶体硅、水晶、碳化硅（稀有气体、金属辨析）。

道尔顿最早提出的近代原子理论。

原子量与原子质量概念辨析。

(3) 离子:带电的原子或原子团。

简单离子:原子得或失电子后形成带电微粒。

复杂离子:原子团得或失电子后形成带电微粒。

表示:离子符号。

物质举例:离子晶体。

(4) 微观→宏观。

元素:具有相同核电荷数(即质子数)的同一类原子(包括简单阳离子)称为元素。

元素的存在:

游离态——以单质的形态存在,如空气中的氧成游离态。

化合态——以化合物的形态存在,如水中的氧成化合态。

元素只讲种类不讲个数,而原子既讲种类又讲个数。

核素:具有一定数目的质子和一定数目的中子的一种原子(即某一种同位素原子)。

同位素:质子数相同而中子数不同的同一元素的不同原子(即核素)互称同位素。

同位素的化学性质相同而物理性质不同。

元素和原子是有联系的两个不同的概念,如表 1-1 所示。

表 1-1　元素和原子概念的比较

	元素	原子
区别	① 具有相同核电荷数的一类原子的总称 ② 一种宏观名称,有“种类”之分,没有“数量”“大小”“质量”的含义 ③ 元素是组成物质的成分	① 化学反应中的最小粒子 ② 一种微观粒子,有“种类”之分,又有“数量”“大小”“质量”的含义 ③ 原子是构成物质的一种粒子
联系	具有相同核电荷数的一类原子总称一种元素	
应用举例	可以说“水是由氢元素和氧元素组成的”或者“水分子是由两个氢原子和一个氧原子构成的”,不能说“水分子是由两个氢元素和一个氧元素构成的”	

二、化学用语

(1) 元素符号

元素符号除了代表一种元素外,还代表这种元素的一个原子。下面以氯的元素符号 Cl 为例来说明元素符号上附加数字或标记所表示的各种意义,如表 1-2 所示。

表 1-2　元素符号及附加数字或标记的意义

符号	意义
Cl	氯元素或 1 个氯原子
2Cl	2 个氯原子
Cl_2	氯气的化学式;氯气的一个分子;氯气的分子由 2 个氯原子构成
${}_{17}Cl$	核电荷数为 17 的氯原子

续表

符号	意义
^{35}Cl	质量数为35的氯原子
$^{37}_{17}Cl$	质量数为37的氯原子(氯的一种同位素)
$\overset{-1}{Cl}$	氯元素的化合价为-1
Cl^-	带有一个单位负电荷的氯离子
$\cdot\ddot{\underset{\cdot\cdot}{Cl}}:$	氯原子的电子式,7个小黑点表示氯原子的最外电子层中7个电子
$[:\ddot{\underset{\cdot\cdot}{Cl}}:]^{-1}$	氯离子的电子式,表示氯原子得到1个电子后最外层有8个电子,整个粒子带有一个单位的负电荷

(2) 化学式

用元素符号来表示物质组成的式子称为化学式。一种物质只用一个化学式来表示。

① 单质化学式的写法

氧气、氢气、氯气、溴、碘等单质的1个分子里各含有2个原子,它们的化学式分别是O_2、H_2、Cl_2、Br_2、I_2等。它们的化学式同时也分别表示了它们的分子组成,因此也是它们的分子式。

氦、氖、氩、氪、氙等稀有气体的分子都是由单质原子构成的,它们的化学性质都很稳定,一般不跟其他物质发生反应,因为它们是单原子分子,所以通常就用元素符号He、Ne、Ar、Kr、Xe等来表示它们的化学式。

金属单质和固体非金属单质(碘除外)的结构比较复杂,习惯上就用元素符号来表示它们的化学式。如铁(Fe)、铜(Cu)、磷(P)、硫(S),等等。

② 化合物的化学式的写法

先写出组成该化合物的元素符号(习惯上把金属元素符号写在左方,非金属符号写在右方),然后在各元素符号右下角用数字标出该化合物的1个分子中所含各元素的原子数。例如,水的化学式是H_2O,二氧化碳的化学式是CO_2,氧化铝的化学式是Al_2O_3。

(3) 化合价

元素之间相互化合时,其原子个数比都有确定的数值,元素的原子相互化合的数目,决定了这种元素的化合价。

元素的化合价是元素的原子形成化合物时表现出来的一种性质,在单质里元素的化合价等于零。

一般来说,应用正负化合价要遵循以下规则:

① 氢元素是+1价;氧元素是-2价。

② 金属元素通常显正价。

③ 非金属元素跟氢化合时常显负价,跟氧化合时常显正价。例如在H_2S里,S显-2价;在SO_2里,S显+4价。

④ 在离子化合物或者共价化合物里,正、负化合价的代数和都等于零。

很多元素的化合价并不是固定不变的,在不同条件下,有些元素与另一元素起反应时会生成不同的化合物,这说明,同一元素可能显示不同的化合价。也就是说,这些元素具有可变化合价。例如,铁元素的氯化亚铁($FeCl_2$)里显+2价,在氯化铁($FeCl_3$)里显+3价。

一些常见元素及根的主要化合价，如表1-3所示。

表1-3　常见元素的主要化合价

元素和根的名称	元素和根的符号	常见的化合价	元素和根的名称	元素和根的符号	常见的化合价
钾	K	+1	氯	Cl	-1、+1、+5、+7
钠	Na	+1	溴	Br	-1
银	Ag	+1	氧	O	-2
钙	Ca	+2	硫	S	-2、+4、+6
镁	Mg	+2	碳	C	+2、+4
钡	Ba	+2	硅	Si	+4
铜	Cu	+1、+2	氮	N	-3、+2、+3、+4、+5
铁	Fe	+2、+3	磷	P	-3、+3、+5
铝	Al	+3	氢氧根	OH^-	-1
锰	Mn	+2、+4、+6、+7	硝酸根	NO_3^-	-1
锌	Zn	+2	硫酸根	SO_4^{2-}	-2
氢	H	+1	碳酸根	CO_3^{2-}	-2
氟	F	-1	铵根	NH_4^+	+1

(4) 化合价和化学式的关系

根据化合物中各元素正、负化合价的代数和为零的原则，可以根据化学式求出组成化合物的各元素的化合价，也可以应用化合价写出已知物质的化学式，或检查化学式的正误。例如，五氧化二磷的化学式是 P_2O_5，已知氧是-2价，可以计算出磷的化合价是+5价，又如，已知铝是+3价，氧是-2价，可知氧化铝的化学式应是 Al_2O_3。

例1　填写下列空白：

(1) ________、________、________等都是组成物质的粒子，有些物质是由________构成的，如________；有些物质是由________直接构成的，如________；还有些物质是由________构成的，如________。

(2) 在化学反应中，________可分解成为原子，而________是化学反应里最小的粒子。

解析：从题意来看，所需填的答案，都跟物质结构的知识有关，因此要从原子、分子、离子的性质出发，考虑所填写的答案。

答案：(1) 分子　原子　离子　分子　氧气(O_2)　原子　汞(Hg)　离子　氯化钠(NaCl)

(2) 分子　原子

例2　下列含有硫元素的物质中，硫元素的化合价最高的是(　　)。

A. H_2SO_3　　B. H_2SO_4　　C. $KHSO_3$　　D. Na_2S_2O

解析：A. 氧显-2价，氢显+1价，设 H_2SO_3 中硫元素的化合价为a，根据在化合物中正负化合价代数和为零，则 $(+1)\times2+a+(-2)\times3=0$，解得 $a=+4$。

B. 氧显-2价，氢显+1价，设 H_2SO_4 中硫元素的化合价为b，根据在化合物中正负化合价代数和为零，则 $(+1)\times2+b+(-2)\times4=0$，解得 $b=+6$。

C. 氧显-2价，氢显+1价，钾显+1价，设 $KHSO_3$ 中硫元素的化合价为c，根据在化合物中正负化合价代数和为零，则 $(+1)+(+1)+c+(-2)\times3=0$，解得 $c=+4$。

D. 氧显-2价，钠显+1价，设 $Na_2S_2O_3$ 中硫元素的化合价为 d，根据在化合物中正负化合价代数和为零，则 $(+1)\times2+2d+(-2)\times3=0$，解得 $d=+2$。

因此硫酸中硫元素的化合价最高；故选 B。

例 3 对 $2NO_2$ 的正确描述是(　　)。

A. 表示二氧化氮分子由氮元素和氧元素组成

B. 表示2个氮原子和4个氧原子

C. 表示2个二氧化氮分子，每个分子由4个氮原子和2个氧原子构成

D. 表示2个二氧化氮分子，每个分子由1个氮原子和2个氧原子构成

解析：从所给的各个选项看，只有D项最完美准确地表示出了 $2NO_2$ 所代表的全部意义，A、B项未能说明有2个二氧化氮分子，C项后半句话叙述不正确。

课题 2　物质的分类

【教学目标】

(1) 复习巩固初中物质分类的相关知识，明确混合物、纯净物、单质、酸碱盐的含义。

(2) 拓展延伸，理解高中酸、碱、盐的定义，加深对于酸、碱、盐的理解，深化酸碱盐的相关知识理解。

(3) 拓展延伸，按照不同标准，对酸碱盐重新分类，从不同的侧面，介绍高中酸碱盐知识。

【教学重点】

酸碱盐的定义、酸碱盐的分类。

【教学难点】

酸碱盐的定义。

【知识回顾】

一、物质分类

1. 物质分类

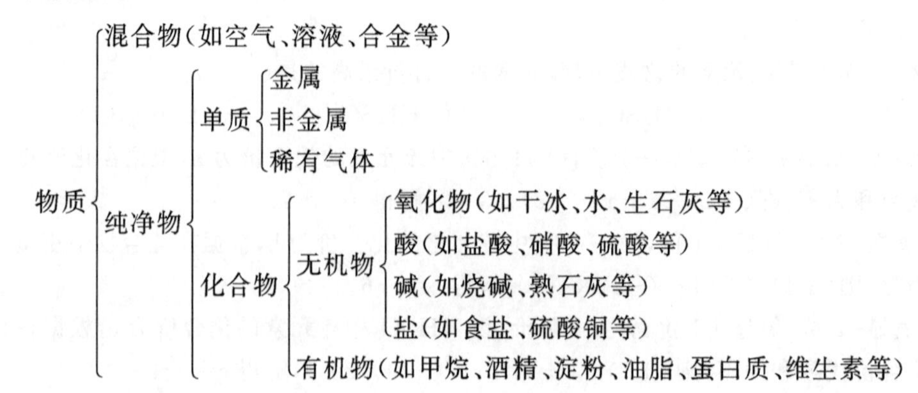

2. 联系与区别

(1) 混合物与纯净物

项目	纯净物	混合物
概念	有一种物质组成	由两种或多种物质混合而成
微观构成	由同种分子构成	由不同种分子混合组成
特征	有固定的物理性质和化学性质	各物质都保持原来自己的性质，所以没有固定的性质
相互关系	两种或两种以上的纯净物可以机械地混合成混合物	混合物可以经物质的分离提纯，得到纯净物
举例	食盐	食盐水

(2) 单质与化合物

项目	单质	化合物
概念	由同一种元素组成的纯净物	由不同元素组成的纯净物
共同点	均为纯净物	
宏观不同点	由同一种元素组成	由不同种元素组成
微观不同点	由同种原子构成	由不同种原子构成
相互关系	单质 $\underset{\text{分解反应或置换反应}}{\overset{\text{化合反应}}{\rightleftarrows}}$ 化合物	
举例	氢气	氧化铜

二、相关概念

1. 单质、化合物和氧化物的概念

单质：同种元素组成的纯净物。

化合物：由两种或两种以上元素组成的纯净物。

氧化物：由两种元素组成的化合物，其中有一种元素是氧。

2. 常见的酸、碱、盐

酸性溶液：能使紫色石蕊试液变红的溶液。

碱性溶液：能使紫色石蕊试液变蓝的溶液。

常见的酸：盐酸、硫酸、硝酸、碳酸。

常见的碱：氢氧化钠、氢氧化钾、氨水。

盐：组成中含有金属离子(或铵根)和酸根离子的化合物。

例 1　用纯净物、混合物、单质、化合物四类物质填空：

(1) 只含一种分子的物质一定属于________________。

（2）含有两种以上分子的物质一定属于____________________。
（3）只由一种元素组成的物质一定不属于____________________。
（4）含有两种以上元素的物质一定不属于____________________。
（5）由一种元素组成的物质可能是____________________。

解析：（1）由分子构成的物质中，由一种分子构成，属于纯净物；

（2）由分子构成的物质中，由两种或两种以上分子构成的物质属于混合物；

（3）化合物中最少由两种元素组成，所以只由一种元素组成的物质一定不属于化合物；

（4）单质是由一种元素组成的纯净物，含两种以上元素的物质一定不属于单质；

（5）由一种元素组成的物质可能是单质，例如氧气是由氧元素组成，属于单质，也可能是混合物，例如氧气和臭氧属于混合物.

答案：（1）纯净物；（2）混合物；（3）化合物；（4）单质；（5）纯净物（或单质或混合物）。

【知识衔接】

一、氧化物

1. 定义

（1）组成元素的种数：两种。
（2）组成物质的类别：化合物。

2. 分类

（1）按常温下的状态分类
① 固态氧化物（如：Fe_2O_3、CuO）。
② 液态氧化物（如：H_2O）。
③ 气态氧化物（如：CO_2）。
（2）按组成元素分类
① 金属氧化物（如：Na_2O、CaO、MgO、ZnO、MnO_2、CuO、Fe_2O_3、Al_2O_3）。
② 非金属氧化物（如：CO_2、SO_2、CO、SO_3、P_2O_5）。
（3）按酸碱性分
① 酸性氧化物：能与碱作用，生成物只有盐和水的氧化物。
（大多数非金属氧化物，如：CO_2、SO_2、SO_3、SiO_2、P_2O_5等）
② 碱性氧化物：能与酸作用，生成物只有盐和水的氧化物。
（大多数金属氧化物，如：Na_2O、CaO、Fe_2O_3、CuO、MgO等）
（4）按化学性质分类
① 不成盐氧化物：不能与酸和碱反应生成相应价态的盐和水的氧化物。
（如：H_2O、CO、NO、MnO_2）
② 成盐氧化物：能与酸和碱反应生成相应价态的盐和水的氧化物。
Ⅰ. 酸性氧化物（大多数非金属氧化物，如：SO_2、SO_3、CO_2、Mn_2O_7）
Ⅱ. 碱性氧化物（大多数金属氧化物，如：CaO、MgO、CuO、Fe_2O_3）
Ⅲ. 两性氧化物（如：Al_2O_3、ZnO）

二、酸

1. 定义：在水溶液中解离出的阳离子全部是 H^+ 的化合物。

2. 分类

（1）按组成可分为：含氧酸（H_2SO_4）和无氧酸（HCl）。

（2）按电离出的 H^+ 个数分为：一元酸（HCl）、二元酸（H_2SO_4）、三元酸（H_3PO_4）。

（3）按酸性的强弱分为：强酸（H_2SO_4、HCl 、HNO_3）、中强酸（H_3PO_4）、弱酸（H_2CO_3）。

（4）总结和命名原则

分类		根据酸分子里有无氧原子分	
		含氧酸	无氧酸
根据酸分子电离产生的 H^+ 个数分	一元酸	HNO_3、HClO	HCl
	二元酸	H_2SO_4、H_2CO_3	H_2S
	三元酸	H_3PO_4	
命名		某酸	氢某酸

3. 常见的强酸

（1）浓盐酸——有挥发性、有刺激性气味、在空气中能形成酸雾。

（2）浓硫酸——无挥发性。黏稠的油状液体。

有很强的吸水性（和脱水性）。

溶水时能放出大量的热。

浓 H_2SO_4 的稀释："酸入水，沿器壁，慢慢倒、边搅拌"。

三、碱

1. 定义：电离时生成阴离子全部是 OH^-。

2. 分类

（1）按溶解性分为：可溶性碱（NaOH）、微溶性碱[$Ca(OH)_2$]、难溶性碱[$Cu(OH)_2$]。

（2）按碱性强弱分为：强碱（NaOH）、弱碱（$NH_3 \cdot H_2O$）。

（3）按电离出的 OH^- 个数分为：一元碱（NaOH）、二元碱[$Ca(OH)_2$]、三元碱[$Fe(OH)_3$]。

（4）总结和命名

分类		强碱	弱碱
根据碱分子电离产生的 OH^- 个数分	一元碱	NaOH、KOH	$NH_3 \cdot H_2O$
	二元碱	$Ca(OH)_2$、$Ba(OH)_2$	$Cu(OH)_2$
	三元碱		$Fe(OH)_3$
命名		氢氧化某	

3. 常见的强碱

(1) 氢氧化钠——白色固体,极易溶于水,溶解时放热。

俗称烧碱、火碱、苛性钠,有腐蚀性。

在空气中易吸收水分,表面潮湿,这种现象称为潮解(作干燥剂)。

(2) 氢氧化钙——白色固体,微溶于水,溶解度随温度升高而减小。

俗称熟石灰、消石灰,有腐蚀性。

其澄清溶液称为澄清石灰水。

四、盐

1. 定义:在水溶液中解离出金属离子(或铵根)和酸根离子的化合物。

2. 分类

(1) 正盐:在水溶液中解离出的只含有金属阳离子和酸根离子的盐。

(如:$NaCl$　$CaCO_3$　$BaSO_4$　Na_2CO_3　$CuSO_4$)

(2) 酸式盐:在水溶液中解离出阳离子除金属离子(或 NH_4^+)外还有氢离子,阴离子为酸根离子的盐。

(3) 碱式盐:在水溶液中解离出阳离子除金属离子(或 NH_4^+),阴离子为除酸根离子外还有氢氧根离子的盐。

(4) 命名:正盐无氧酸盐称为"某化某",含氧酸盐称为"某酸某"。酸式盐称为"某酸氢某"。

3. 常见的盐

(1) 硫酸铜——白色粉末、溶于水后得蓝色溶液(从该溶液中析出的蓝色晶体为五水合硫酸铜($CuSO_4 \cdot 5H_2O$)。

(2) 碳酸钠——俗称纯碱,白色粉末,水溶液为碱性溶液(从溶液中析出的白色晶体为碳酸钠晶体 $Na_2CO_3 \cdot 10H_2O$)。

(3) 氯化钠——白色晶体,易溶于水。食用盐的主要成分。

(4) 大理石主要成分为碳酸钙,明矾含硫酸铝,小苏打是碳酸氢钠,化肥如硫酸铵、碳酸铵等都是盐。

例 1　分类是学习化学的重要方法,下列归纳正确的是(　　)。

A. 纯碱、烧碱都属于碱类　　B. 冰和干冰既是纯净物又是化合物

C. 铅笔芯、铅球主要成分都是铅　　D. 醛类、甲酸酯类、糖类都含有醛基

解析:A 项,纯碱属于盐类;C 项,铅笔芯的主要成分是石墨;D 项,蔗糖、果糖不含醛基。

答案:B。

习题一

一、选择题

1. 分子跟原子的主要不同点是(　　)。

A. 分子比原子运动慢

B. 分子能构成物质,原子不能构成物质

C. 分子在化学反应里可以再分,原子在化学反应里不能再分

D. 分子大,原子小

2. 下列说法中正确的是(　　)。

A. 化合态的氧元素与游离态的氧元素,其原子核内质子数不同

B. 原子是体现元素性质的最小单位

C. 含有氧元素的化合物称为氧化物

D. 由两种元素组成的物质称为单质

3. 下列物质中,属于混合物的是(　　)。

A. 氧气　　B. 氧化铜　　C. 碳酸钾　　D. 液态空气

4. 下列物质中,属于纯净物的是(　　)。

A.空气　　B. 黄铜　　C. 浓硫酸　　D. 干冰

5. 下列物质中,含有氧分子的是(　　)。

A. 氯酸钾　　B. 液氧　　C. 二氧化碳　　D. 氧化铁

6. 下列符号中,表示两个氮原子的是(　　)。

A. N_2　　B. $2N_2$　　C. 2N　　D. $\overset{-2}{N}$

7. 下列化合物里氯的化合价为+5 价的是(　　)。

A. $AlCl_3$　　B. $KClO_3$　　C. $HClO_4$　　D. NaClO

8. 一定由三种元素组成的物质是(　　)。

A. 氧化物　　B. 碱　　C. 酸　　D. 盐

9. 下列物质中不属于酸类的是(　　)。

A. H_2SO_3　　B. $NaHSO_4$　　C. CH_3CH_2OH　　D. HClO

10. 经分析,某种物质中只含一种元素,则此物质(　　)。

A. 一定是一种单质　　B. 一定是一种纯净物

C. 一定是混合物　　D. 可能是纯净物,也可能是混合物

二、非选择题

11. 填写下列空白。

(1) 化学式是用________表示物质组成的式子,一种纯净物只用________种化学式表示。

(2) "O"表示________和________;"2O"表示________;"O_2"表示________和________;"$2O_2$"表示________和________;CO_2表示________和________;"$4H_2O$"表示________。

(3) 离子是带电荷的________或________。

(4) 在符号$^{37}_{17}Cl$中,Cl 是________符号,37 是 Cl 原子的________数,17 是 Cl 原子的________数;在符号 $\cdot\ddot{\underset{\cdot\cdot}{Cl}}:$ 中,Cl 周围的小黑点表示________。

(5) 在氯化镁中,1 个镁原子________个电子,带有________单位________电荷,因此镁显____价;1 个氯原子________个电子,带有________单位________电荷,因此氯显____价。

(6) 在化合物中,各元素正负化合价的代数和等于________;在单质中,元素的化合价等于________。

(7) 水是由__________种元素组成的，每个水分子中含有________和1个氧原子。

12. 填写下列化合物的名称和类别

化学式	名称	类别	化学式	名称	类别
NaOH			HNO_3		
$Cu(OH)_2$			HCl		
$Fe(OH)_3$			$KClO_3$		
Fe_2O_3			$BaCl_2$		
SO_3			$FeCl_2$		
$FeSO_4$			$FeCl_3$		
$Fe(SO_4)_3$			Na_2CO_3		

13. 在下列化学式里，已知氧显－2价，氢显＋1价，指出氮元素的化合价。

(1) N_2O_5中氮为______价；　　(2) NO_2中氮为______价；

(3) N_2O_3中氮为______价；　　(4) NO中氮为______价；

(5) N_2O中氮为______价；　　(6) N_2中氮为______价；

(7) NH_3中氮为______价。

14. 写出下列化合物的化学式，并标出各元素的化合价。

二氧化硅　　氧化铁　　氧化银　　碳酸钠

15. 现有下列物质：①氯化钠；②氧化铜；③二氧化硅；④铁；⑤氯化氢；⑥氮气；⑦氧化镁；⑧氢氧化钙；⑨硫酸。请将以上物质按下列要求分类(填序号)。

(1) 按物质的组成分类：属于单质的是__________；属于酸性氧化物的是__________；属于碱性氧化物的是__________；属于酸的是__________；属于碱的是__________；属于盐的是__________。

(2) 按物质在水中的溶解性分类：属于易溶物的是__________；属于难溶物的是__________；属于微溶物的是__________。

(3) 按物质在常温时的状态分类：属于固态的是__________；属于液态的是__________；属于气态的是__________。

16. 下列四组物质中均有一种物质的类别与其他三种物质不同。

A. CaO、Na_2O、CO_2、CuO　　B. O_2、Fe、Cu、Zn

C. HCl、H_2O、H_2SO_4、HNO_3　　D. S、C、P、Mg

(1) 这四种物质依次是______________________________。

(2) 这四种物质间相互作用可生成一种新的物质，这种物质的化学式可能是__________，其名称是______________。

习题一　参考答案

一、选择题

1. C　2. B　3. D　4. D　5. B　6. C　7. B　8. B　9. B　10. D

二、非选择题

11. (1) 元素符号,1

(2) 氧元素,1 个氧原子;2 个氧原子;1 个氧分子,1 个氧分子由 2 个氧原子组成;2 个氧分子;1 个二氧化碳分子由 1 个碳原子和 2 个氧原子组成;4 个水分子,1 个水分子由 2 个氢原子和 1 个氧原子组成

(3) 原子,原子团

(4) 氯的元素,质量,质子;原子最外电子层中有 7 个电子

(5) 失去 2,2 个,正,+2;得到 1,1 个,负,-1

(6) 零,零

(7) 氢和氧 2,2 个氢原子

12.

化学式	名称	类别	化学式	名称	类别
$NaOH$	氢氧化钠	碱	HNO_3	硝酸	酸
$Cu(OH)_2$	氢氧化铜	碱	HCl	盐酸	酸
$Fe(OH)_3$	氢氧化铁	碱	$KClO_3$	氯酸钾	正盐
Fe_2O_3	氧化铁	金属氧化物	$BaCl_2$	氯化钡	正盐
SO_3	三氧化硫	非金属氧化物	$FeCl_2$	氯化亚铁	正盐
$FeSO_4$	硫酸亚铁	正盐	$FeCl_3$	氯化铁	正盐
$Fe(SO_4)_3$	硫酸铁	正盐	Na_2CO_3	碳酸钠	正盐

13. (1) +5　(2) +4　(3) +3　(4) +2　(5) +1　(6) 0　(7) -3

14. $\overset{+4}{Si}\overset{-2}{O_2}$　$\overset{+3}{Fe_2}\overset{-2}{O_3}$　$\overset{+1}{Ag_2}\overset{-2}{O}$　$\overset{+1}{Na_2}\overset{+4}{C}\overset{-2}{O_3}$

15. (1) ④⑥,③,②⑦,⑤⑨,⑧,①

(2) ①⑤⑨,②③④,⑥⑦,⑧

(3) ①②③④⑦⑧,⑨,⑤⑥

16. (1) CO_2　Mg　H_2O　O_2

(2) $MgCO_3$　碳酸镁

第二章　物质结构　元素周期律

课题 1　物质结构

【教学目标】

掌握物质结构中涉及的重要概念:原子结构、元素周期律和元素周期表、分子结构;掌握1～18号元素的原子的核外电子的排布情况;掌握原子半径的周期性变化以及元素的主要化合价的周期性变化;通过对周期表的复习,要把元素的一些性质、用途和它在周期表中所处的位置联系起来。

【教学重点】

原子核外电子的排布和原子半径、化合价、性质的周期性变化。

【教学难点】

原子的周期性变化规律。

【知识回顾】

一、原子结构

1. 原子

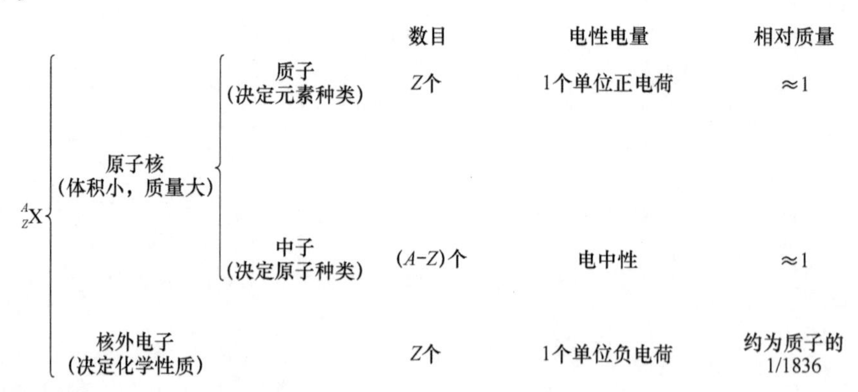

2. 两个关系式

(1) 核电荷数＝核内质子数＝原子核外电子数＝原子序数

(2) 质量数(A)=质子数(Z)+中子数(N)

例 1　下列关于指定粒子构成的叙述中,不正确的是(　　)。

A. 37Cl 与 39K 具有相同的中子数

B. 第 114 号元素的一种核素 $^{298}_{114}X$ 与 $^{207}_{82}Pb$ 具有相同的最外层电子数

C. H_3O^+ 与 OH^- 具有相同的质子数和电子数

D. O^{2-} 与 S^{2-} 具有相同的质子数和电子数

解析:37Cl 和 39K 具有的中子数都是 20,A 正确;$^{298}_{114}X$ 与 $^{207}_{82}Pb$ 的核电荷数之差为 114-82=32,即相差一个电子层,属于同一主族元素,最外层有相同的电子数,B 正确;H_3O^+ 与 OH^- 具有相同的电子数但质子数不同,C 错误;O^{2-} 与 S^{2-} 的电子数都是 18,质子数都是 16,D 正确。故选 C。

答案:C。

3. 核外电子排布

(1) 电子运动特点:①较小空间。②高速。③无确定轨道。

(2) 电子云:表示电子在核外单位体积内出现概率的大小。而非表示核外电子多少。

(3) 电子层:根据电子能量高低及其运动区域不同,将核外空间分成七个电子层。

表示:层数	1	2	3	4	5	6	7
符号	K	L	M	N	O	P	Q

n 值越大,电子运动离核越远,电子能量越高。

电子层并不存在。

(4) 能量最低原理:电子一般总是尽先排布在能量最低的电子层里,然后排布在能量稍高的电子层。即电子由内而外逐层排布。

(5) 排布规律:

① 各电子层最多容纳的电子数目是 $2n^2$ 个。

② 最外层电子数不超过 8 个。(K 层为最外层时不超过 2 个)

③ 次外层电子数不超过 18 个,倒数第三层电子数不超过 32 个。

(6) 表示方法:

① 原子、离子结构示意图。② 原子、离子的电子式。

例 2　写出下列微粒的电子式:

钠	镁	铝	硅	磷	硫	氯	氩	过氧化钠
Na·	Mg:	·Al:	·Si:	·P:	·S·	·Cl:	:Ar:	Na^+[:O:O:]$^{2-}$$Na^+$

氯离子	硫离子	硫化氢	二氧化碳	氯化钠
[:Cl:]$^-$	[:S:]$^{2-}$	H:Cl:	:O::C::O:	Na^+[:Cl:]$^-$

4. 核素、同位素及原子量

(1) 核素:具有一定数目的质子和一定数目的中子的一种原子称为核素。

(2) 同位素:质子数相同而中子数不同的同一元素的不同原子互称同位素。

(3) 丰度:天然同位素原子的原子个数百分比。即物质的量百分比。

注意:① 不管单质还是化合物中,同位素原子丰度均不变。

② 同位素原子化学性质几乎完全相同。

(4) 各种原子量及计算

原子的原子量:$M=12\ m/m_{12C}$。

原子的近似原子量:即原子的质量数(A)。

元素的原子量:$M=\sum M_i \cdot x_i \quad i=1\sim n$ (x_i代表同位素原子的丰度)

元素的近似原子量:$M=\sum A_i \cdot x_i$ 。

例 3 设某元素某原子核内的质子数为 m,中子数为 n,则下述论断中正确的是(　　)。

A. 不能由此确定该元素的相对原子质量

B. 这种原子的相对原子质量为 $m+n$

C. 若碳原子质量为 w g,此原子的质量为$(m+n)w$ g

D. 核内中子的总质量小于质子的质量

解析:A. 题目已知某元素的一种核素的质子数和中子数,能确定该核素的相对原子质量但不能确定该元素的相对原子质量,故 A 正确。

B. 题目已知某元素的一种核素的质子数和中子数,该核素的丰度未知导致无法计算该元素的相对原子质量,故 B 错误。

C. 该核素的相对原子质量为 $m+n$,该核素的相对原子质量等于该核素的质量与碳-12 质量的。

所得的比值,所以该核素的质量为 $12(m+n)/w$ g,故 C 错误。

D. 一个质子的质量和一个中子的质量相当,质子数和中子数的相对多少未知,导致无法判断,故 D 错误。

故选 A。

例 4 硼有两种天然同位素$^{10}_{5}B$、$^{11}_{5}B$,硼元素的原子量为 10.80,则对硼元素中的$^{10}_{5}B$ 质量分数的判断正确的是(　　)。

A. 20%　　B. 略大于 20%　　C. 略小于 20%　　D. 80%

解析:B 元素的相对原子质量 10.8 是质量数分别为 10 和 11 的核素的平均值,可以采用十字交叉法 ^{10}B: 10 ↘ 10.8 ↗ 0.2; ^{11}B: 11 ↗ 10.8 ↘ 0.8 :,则 10B 和 11B 的原子的个数比为 0.2∶0.8=1∶4,则同位素 10B 的质量分数为 18.52%。故选 C。

【总结】

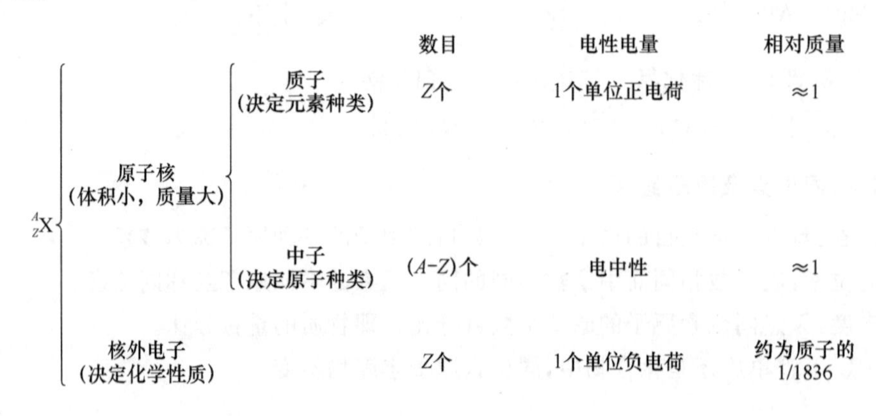

课题2　元素周期律

一、元素周期律

思考：随着原子序数的递增，核外电子排布、原子半径、元素的主要化合价呈现怎样的变化规律，何为元素周期律？

1. 内容

随着原子序数（核电荷数）的递增：

① 原子结构呈周期性变化。

② 原子半径呈周期性变化。

③ 元素主要化合价呈周期性变化。

④ 元素的金属性与非金属性呈周期性变化。

小结：元素的性质随着元素原子序数的递增而呈周期性变化的规律，称为元素周期律。其实质是：元素性质的周期性变化是元素原子核外电子排布的周期性变化的必然结果。

2. 元素金属性强弱的判断依据

(1) 元素的金属性：指元素的原子失去电子的能力。

(2) 元素的金属性强弱判断的依据有：

① 单质与水或酸反应置换氢气的难易程度；

② 最高价氧化物对应水化物的碱性强弱；

③ 金属活动性顺序表；

④ 金属之间的相互置换；

⑤ 金属阳离子氧化性的强弱（根据电化学知识判断）。

3. 元素非金属性强弱的判断依据：

(1) 元素的非金属性：指元素的原子得到电子的能力。

(2) 元素的非金属性强弱判断的依据有：

① 单质与氢气化合的难易程度；

② 生成氢化物的稳定性；

③ 最高价氧化物对应水化物酸性的强弱；

④ 非金属单质之间的相互置换；

⑤ 元素原子对应阴离子的还原性。

例1　依据元素周期律进行推断，下列不正确的是（　　）。

A. 原子半径：$Cl<S$　　　　B. 氧化性：$Cl_2>S$

C. 稳定性：$HBr>HI$　　　　D. 酸性：$H_3PO_4>HNO_3$

解析：非金属性越强，其最高价含氧酸的酸性越强。

故选D。

二、元素周期表

元素周期表的定义：根据元素周期律，把电子层数目相同的各种元素，按原子序数递增的顺序从左到右排成横行，再把不同横行中最外层电子数相同的元素，按电子层数递增的顺序由上而下排成纵行，这样得到的表就称为元素周期表。

1. 编排依据

(1) 按原子序数递增的顺序从左到右排列。

(2) 将电子层数相同的元素排成一个横行。

(3) 把最外层电子数相同的元素排成一个纵行。

2. 结构

思考：复习元素周期表的结构。

- 周期(7 个横行)
  - 短周期：1、2、3
  - 长周期：4、5、6
  - 不完全周期：7
- 族(18 个纵行)16 个族
  - 7 个主族：ⅠA～ⅦA
  - 7 个副族：ⅠB～ⅦB
  - 第Ⅷ族
  - 零族(稀有气体)

思考：所有的非金属元素都是主族元素吗？

例 2 X、Y、Z、W、M、N 六种元素均位于元素周期表的前四周期，如下图所示。有关这六种元素的下列叙述中不正确的是(　　)。

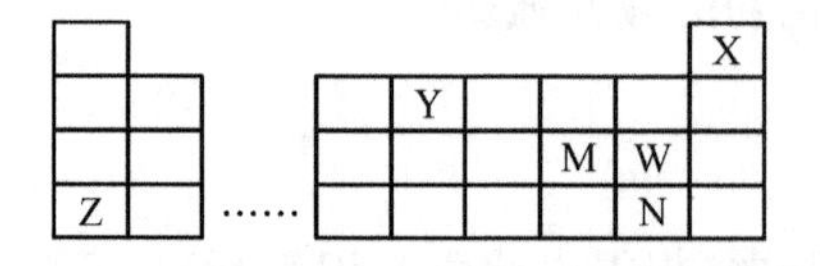

A. 元素的简单离子半径 M＜W＜Z　　　B. Y 元素在自然界存在多种同素异形体

C. 最高价氧化物的水化物酸性 W＞N　　D. N 与 Z 的质子数之差为 16

解析：本题考查元素周期表的知识，属于中档题。据元素在周期表中位置知：M、W、Z 形成的简单离子具有相同的电子层结构，原子序数越小离子半径越大，所以 A 错误。

答案：A

三、元素的性质与元素在周期表中位置的关系

$$\text{位置}\underset{\text{决定}}{\overset{\text{反映}}{\rightleftharpoons}}\text{结构}\underset{\text{反映}}{\overset{\text{决定}}{\rightleftharpoons}}\text{性质}$$

1. 元素的金属性和非金属性与元素在周期表中位置的关系

对于主族元素：

同一周期、电子层数相同、从左往右、随着核电荷数的增大，原子半径逐渐减小，失电子能力逐渐减弱，得电子能力逐渐增强，因此，金属性逐渐减弱，非金属性逐渐增强；

同一主族、由上而下、电子层数依次增多，原子半径逐渐增大，失电子能力逐渐增强，得电

子能力逐渐减弱。因此,金属性逐渐增强,非金属性逐渐减弱。

(1) 注意金属与非金属的分界线。由于金属和非金属之间没有严格的界线,因此,位于分界线附近的元素,既表现出一定的金属性,又能表现出一定的非金属性。例如:铝(Al)。

(2) 金属性最强的元素是铯[Cs(钫是放射性元素)],最强的碱是氢氧化铯(CsOH);非金属性最强的元素是氟,最强的酸是 $HClO_4$,气态氢化物最稳定的是氟化氢(HF)。

(3) 如何确定元素在周期表中的位置?根据原子结构示意图确定。

2. 元素化合价与元素在周期表中位置的关系

价电子:元素原子的最外电子层中的电子,称为价电子。

对于主族元素:

最高正价=最外层电子数=主族序数=价电子数

|负价|=8-价电子数(注意金属无负价)。

例 3　现有下列短周期元素性质的数据:

元素性质＼元素编号	①	②	③	④	⑤	⑥	⑦	⑧
原子半径/10^{-10} m	0.74	1.02	1.52	1.10	0.99	1.86	0.75	1.43
最高或最低化合价		+6	+1	+5	+7	+1	+5	+3
	-2	-2		-3	-1		-3	

试回答下列问题:

(1) 元素③在周期表中的位置是________;元素①②④⑦的气态氢化物中最稳定的是________(填化学式);

(2) 上述元素形成的单核离子中半径最大的是________,半径最小的是________;

(3) 元素①与元素⑥按照原子个数比为 1∶1 形成的化合物与水反应的化学方程式______________________________________;

(4) 元素⑤形成的单质加入到元素②的氢化物的水溶液中,反应生成两种强酸的离子方程式____。

解析:首先根据元素的化合价可判断:元素①②为ⅥA 主族,元素④⑦为ⅤA 主族,元素⑤为ⅦA 主族,再结合原子半径的大小关系可确定元素①为 O、元素②为 S,元素④⑦分别为 P、N,元素⑤为 Cl、元素③为 Li、元素⑥为 Na,元素⑧为 Al。题设问题再结合元素及化合物相关知识解答。

答案:(1) 第二周期第ⅠA 族　H_2O

(2) P^{3-}　Li^+

(3) $2Na_2O_2+2H_2O=\!=\!=4NaOH+O_2\uparrow$

(4) $4Cl_2+H_2S+4H_2O=\!=\!=10H^++8Cl^-+SO_4^{2-}$

四、元素周期律和元素周期表的意义

(1) 1869 年,俄国化学家门捷列夫在前人探索的基础上编制了第一个元素周期表。

(2) 在周期表中位置靠近的元素性质相近，所以可以寻找开发新物质。

如：制造农药的元素在周期表的右上角区域；半导体材料在周期表中金属与非金属的分界线附近；在过渡元素中可以寻找催化剂、耐高温、耐腐蚀的材料。

【总结】

- 周期(7 个横行)
  - 短周期：1、2、3
  - 长周期：4、5、6
  - 不完全周期：7
- 族(18 个纵行) 16 个族
  - 7 个主族：ⅠA～ⅦA
  - 7 个副族：ⅠB～ⅦB
  - 第Ⅷ族
  - 零族(稀有气体)

课题 3　化学键

我们可以在原子结构以及原子结构跟元素性质递变关系的知识基础上，复习化学键和分子形成等知识。

一、化学键

原子既然可以结合成分子，原子之间必然存在着相互作用，这种相互不仅存在于直接相邻的原子之间，而且也存在于分子内非直接相邻的原子之间。前一种相互作用比较强烈，破坏它要消耗比较大的能量，是使原子相互联结形成分子的主要因素。这种相邻原子之间强烈的相互作用，称为**化学键**。

中学学习的化学键的主要类型有离子键、共价键等。

二、离子键

金属钠跟氯气能发生反应，生成氯化钠：$2Na+Cl_2 = 2NaCl$

钠原子的最外电子层有 1 个电子，容易失去，氯原子的最外电子层有 7 个电子，容易结合 1 个电子，从而使钠原子和氯原子的最外电子层都达到 8 个电子的稳定结构。当钠和氯气起反应时，钠原子的最外电子层的 1 个电子转移到氯原子的最外电子层上去，形成了带正电的钠离子(Na^+)和带负电的氯离子(Cl^-)。钠离子和氯离子之间有静电吸引作用，于是阴、阳离子之间形成了稳定的化学键。

氯化钠的生成过程可以电子式来表示：

$$Na\cdot + \cdot\ddot{\underset{\cdot\cdot}{Cl}}: \longrightarrow Na^+[:\ddot{\underset{\cdot\cdot}{Cl}}:]^-$$

阴、阳离子间通过静电作用所形成的化学键称为**离子键**。

活泼金属(如钾、钠、钙等)跟活泼非金属(如氯、溴等)化合时，都能形成离子键。例如，溴化钾就是通过离子键而形成的。以离子键结合的化合物称为离子化合物。溴化钾是离子化合物。

$$K\times + \cdot\ddot{Br}: \longrightarrow K^{+}[\times\ddot{Br}:]^{-}$$

离子是带电的原子或原子团，离子所带电荷的符号和数目跟原子成键时得失电子数有关。例如，钙跟氯起反应生成氯化钙，每个钙原子失去 2 个电子形成 Ca^{2+}，每个氯原子得到 1 个电子形成 Cl^{-}。

主族元素所形成的离子的电子层一般跟稀有气体原子的电子层相似，例如，Li^{+}、Be^{2+} 等离子最外层有两个电子，Na^{+}、K^{+}、Ca^{2+}、Mg^{2+}、Al^{3+}、O^{2-}、S^{2-}、F^{-}、Cl^{-} 等离子的最外层是 8 个电子。副族和第 VIII 族元素所形成的离子的电子层常常不是这样的，例如，Fe^{3+} 最外层有 13 个电子，等等。

三、共价键

在通常状况下，当 1 个氢原子和另 1 个氢原子接近时，就相互作用而生成氢分子。

$$H + H = H_2$$

在形成氢分子过程中，电子不是从 1 个氢原子转移到另 1 个氢原子，而是在两个氢原子间共用，使每个氢原子都具有氦原子的稳定结构。

氢分子形成过程可用电子式来表示：$H\cdot + \cdot H \longrightarrow H:H$

在化学中，常用一根短线表示一对共用电子，因此，氢分子又可表示为 H—H。H—H 是氢分子的结构式。

原子间通过共用电子对所形成的化学键，称为**共价键**。

Cl_2 分子的形成跟氢气分子相似，两个氯原子共用一对电子，两个氯原子都形成稳定的电子层结构。

如 H_2O 分子可用下列式子表示：

$$H\times + \cdot\ddot{\underset{..}{O}}\cdot + \times H \longrightarrow H\overset{..}{\underset{..}{\times O\times}}H$$

以共价键结合的化合物称为共价化合物。Cl_2、HCl、H_2O 等都是共价化合物。

例 1　下列各物质中，化学键类型相同的是(　　)。

A. HI 和 NaI　　B. NaF 和 KCl　　C. Cl_2 和 NaOH　　D. F_2 和 NaBr

解析：A. HI 中只有共价键，NaI 中只有离子键，所以化学键类型不同，故 A 错误。

B. NaF、KCl 中都只有离子键，所以化学键类型相同，故 B 正确。

C. 氯气中只有共价键，氢氧化钠中既有离子键又有共价键，所以化学键类型不同，故 C 错误。

D. 氟气中只有共价键，NaBr 中只有离子键，所以化学键类型不同，故 D 错误。

答案：故选 B。

例 2　化学式为 $N_2H_6SO_4$ 的某晶体，其晶体类型与硫酸铵相同，则 $N_2H_6SO_4$ 晶体中不存在(　　)。

A. 离子键　　B. 共价键　　C. 分子间作用力　　D. 阳离子

答案：C

解析：硫酸铵晶体中铵根离子和硫酸根离子之间存在离子键，铵根离子内部 N 和 H 之间存在共价键，硫酸铵晶体属于离子晶体，不存在分子间作用力，$N_2H_6SO_4$ 晶体的晶体类型与硫酸铵相同，所以该晶体中含有离子键、共价键、阳离子和阴离子，不存在分子间作用力，故选 C。

例 3 下列过程中，共价键被破坏的是（　　）。

A. 碘升华　B. NaOH 熔化　C. $NaHSO_4$溶于水　D. 酒精溶于水

答案：C

解析：A 项，碘升华克服的是分子间作用力，共价键没有破坏，故 A 错误；B 项，NaOH 熔化，发生电离，离子键被破坏，故 B 错误；C 项，$NaHSO_4$溶于水，发生电离，破坏了氢离子与硫酸根离子之间的共价键，故 C 正确；D 项，酒精溶于水，破坏分子间作用力，共价键不变，故 D 错误。故选 C。

习题二

一、选择题

1. 下列分子中有两对共用电子对的是（　　）。

A. Cl_2　B. NH_3　C. H_2O　D. $CaCl_2$

2. 下列各组物质中，化学键类型相同的是（　　）。

A. HCl 和 Br_2　B. H_2O 和 NH_3

C. HCl 和 NaCl　D. H_2O 和 NaOH

3. 化学键（　　）。

A. 只存在于分子之间　B. 只存在于离子之间

C. 是相邻原子之间强烈的相互作用　D. 是相邻离子之间强烈的相互作用

4. 与氨分子所含电子数目不相等的是（　　）。

A. CH_4　B. HF　C. NO　D. Ne

5. X 与 Y 均为主族元素，X 最高化合价为＋2；Y 的最高化合价为＋5；则 X 与 Y 相互作用形成的化合物的化学式可表示为（　　）。

A. X_2Y　B. X_3Y_2　C. X_2Y_3　D. Y_2X_5

6. 元素 X 和 Y 位于同一短周期，它们能形成共价化合物 XY_2，则 X 和 Y 可能位于周期表中的（　　）。

A. II 族和 VI 族　B. I 族和 VII 族

C. IV 族和 VI 族　D. III 族和 VII 族

7. 能用元素周期律解释的是（　　）。

A. 酸性：$H_2SO_3>H_2CO_3$　B. 熔、沸点：HF＞HCl

C. 碱性：$NaOH>Al(OH)_3$　D. 热稳定性：$Na_2CO_3>CaCO_3$

8. 下列事实不能用元素周期律解释的是（　　）。

A. 气态氢化物的稳定性：HBr＞HI

B. 0.1 $mol \cdot L^{-1}$溶液的 pH 值：NaOH＞LiOH

C. 向 Na_2SO_3 溶液中加盐酸，有气泡产生

D. Mg、Al 与同浓度盐酸反应，Mg 更剧烈

9. a、b、c、d 四种元素在周期表中的位置如下图所示，则下列说法正确的是(　　)。

a		
	b	
	c	d

A. 若 b 的最高价氧化物对应水化物为 H_2bO_4，则 a 的氢化物的化学式为 aH_3

B. 若 b 的单质可作半导体材料，则 c 的单质不可能为半导体材料

C. 若 b 的单质与 H_2 易化合，则 c 的单质与 H_2 更易化合

D. a 与 b 之间容易形成离子化合物

10. X、Y、Z、R、W 是 5 种短周期主族元素，原子序数依次增大；它们可组成离子化合物 Z_2Y 和共价化合物 RY_3、XW_4；已知 Y、R 同主族，Z、R、W 同周期，下列说法错误的是(　　)。

A. 原子半径：Z＞R＞W

B. 气态氢化物稳定性：$H_nW>H_nR$

C. X_2W_6 分子中各原子最外层电子均满足 8 电子结构

D. Y、Z、R 三种元素组成的化合物水溶液一定显碱性

二、非选择题

11. 已知 A、B、C、D 四种物质均是由短周期元素原子组成的，它们之间有如下图所示的转化关系，且 A 是一种含有 18 电子的微粒，C 是一种含有 10 电子的微粒。请完成下列各题：

A + B → C + D

(1) 若 A、D 均是气态单质分子，写出 A 与 B 反应的化学方程式：________________。

(2) 若 B、D 属同主族元素的单质分子，写出 C 的电子式：________________。

(3) 若 A、B 均是含 2 个原子核的微粒，其中 B 中含有 10 个电子，D 中含有 18 个电子，则 A、B 之间发生反应的离子方程式为________________。

(4) 若 D 是一种含有 22 电子的分子，则符合如图关系的 A 的物质有________(写物质的化学式，如果是有机物则写相应的结构简式)。

12. 短周期元素 X、Y、Z、M 的原子序数依次增大，元素 X 的一种高硬度单质是宝石，Y^{2+} 电子层结构与氖相同，Z 的质子数为偶数，室温下 M 单质为淡黄色固体，回答下列问题：

(1) M 元素位于周期表中的第________周期________族。

(2) Z 元素是________(填元素符号)，其在自然界中常见的二元化合物是________。

(3) X 与 M 的单质在高温下反应的化学方程式为________________，产物分子为直线形，其化学键属________共价键(填“极性”或“非极性”)。

(4) 四种元素中的________可用于航空航天合金材料的制备，其单质与稀盐酸反应的化学方程式为________________。

13. 下表为元素周期表的一部分。

碳	氮	Y	
X		硫	Z

回答下列问题

(1) Z 元素在周期表中的位置为____________。

(2) 表中元素原子半径最大的是(写元素符号)________。

(3) 下列事实能说明 Y 元素的非金属性比 S 元素的非金属性强的是________。

a. Y 单质与 H_2S 溶液反应,溶液变浑浊

b. 在氧化还原反应中,1 mol Y 单质比 1 mol S 得电子多

c. Y 和 S 两元素的简单氢化物受热分解,前者的分解温度高

(4) X 与 Z 两元素的单质反应生成 1 mol X 的最高价化合物,恢复至室温,放热 687 kJ,已知该化合物的熔、沸点分别为-69 ℃和 58 ℃,写出该反应的热化学方程式________。

(5) 碳与镁形成的 1 mol 化合物 Q 与水反应,生成 2 mol $Mg(OH)_2$ 和 1 mol 烃,该烃分子中碳氢质量比为 9∶1,烃的电子式为________。Q 与水反应的化学方程式为________________。

(6) 铜与一定浓度的硝酸和硫酸的混合酸反应,生成的盐只有硫酸铜,同时生成的两种气体均由上表中两种元素组成,气体的相对分子质量都小于 50。为防止污染,将产生的气体完全转化为最高价含氧酸盐,消耗 1 L 2.2 $mol \cdot L^{-1}$ NaOH 溶液和 1 mol O_2,则两种气体的分子式及物质的量分别为________,生成硫酸铜物质的量为________。

14. 下表为元素周期表的短周期部分。

a							
			b	c	d		
e		f			g		

请参照元素 a~g 在表中的位置,根据判断出的元素回答问题:

(1) 比较 d、e 元素常见离子的半径大小(用化学式表示)________>________;b、c 两元素非金属性较强的是(写元素符号)________,写出证明这一结论的一个化学方程式________。

(2)d、e 元素形成的四原子化合物的电子式为________。

(3)上述元素可组成盐 R:$ca_4f(gd_4)_2$ 和盐 S:ca_4agd_4,相同条件下,0.1 $mol \cdot L^{-1}$盐 R 中离子浓度 $c(ca_4^+)$________(填"等于""大于"或"小于")0.1 $mol \cdot L^{-1}$盐 S 中 $c(ca_4^+)$。

(4) 向盛有 10 mL 1 $mol \cdot L^{-1}$盐 S 溶液的烧杯中滴加 1 $mol \cdot L^{-1}$ NaOH 溶液至中性,则反应后各离子浓度由大到小的排列顺序是________。

(5) 向盛有 10 mL 1 $mol \cdot L^{-1}$盐 R 溶液的烧杯中滴加 1 $mol \cdot L^{-1}$ NaOH 溶液 32 mL 后,继续滴加至 35 mL,写出此时段(32 mL~35 mL)间发生的离子方程式:________________。若在 10 mL 1 $mol \cdot L^{-1}$盐 R 溶液的烧杯中加 20 mL 1.2 $mol \cdot L^{-1}$ $Ba(OH)_2$溶液,充分反应后,溶液中产生沉淀的物质的量为________ mol。

15. Ⅰ.(1)某短周期元素组成的分子的球棍模型如右图所示。已知分子中所有原子的最外层均达到 8 电子稳定结构,原子间以单键相连。下列有关说法中错误的是________。

表示X原子

表示Y原子

A. X 原子可能为ⅤA 族元素

B. Y 原子一定为ⅠA 族元素

C. 该分子中,既含极性键,又含非极性键

D. 从圆球的大小分析,该分子可能为 N_2F_4

(2) 若上述模型中 Y 原子最外层达到 2 电子稳定结构且其相对分子质量与 O_2 相同，则该物质的分子式为____________，它与 P_2H_4 常温下均为气体，但比 P_2H_4 易液化，常用作火箭燃料，其主要原因是____________________________。

Ⅱ. 已知 X、Y、Z、W 四种元素分别是元素周期表中连续三个短周期的元素，且原子序数依次增大。X、W 同主族，Y、Z 为同周期的相邻元素。W 原子的质子数等于 Y、Z 原子最外层电子数之和。Y 的氢化物分子中有 3 个共价键，试推断：

(1) X、Z 两种元素的元素符号：X________、Z________。

(2) 由以上元素中两两形成的化合物中：溶于水显碱性的气态氢化物的电子式为________，它的共价键属于________(填"极性"或"非极性")键；含有离子键和非极性共价键的化合物的电子式为__________________________；含有极性共价键和非极性共价键的化合物的电子式为____________________________。

(3) 由 X、Y、Z 所形成的常见离子化合物是________(写化学式)，该化合物与 W 的最高价氧化物对应的水化物的浓溶液加热时反应的离子方程式为____；X 与 W 形成的化合物与水反应时，水是________(填"氧化剂"或"还原剂")。

(4) 用电子式表示 W 与 Z 形成 W_2Z 的过程：____。

习题二　参考答案

一、选择题

1. C　2. B　3. C　4. C　5. B　6. C　7. C　8. C　9. A　10. D

二、非选择题

11. (1) $2F_2+2H_2O \xlongequal{} 4HF+O_2$　(2) $H:\ddot{\underset{..}{O}}:H$

(3) $HS^-+OH^- \xlongequal{} S^{2-}+H_2O$　(4) CH_3CH_3、CH_3OH

解析：(1) 18 电子的气态单质分子为 F_2，则 C 为 HF、B 为 H_2O、D 为 O_2，反应的化学方程式为 $2F_2+2H_2O \xlongequal{} 4HF+O_2$。

(2) B、D 为同主族元素的单质，且 A 含有 18 个电子，C 含有 10 个电子时，则 B 为 O_2、A 为 H_2S、C 为 H_2O、D 为 S，即 $2H_2S+O_2 \xlongequal{} 2H_2O+2S\downarrow$。

(3) 含 2 个原子核的 18 电子的微粒为 HS^-，10 电子的微粒为 OH^-，反应的离子方程式为 $HS^-+OH^- \xlongequal{} S^{2-}+H_2O$。

(4) 含 22 电子的分子为 CO_2，则 A 为含 18 电子由 C、H 或 C、H、O 组成的化合物，可能为 CH_3CH_3 和 CH_3OH。

12. (1) 三　ⅥA　(2) Si　SiO_2　(3) $C+2S \xlongequal{高温} CS_2$　极性

(4) Mg　$Mg+2HCl \xlongequal{} MgCl_2+H_2\uparrow$

解析：由题干信息可知，X、Y、Z、M 四种元素分别为 C、Mg、Si、S。(1)由 S 原子的结构示

意图 (+16) 2 8 6,可知S位于第三周期ⅥA族。(2)Z是硅元素,在自然界中常见的二元化合物为SiO_2。(3)C与S的单质在高温下反应的化学方程式为$C+2S\xlongequal{高温}CS_2$,不同原子吸引电子对的能力不同,故C和S之间的化学键为极性共价键。(4)镁单质可用于航空航天合金材料的制备,镁单质与盐酸发生置换反应:$Mg+2HCl\xlongequal{}MgCl_2+H_2\uparrow$。

13. (1) 第三周期ⅦA族 (2) Si (3) ac

(4) $Si(s)+2Cl_2(g)\xlongequal{}SiCl_4(l)$ $\Delta H=-687\ kJ\cdot mol^{-1}$

(5) $H:C\vdots\vdots C:\underset{H}{\overset{H}{\underset{..}{\overset{..}{C}}}}:H$ $Mg_2C_3+4H_2O\xlongequal{}2Mg(OH)_2+C_3H_4\uparrow$

(6) NO:0.9 mol,NO_2:1.3 mol 2 mol

解析:根据元素周期表的结构,可知X为Si元素,Y为O元素;Z为Cl元素。(1)Cl元素在周期表中位于第三周期ⅦA族。(2)同一周期,从左到右,原子半径逐渐减小,同一主族,从上到下,原子半径逐渐增大,表中元素原子半径最大的是Si。(3) a.氧气与H_2S溶液反应,溶液变浑浊,生成硫单质,说明氧气的氧化性比硫强,从而说明氧元素的非金属性比硫元素的非金属性强,正确;b.在氧化还原反应中,氧化性的强弱与得失电子数目无关,错误;c.元素的非金属性越强,其氢化物越稳定,根据同主族元素的非金属性递变知,H_2O比H_2S受热分解的温度高,正确。(4)根据书写热化学方程式的方法,该反应的热化学方程式为$Si(s)+2Cl_2(g)\xlongequal{}SiCl_4(l)$ $\Delta H=-687\ kJ\cdot mol^{-1}$。(5)该烃分子中碳、氢质量比为9∶1,物质的量之比为$\frac{9}{12}:\frac{1}{1}=\frac{3}{4}$,结合碳与镁形成的1 mol化合物Q与水反应,生成2 mol $Mg(OH)_2$和1 mol烃,Q的化学式为Mg_2C_3,烃的化学式为C_3H_4,

电子式为$H:C\vdots\vdots C:\underset{H}{\overset{H}{\underset{..}{\overset{..}{C}}}}:H$,Q与水反应的化学方程式为$Mg_2C_3+4H_2O\xlongequal{}2Mg(OH)_2+C_3H_4\uparrow$。(6)铜与一定浓度的硝酸和硫酸的混合酸反应可能生成NO和NO_2,相对分子质量都小于50,符合题意,1 mol O_2参与反应转移电子的物质的量为4 mol。设NO_2的物质的量为x,NO的物质的量为y,则$x+y=2.2$ mol,$x+3y=4$ mol,解得$x=1.3$ mol,$y=0.9$ mol。根据转移电子守恒知,参与反应的铜的物质的量为$\frac{4}{2}$ mol=2 mol,因此生成硫酸铜物质的量为2 mol。

14. (1) O^{2-} Na^+ N $2HNO_3+Na_2CO_3\xlongequal{}2NaNO_3+CO_2\uparrow+H_2O$

(2) $Na^+[:\underset{..}{\overset{..}{O}}:\underset{..}{\overset{..}{O}}:]^{2-}Na^+$

(3) 小于

(4) $c(Na^+)>c(SO_4^{2-})>c(NH_4^+)>c(OH^-)=c(H^+)$

(5) $NH_4^++OH^-\xlongequal{}NH_3\cdot H_2O$ 0.022

解析:由元素在周期表中位置可知,a为H、b为C、c为N、d为O、e为Na、f为Al、g为S。

(1) 电子层结构相同的离子，核电荷数越大，离子半径越小，故离子半径：$O^{2-}>Na^+$；同周期自左往右元素非金属性增强，故非金属性 N>C，可以利用最高价含氧酸中强酸制备弱酸进行验证，化学方程式：$2HNO_3+Na_2CO_3 = 2NaNO_3+CO_2\uparrow+H_2O$。

(2) d、e 元素形成的四原子化合物为 Na_2O_2，电子式：$Na^+[:\ddot{\underset{..}{O}}:\ddot{\underset{..}{O}}:]^{2-}Na^+$。

(3) $NH_4Al(SO_4)_2$溶液中铵根离子与铝离子相互抑制水解，而 NH_4HSO_4溶液中氢离子抑制铵根离子水解，铝离子抑制程度不如酸的抑制程度大，则 NH_4HSO_4溶液中铵根离子浓度较大。

(4) NH_4HSO_4与 NaOH 按物质的量 1∶1 反应时生成物为硫酸钠、硫酸铵混合溶液，溶液呈酸性；二者混合呈中性时，还有一水合氨生成，为硫酸钠、硫酸铵、一水合氨混合溶液，则反应后各离子浓度由大到小的排列顺序：$c(Na^+)>c(SO_4^{2-})>c(NH_4^+)>c(OH^-)=c(H^+)$。

(5) 10 mL 1 mol·L^{-1} $NH_4Al(SO_4)_2$溶液中 Al^{3+}物质的量为 0.01 mol，NH_4^+ 的物质的量为 0.01 mol，SO_4^{2-} 的物质的量为 0.02 mol，32 mL 1 mol·L^{-1} NaOH 溶液中 NaOH 物质的量为 0.032 L×1 mol·L^{-1}=0.032 mol，由 $Al^{3+}+3OH^- = Al(OH)_3\downarrow$，可知完全沉淀铝离子消耗 0.03 mol NaOH，消耗 NaOH 溶液 30 mL，由 $NH_4^++OH^- = NH_3\cdot H_2O$，可知铵根离子完全反应消耗 NaOH 为 0.01 mol，消耗 NaOH 溶液 10 mL，故加入 32 mL NaOH 溶液后，继续滴加至 35 mL 时反应离子方程式：$NH_4^++OH^- = NH_3\cdot H_2O$；20 mL 1.2 mol·$L^{-1}$ $Ba(OH)_2$溶液中 Ba^{2+}物质的量为 0.024 mol，OH^-为 0.048 mol，由 $SO_4^{2-}+Ba^{2+} = BaSO_4\downarrow$，可知 SO_4^{2-} 不足，故可以得到 0.02 mol $BaSO_4$。

$Al^{3+}+3OH^- = Al(OH)_3\downarrow$

0.01 mol　0.03 mol　0.01 mol

反应剩余 OH^-为 0.048 mol−0.03 mol=0.018 mol，

$NH_4^++OH^- = NH_3\cdot H_2O$

0.01 mol　0.01 mol

反应剩余 OH^-为 0.018 mol−0.01 mol=0.008 mol，

$Al(OH)_3+OH^- = AlO_2^-+2H_2O$

0.008 mol　0.008 mol

故得到 $Al(OH)_3$沉淀为 0.01 mol−0.008 mol=0.002 mol，

则最终得到固体为 0.02 mol+0.002 mol=0.022 mol。

15. Ⅰ.(1) B

(2) N_2H_4　N_2H_4分子之间可形成氢键，致使 N_2H_4沸点升高易液化

Ⅱ.(1) H　O

(2) $H:\underset{..}{\overset{H}{\ddot{N}}}:H$　极性　$Na^+[:\ddot{\underset{..}{O}}:\ddot{\underset{..}{O}}:]^{2-}Na^+$

$H:\ddot{\underset{..}{O}}:\ddot{\underset{..}{O}}:H$ 或 $H:\underset{H}{\ddot{N}}:\underset{H}{\ddot{N}}:H$

(3) NH_4NO_3　$NH_4^++OH^- \xlongequal{\triangle} NH_3\uparrow+H_2O$　氧化剂

(4) $Na\cdot+\cdot\ddot{\underset{..}{O}}\cdot+\cdot Na \longrightarrow Na^+[:\ddot{\underset{..}{O}}:]^{2-}Na^+$

解析：Ⅰ.(1) 根据球棍模型可知，该物质的电子式为$\begin{matrix} & :\ddot{Y}: & :\ddot{Y}: & \\ :\ddot{\underset{..}{Y}}: & \underset{..}{X} & \underset{..}{X} & :\ddot{\underset{..}{Y}}: \end{matrix}$，所以 X 为第ⅤA 族元素，Y 为第ⅦA 族元素，B 项错误。

(2) 由于 Y 为 H 元素，所以该物质的分子式为 N_2H_4，N_2H_4 分子之间可形成氢键，使 N_2H_4 沸点升高易液化。

Ⅱ.根据已知条件可以推断，Z 为 O，Y 为 N，W 为 Na，X 为 H。

(3) NH_4NO_3 是离子化合物，NH_4NO_3 与浓 NaOH 加热时发生反应：$NH_4^+ + OH^- \xlongequal{\triangle} NH_3\uparrow + H_2O$。

NaH 和 H_2O 反应生成 NaOH 和 H_2，H_2O 是氧化剂。

第三章　物质的变化

课题1　物质的变化

【教学目标】

(1) 复习物理变化和化学变化的概念及区别，并能运用概念判断一些易分辨的典型的物理变化和化学变化。

(2) 复习物理性质和化学性质的概念并能分清哪些是物理性质，哪些是化学性质。

(3) 了解化学反应中能量的变化。

【教学重点】

物理变化和化学变化的概念。

【教学难点】

判断物理变化和化学变化。

【知识回顾】

一、物质的变化

1. 物理变化

(1) 概念：没有生成其他物质的变化称为物理变化。

(2) 特征：没有其他物质生成，只是形状、状态(气态、液体、固体)的变化。

2. 化学变化

(1) 概念：生成其他物质的变化称为化学变化。(又称化学反应)

(2) 特征：①有新物质生成，常表现为颜色改变、放出气体、生成沉淀等 。②常伴随能量变化，常表现为吸热、放热、发光等。

3. 物理变化和化学变化的判断

物质变化中的"三色""五解""十八化"

	物理变化	化学变化
三色	焰色反应	①颜色反应 ②显色反应
五解	潮解	①分解 ②裂解 ③水解 ④电解
十八化	① 熔化 ② 汽化 ③ 液化 ④ 酸化	①氢化 ②氧化 ③水化 ④风化 ⑤钝化 ⑥皂化 ⑦炭化 ⑧催化 ⑨硫化 ⑩酯化 ⑪硝化 ⑫裂化 ⑬卤化 ⑭(油脂)硬化

注意:① 化学变化中常伴有发光、放热现象,但有发光、放热现象的变化不一定属于化学变化,如金属受热发光。

② 化学变化中一定存在化学键的断裂和形成,但存在化学键断裂的变化不一定是化学变化,如 HCl 溶于水、熔融 NaCl 电离等。

③ 原子的裂变、聚变虽有新物质生成,但它不属于中学化学意义上的化学变化。

二、物质的性质

1. 化学性质

物质在化学变化中表现出来的性质称为化学性质。例如,胆矾溶液和氢氧化钠溶液反应有氢氧化铜蓝色沉淀生成,石灰石与盐酸反应有二氧化碳气体生成。这里物质表现出的性质都是化学性质。

2. 物理性质

物质不需要发生化学变化就表现出来的性质称为物理性质 。这里不需要发生化学变化有两层含义:一是不需要变化就表现出来的性质;二是在物理变化中表现出来的性质。例如,颜色、状态、气味、熔点、沸点、密度等都属于物质的物理性质。

3. 化学变化和化学性质的联系

在叙述物质的性质时,往往有下列字:能、会、可以、易、难等。例如:

(1) 木柴燃烧——化学变化;木柴能燃烧——化学性质。

(2) 铁生锈——化学变化;铁(在潮湿的空气里)易生锈——化学性质;铁(在干燥的空气里)难生锈——化学性质。

(3) 胆矾溶液和氢氧化钠溶液反应——化学变化 ;胆矾溶液可以和氢氧化钠溶液反应——化学性质。

三、质量守恒定律

(1) 内容:参加化学反应的各物质的质量总和,等于反应后生成的各物质的质量总和。

说明:

① 质量守恒定律只适用于化学变化,不适用于物理变化;

② 不参加反应的物质质量及不是生成物的物质质量不能计入"总和"中;

③ 要考虑空气中的物质是否参加反应或物质(如气体)有无遗漏。

(2) 微观解释:在化学反应前后,原子的种类、数目、质量均保持不变(原子的"三不变")。

(3) 化学反应前后

① 一定不变

宏观:反应物、生成物总质量不变;元素种类不变。

微观:原子的种类、数目、质量不变。

② 一定改变

宏观:物质的种类一定变。

微观:分子种类一定变。

③ 可能改变:分子总数可能变。

例 1　在 $2Cu+O_2 \xlongequal{点燃} 2CuO$ 的反应中,根据质量守恒定律,下列各组数值中正确的是(　　)。

A. Cu=1g　O_2=4g　CuO=5g　　B. Cu=4g　O_2=1g　CuO=5g

C. Cu=3g　O_2=2g　CuO=5g　　D. Cu=2g　O_2=3g　CuO=5g

解析:质量守恒定律是指参加化学反应的各物质的质量总和,等于反应后生成的各物质的质量总和,解释这条定律的关键是"参加化学反应"这几个字,即一定是指反应掉的各反应物的质量总和,才等于反应后生成的各生成物的质量总和,任何没有参加化学反应,也就是"过量"部分的反应物的质量都不能计算在质量总和之中。在 $2Cu+O_2 \xlongequal{点燃} 2CuO$ 的反应中,每 2 mol Cu 可以与 1 mol O_2 起反应,生成 2 mol CuO。如果用各物质的质量比来表示,则,每 4g 铜可以与 1g 氧气起反应,生成 5g 氧化铜。显然,备选答案中的 B 符合答案要求。

答案:B。

【知识衔接】

一、化学反应中的能量变化

化学反应中有新物质生成,同时伴随有能量的变化。这种能量变化,常以热能的形式表现出来(其他如光能、电、声等)。

(1) 化学上把有热量放出的化学反应称为放热反应。

化学上把吸收热量的化学反应称为吸热反应。

(2) 常见吸热反应:①氢氧化钡+氯化铵。②$C+CO_2$。③一般分解反应都是吸热反应。④电离。⑤水解。

(3) 常见放热反应:①燃烧反应。②金属+酸→H_2。③中和反应。④$CaO+H_2O$。⑤一般化合反应是放热反应。

(4) 能量变化的原因

① 化学反应是旧键断裂,新键生成的反应,两者吸收和释放能量的差异表现为反应能量的变化。

新键生成释放的能量大于旧键断裂吸收的能量,则反应放热。

新键生成释放的能量小于旧键断裂吸收的能量,则反应吸热。

② 根据参加反应物质所具能量分析。

反应物总能量大于生成物总能量,反应放热。

反应物总能量小于生成物总能量,反应吸热。

二、反应热

(1) 定义:化学反应过程中吸收或放出的热量,称为反应热。

(2) 符号:反应热用 ΔH 表示,常用单位为 kJ/mol。

(3) 可直接测量:测量仪器称为量热计。

(4) 用 ΔH 表示的反应热,以物质所具能量变化决定"+""-"号。

若反应放热,物质所具能量降低,$\Delta H=-x$ kJ/mol。

若反应吸热,物质所具能量升高,$\Delta H=+x$ kJ/mol。

(5) 反应类型的判断

当 ΔH 为"-"或 $\Delta H<0$ 时,为放热反应。

当 ΔH 为"+"或 $\Delta H>0$ 时,为吸热反应。

课题 2　物质的通性

【教学目标】

(1) 复习巩固初中金属、酸碱盐的通性,理解酸碱盐在化学学习中的重要地位。

(2) 拓展延伸金属的性质,氧化物的性质、酸碱盐具有通性的本质原因,加深酸碱盐知识的认识理解。

【教学重点】

K、Ca、Na 的特性,酸碱盐具有通性的根本原因。

【教学难点】

酸碱盐具有通性的根本原因。

【知识回顾】

一、化学反应的基本类型

1. 化合反应

两种或两种以上的物质生成另一种物质的反应,称为化合反应。

$$A+B+\cdots=C$$

(1) 单质 1+单质 2 ══化合物

例如:$Cu+Cl_2\xlongequal{点燃}CuCl_2$

(2) 单质+化合物 1 ══化合物 2

例如:$Cl_2+PCl_3=PCl_5$

(3) 化合物 1＋化合物 2 ══化合物 3

例如：$NH_3+HCl \xlongequal{} NH_4Cl$

2. 分解反应

一种物质生成两种或两种以上其他物质的反应，称为分解反应。

$$A \xlongequal{} B+C+\cdots$$

AB 代表一种物质，这种物质可以由两种元素组成，也可以有两种以上元素组成，生成 A 和 B，可以是单质，也可以是化合物。

例如：$Cu(OH)_2 \xlongequal{\triangle} CuO+H_2O$

3. 置换反应

一种单质跟一种化合物反应生成另一种单质和另一种化合物的反应，这一类反应称为置换反应。

$$A+BC \xlongequal{} AC+B$$

大部分置换反应还可以概括为：金属跟阳离子的置换反应和非金属跟阴离子的置换反应。

例如：$Fe+CuSO_4 \xlongequal{} FeSO_4+Cu$

$Cl_2+2NaBr \xlongequal{} 2NaCl+Br_2$

金属活动性顺序是决定置换反应能否进行的重要依据，凡是活动性强的金属就能从化合物里置换出活动性比它弱的金属，反之就不能。金属活动性顺序如下：

K	Ca	Na	Mg	Al	Zn	Fe	Sn	Pb	(H)	Cu	Hg	Ag	Pt	Au
钾	钙	钠	镁	铝	锌	铁	锡	铅		铜	汞	银	铂	金

金属活动性由强逐渐减弱 →

在金属活动性顺序中，金属的位置越靠前，它的活动性就越强，在水溶液里就越容易失去电子变成阳离子。

4. 复分解反应

由两种化合物相互交换成分，生成另外两种化合物的反应，或者两种电解质互相交换离子，生成两种新的电解质的反应，称为复分解反应。

$$AB+CD \xlongequal{} AD+CB$$

$$(A^+B^-+C^+D^- \xlongequal{} A^+D^-+C^+B^-)$$

常见的复分解反应有：

(1) 酸＋碱══盐＋水，例如：$HCl+NaOH \xlongequal{} NaCl+H_2O$

酸和碱起反应生成盐和水是复分解反应中最重要最常见的反应，人们把这类复分解反应特称为中和反应。

(2) 盐 1＋酸 1 ══盐 2＋酸 2，例如：$BaCl_2+H_2SO_4 \xlongequal{} BaSO_4\downarrow+2HCl$

(3) 盐 1＋碱 1 ══盐 2＋碱 2，例如：$CuSO_4+2NaOH \xlongequal{} Na_2SO_4+Cu(OH)_2\downarrow$

(4) 盐 1＋盐 2 ══盐 3＋盐 4，例如：$AgNO_3+NaCl \xlongequal{} AgCl\downarrow+NaNO_3$

复分解反应发生的条件：

酸、碱、盐等电解质之间，有的能发生复分解反应，有的就不能。实验证明，两种电解质在溶液里互相交换离子，生成物里如果有难溶物质析出，或有气体放出，或有难电离的物质(即弱电解质，如水)生成，那么，这个复分解反应就能发生，否则就不能发生。例如：

$$AgNO_3+NaCl \xlongequal{} AgCl\downarrow+NaNO_3$$

$$CaCO_3+2HCl = CaCl_2+H_2O+CO_2\uparrow$$

$$NaOH+HCl = NaCl+H_2O$$

以上这些复分解反应都能发生。

二、化学变化的表示方法

1. 化学方程式

用化学式来表示化学反应的式子，称为化学方程式。

(1) 遵循原则：

① 以客观事实为依据，不能随意臆造事实上不存在的化学反应或不存在的物质；

② 遵守质量守恒定律，等号两边各元素的原子个数必须相等。

(2) 书写：(注意：一写、二配、三标、四等)

(3) 含义：以 $2H_2+O_2 \xlongequal{点燃} 2H_2O$ 为例。

① 宏观意义：表明反应物、生成物、反应条件，氢气和氧气在点燃的条件下生成水；

② 微观意义：表示反应物和生成物之间分子，每 2 个氢分子与 1 个氧分子化合生成 2 个水分子(对气体而言，分子个数比等于体积之比)。

③ 各物质间质量比(系数×相对分子质量之比) 每 4 份质量的氢气与 32 份质量的氧气完全化合生成 36 份质量的水。

(4) 化学方程式提供的信息包括：

① 哪些物质参加反应(反应物)；

② 通过什么条件反应；

③ 反应生成了哪些物质(生成物)；

④ 参加反应的各粒子的相对数量；

⑤ 反应前后质量守恒；等等。

2. 离子方程式

(1) 离子反应和离子方程式

有离子参加的反应称为离子反应。电解质在溶液里所进行的离子之间的反应就是离子反应。例如硝酸钡跟硫酸钠在溶液里的反应。

用实际参加反应的离子符号来表示离子反应的式子称为离子方程式。

(2) 书写离子方程式的步骤

① 写出反应的化学方程式；

② 把易溶于水、易电离的物质写成离子形式，难溶的物质或难电离的物质(例如水)以及气体等仍以化学式表示；

③ 删去式子两边不参加反应的离子；

④ 检查式子两边各元素的原子个数和电荷数是否相等。

例如，书写硝酸钡溶液与硫酸钠溶液反应的离子方程式的步骤是：

$$Ba(NO_3)_2+Na_2SO_4 = BaSO_4\downarrow+2NaNO_3$$

$$Ba^{2+}+2NO_3^-+2Na^++SO_4^{2-} = BaSO_4\downarrow+2Na^++2NO_3^-$$

$$Ba^{2+}+SO_4^{2-} = BaSO_4\downarrow$$ (离子方程式)

（3）离子方程式的意义

离子方程式表示了反应的实质，不仅一定物质间的某个反应，而且表示了所有同一类型的离子反应。例如，$Ba^{2+}+SO_4^{2-}$══$BaSO_4\downarrow$不仅表示了硝酸钡溶液与硫酸钠溶液的反应，而且表示了一切可溶性钡盐溶液跟硫酸或一切可溶性硫酸盐溶液的反应，因为它们都能析出白色的$BaSO_4$沉淀。

（4）离子反应的条件

我们学习的离子反应主要是指以离子互换形式进行的复分解反应，属于复分解反应的这类离子反应发生的条件是：

① 生成难溶的物质　$Ba^{2+}+SO_4^{2-}$══$BaSO_4\downarrow$

② 生成挥发性物质　$CO_3^{2-}+2H^+$══$H_2O+CO_2\uparrow$

③ 生成难电离的物质（即弱电解质）　H^++OH^-══H_2O

只要具备上述三个条件之一，这类离子反应就能发生。

例1　下列解释事实的化学方程式或离子方程式，不正确的是（　　）。

A. 工业上可用电解法制备Mg：$MgCl_2$（熔融）$\xlongequal{电解}Mg+Cl_2\uparrow$

B. 向$Ca(ClO)_2$溶液中通入少量CO_2：$Ca^{2+}+2ClO^-+H_2O+CO_2$══$2HClO+CaCO_3\downarrow$

C. 用$CaSO_4$治理盐碱地：$CaSO_4(s)+Na_2CO_3(aq)\rightleftharpoons CaCO_3(s)+Na_2SO_4(aq)$

D. 用$FeSO_4$除去酸性废水中的$Cr_2O_7{}^{2-}$：$Cr_2O_7^{2-}+Fe^{2+}+14H^+$══$2Cr^{3+}+Fe^{3+}+7H_2O$

解析：A. 电解熔融的$MgCl_2$可制取金属Mg，正确；B. 碳酸的酸性大于次氯酸，所以向$Ca(ClO)_2$溶液中通入少量CO_2可制取HClO：$Ca^{2+}+2ClO^-+H_2O+CO_2$══$2HClO+CaCO_3\downarrow$，正确；C. $CaSO_4$微软，$CaCO_3$难溶，所以$CaSO_4$与Na_2CO_3可发生复分解反应：$CaSO_4(s)+Na_2CO_3(aq)\rightleftharpoons CaCO_3(s)+Na_2SO_4(aq)$，正确；D. 离子方程式电荷不守恒，错误。

例2　下列离子方程式中正确的是（　　）。

A. 实验室用烧碱溶液除去尾气中的Cl_2：Cl_2+OH^-══Cl^-+HClO

B. 向$AlCl_3$溶液中滴加过量氨水制备$Al(OH)_3$：$Al^{3+}+3NH_3\cdot H_2O$══$Al(OH)_3\downarrow+3NH_4^+$

C. 用惰性电极电解饱和$MgCl_2$溶液：$2Cl^-+2H_2O\xlongequal{电解}Cl_2\uparrow+H_2\uparrow+2OH^-$

D. 用$FeCl_3$溶液腐蚀铜制印刷电路板：$Fe^{3+}+Cu$══$Fe^{2+}+Cu^{2+}$

解析：本题考查离子方程式的书写。氯气与烧碱反应，产物是NaClO，而不是HClO，A项错误；实验室制$Al(OH)_3$可选用铝盐和弱碱反应，因为$Al(OH)_3$不溶于弱碱，B项正确；电解饱和$MgCl_2$溶液时，会生成氢氧化镁沉淀，C项错误；D项电荷不守恒，错误。

答案：B。

【知识衔接】

一、化学性质

1. 金属的通性

K	Ca	Na	Mg	Al	Zn	Fe	Sn	Pb	(H)	Cu	Hg	Ag	Pt	Au
钾	钙	钠	镁	铝	锌	铁	锡	铅		铜	汞	银	铂	金

金属活动性由强逐渐减弱 →

(1) 与氧气反应:

① 活泼金属 K、Ca、Na 常温下在空气中易被氧化,在空气中又可发生燃烧。

如:$4Na+O_2 = 2Na_2O$(继续反应:$2Na_2O+O_2 = 2Na_2O_2$)或 $2Na+O_2 \xlongequal{点燃} Na_2O_2$

② 较活泼金属 Mg、Al 常温下在空气中易氧化,形成氧化膜,也可发生燃烧。

如:$4Al+3O_2 = 2Al_2O_3$　　$4Al+3O_2$(纯)$\xlongequal{点燃} 2Al_2O_3$

③ 金属 Fe 等常温下在干燥空气中不反应,加热被氧化,纯氧中可燃烧。

如:$3Fe+2O_2$(纯)$\xlongequal{点燃} Fe_3O_4$

④ 金属 Cu 在加热条件下,只氧化而不发生燃烧。如:$2Cu+O_2 \xlongequal{\triangle} 2CuO$

⑤ Hg 以后金属不能被氧气氧化。

(2) 与酸(非氧化性酸,硫酸、盐酸)反应:

① 氢前金属能置换酸中的氢,生成盐和氢气。

② 氢后金属不能发生反应。

(3) 与盐溶液反应:

① 活泼金属 K、Ca、Na 放入盐溶液后,首先与水发生置换反应,生成碱和氢气;所生成的碱再与盐发生复分解反应。如:Na 投入 $CuSO_4$ 溶液中 $2Na+2H_2O = 2NaOH+H_2\uparrow$、

$2NaOH+CuSO_4 = Cu(OH)_2\downarrow+Na_2SO_4$ 或合并成:

$$2Na+2H_2O+CuSO_4 = Cu(OH)_2\downarrow+Na_2SO_4+H_2\uparrow$$

② Mg 和 Mg 以后的金属,一般发生"活泼"金属单质(前面金属)将后面的金属从盐溶液中置换出来;如:$Fe+CuSO_4 = FeSO_4+Cu$。

其他反应有 $Cu+2FeCl_3 = 2FeCl_2+CuCl_2$,$Fe+2FeCl_3 = 3FeCl_2$。

2. 氧化物的通性

(1) 酸性氧化物

① 大多数酸性氧化物都可由非金属与 O_2 化合生成。

$$C+O_2 \xlongequal{点燃} CO_2$$

② 酸性氧化物都能跟强碱反应,生成盐和水。

$$2NaOH+CO_2 = Na_2CO_3+H_2O$$

③ 大多数酸性氧化物能跟水化合生成酸(SiO_2 除外)。

$$CO_2+H_2O = H_2CO_3$$

④ 与碱性氧化物反应:$K_2O+CO_2 = K_2CO_3$。

(2) 碱性氧化物

① 大多数碱性氧化物都可由金属与 O_2 化合生成。

$$2Mg+O_2 \xlongequal{点燃} 2MgO$$

② 碱性氧化物都能跟强酸反应,生成盐和水。

$$CaO+2HCl = CaCl_2+H_2O$$

③ 极少数碱性氧化物能跟水化合生成碱。

注意:一般可溶性的碱对应的碱性氧化物才能与水反应。

常见的有:Na_2O、K_2O、CaO、BaO

$$Na_2O+H_2O=2NaOH$$

④ 与酸性氧化物：$Na_2O+CO_2=Na_2CO_3$。

3. 酸的通性

(1) 原因

① 电离的概念：有些物质在水溶液中或熔融状态下离解成自由移动阴阳离子的过程。

② 酸：电离产生的阳离子全都是氢离子。

$$HCl=H^++Cl^-$$

$$H_2SO_4=2H^++SO_4^{2-}$$

因为酸的溶液中都含有氢离子所以酸具有相同的化学性质。

酸的化学性质实质是溶液中氢离子和酸根离子的性质。

(2) 酸的通性

① 酸溶液能与酸碱指示剂作用(石蕊遇酸变红，酚酞遇酸不变色)。

② 酸＋活泼金属⟶盐＋氢气

$$H_2SO_4+Zn=ZnSO_4+H_2\uparrow$$

③ 酸＋碱性氧化物⟶盐＋水

$$6HCl+Fe_2O_3=2FeCl_3+3H_2O$$

④ 酸＋碱⟶盐＋水

$$H_2SO_4+Cu(OH)_2=CuSO_4+H_2O$$

⑤ 酸＋盐⟶新盐＋新酸

$$2HCl+CaCO_3=CaCl_2+CO_2\uparrow+H_2O$$

4. 碱的通性

(1) 原因

① 碱：电离产生的阴离子全都是氢氧根离子。

$$NaOH=Na^++OH^-$$

$$Ca(OH)_2=Ca^{2+}+2OH^-$$

② 因为碱的溶液中都含有氢氧根离子所以碱具有相同的化学性质。

碱的化学性质实质是溶液中金属离子和氢氧根离子的性质。

(2) 通性

① 碱溶液能与酸碱指示剂作用(石蕊遇碱变蓝，酚酞遇碱变红)

② 碱＋酸性氧化物→盐＋水

$$2NaOH+CO_2=Na_2CO_3+H_2O$$

③ 碱＋酸→盐＋水

$$Ba(OH)_2+H_2SO_4=BaSO_4\downarrow+2H_2O$$

④ 碱(可溶)＋盐(可溶)→新盐＋新碱

$$Ca(OH)_2+Na_2CO_3=CaCO_3\downarrow+2NaOH$$

⑤ 不溶性的碱受热易分解，生成对应的碱性氧化物和水

$$Cu(OH)_2=CuO+H_2O$$

5. 盐的通性

(1) 盐＋活泼金属→新盐＋新金属　$CuSO_4+Fe=FeSO_4+Cu$

(2) 盐＋酸→新盐＋新酸　$BaCl_2 + H_2SO_4 = BaSO_4 \downarrow + 2HCl$

一般规律是：强酸＋弱酸盐 ══强酸盐＋弱酸

(3) 盐(可溶)＋碱(可溶)→新盐＋新碱 $FeCl_3 + 3NaOH = Fe(OH)_3 \downarrow + 3NaCl$

注意：①要求生成物中有沉淀、气体、水三者之一。②还要求反应物均溶于水。

(4) 盐(可溶)＋盐(可溶)→新盐＋新盐 $NaCl + AgNO_3 = NaNO_3 + AgCl \downarrow$

注意：①要求生成物中有沉淀、气体、水三者之一。②还要求反应物均溶于水。

课题3　物质的相互转化

【教学目标】

(1) 在知识之间形成网络，把酸碱盐、金属、金属氧化物的知识，串联在一起，形成一个新的有机网络，加深物质之间相互联系的理解。

(2) 灵活运用所学习到的元素化合物知识，实现物质间的相互转化，构建知识网络图。

【教学重点】

物质之间的相互转化。

【教学难点】

物质之间的相互转化。

【知识回顾】

一、结构框图

1. 结构图

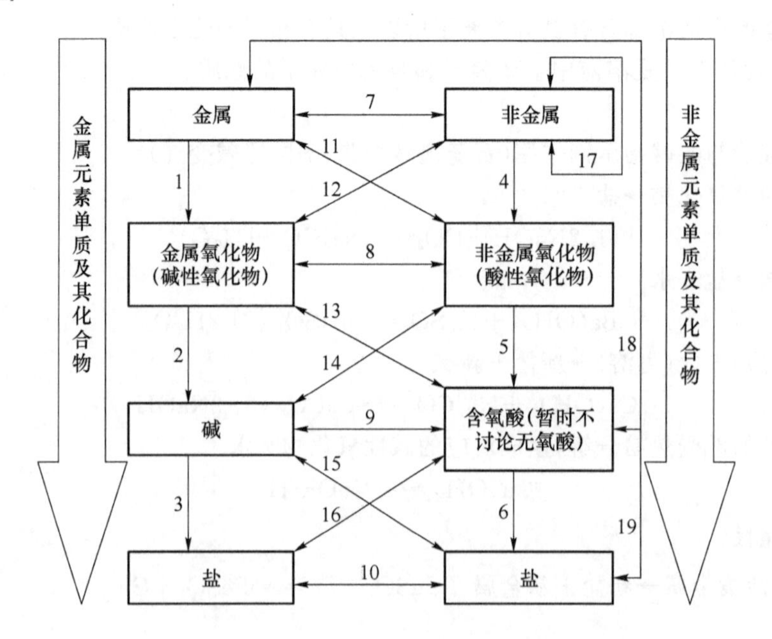

2. 规律

(1) 金属活动性顺序表：

K、Ca、Na、Mg、Al、Zn、Fe、Sn、Pb、(H)、Cu、Hg、Ag、Pt、Au

(2) 金属活动性顺序表的应用：

① 越靠前的金属单质在溶液中越容易失去电子(还原性越强)；

② 前面的金属(除 K、Ca、Na 外)可以将后面金属从其盐溶液中置换出来；

③ H 前的金属可以与(较强非氧化性)酸反应，生成氢气。

(3) 复分解反应：两种化合物之间相互交换成分，生成另外两种化合物的反应。

酸、碱、盐、氧化物彼此间发生的反应大多是复分解反应。

酸性氧化物与碱的反应实质上也是复分解反应。

(4) 复分解反应发生的条件：生成物中必须有气体、沉淀或水生成，其中盐与盐、盐与碱的反应要求反应物必须全可溶。

二、相互关系

1. 两条纵向直线

$金属 \xrightarrow{+O_2} 碱性氧化物 \xrightarrow{+H_2O} 碱 \xrightarrow{+酸} 盐$

$非金属 \xrightarrow{+O_2} 酸性氧化物 \xrightarrow{+H_2O} 酸 \xrightarrow{+碱} 盐$

注意：

(1) 在常见的酸性氧化物中，除二氧化硅(SiO_2)外均可直接和水反应生成对应的含氧酸。

如：$P_2O_5+H_2O(热)=2H_3PO_4$　$SO_3+H_2O=H_2SO_4$　$N_2O_5+H_2O=2HNO_3$

(2) 在常见的碱性氧化物中，只有 K_2O、Na_2O、BaO、CaO 等少数几种强碱的碱性氧化物能跟水直接化合生成可溶性碱。

$CaO+H_2O=Ca(OH)_2$　$Na_2O+H_2O=2NaOH$　$BaO+H_2O=Ba(OH)_2$

(3) 酸和碱生成盐和水的反应称为酸碱中和反应。酸和碱的反应中应至少有一个是可溶的。多元酸和碱的反应是分步进行的，控制酸和碱的比例不同即可得到正盐或酸式盐，如 CO_2 和碱的反应，碱过量时生成正盐，碱不足时生成酸式盐。

$CO_2+2NaOH=Na_2CO_3+H_2O$(CO_2不足量)

$CO_2+NaOH=NaHCO_3$(CO_2过量)

2. 四条横线

金属＋非金属⟶无氧酸盐

碱性氧化物＋酸性氧化物⟶含氧酸盐

碱＋酸⟶盐和水

盐＋盐⟶新盐＋新盐

注意：

(1) 这里的非金属不包括氢和氧。如：

$Cu+Cl_2 \xlongequal{点燃} CuCl_2$　　$2Na+Cl_2=2NaCl$　　$Fe+S \xlongequal{\triangle} FeS$

一般来说金属性和非金属性越强反应越容易发生，反之越不容易。

(2) 碱性氧化物和酸性氧化物的反应,如对应的含氧酸酸性越强和对应的碱碱性越强,则反应越容易。如:

$Na_2O+CO_2=Na_2CO_3$ 常温下就可以发生

CaO 和 SiO_2 生成 $CaSiO_3$ 要在高温下才能进行。

$$CaO+SiO_2\xlongequal{高温}CaSiO_3$$

(3) 盐和盐的反应要满足复分解反应发生的条件,即生成物中有沉淀、气体或有难电离的物质产生,但反应物必须均可溶(或生成物比反应物更难溶)。

如:$Na_2CO_3+H_2SO_4=Na_2SO_4+H_2O+CO_2\uparrow$

$BaCl_2+H_2SO_4=BaSO_4\downarrow+2HCl$

$2NaOH+H_2SO_4=Na_2SO_4+2H_2O$

3. 四条交叉线

碱性氧化物+酸⟶盐和水

酸性氧化物+碱⟶盐和水

碱+盐⟶新盐+新碱

酸+盐⟶新酸+新盐

(1) 碱性氧化物和强酸反应,如:

$$Fe_2O_3+3H_2SO_4(稀)=Fe_2(SO_4)_3+3H_2O$$

(2) 酸性氧化物和强碱反应,注意必须是强碱。如:

$$CO_2+2NaOH=Na_2CO_3+H_2O$$

(3) 碱和盐的反应应满足反应物两者皆可溶,而生成物应满足复分解反应发生的条件。

如:$(NH_4)_2SO_4+Ca(OH)_2=CaSO_4+2NH_3\uparrow+2H_2O$

(4) 酸和盐的反应比较复杂,共有四种情况

① 强酸和弱酸的盐反应可生成弱酸(即俗称的强酸可以制弱酸)

如:$FeS+H_2SO_4(稀)=FeSO_4+H_2S\uparrow$

$Na_2CO_3+H_2SO_4=Na_2SO_4+H_2O+CO_2\uparrow$

$Na_2SO_3+H_2SO_4=Na_2SO_4+H_2O+SO_2\uparrow$

② 加热条件下,高沸点酸(浓溶液)和低沸点酸的盐(固体)可反应生成低沸点的酸(即俗称的难挥发的酸制易挥发的酸)。

如:$NaCl(固)+H_2SO_4(浓)\xlongequal{微热}NaHSO_4+HCl\uparrow$

$2NaCl(固)+H_2SO_4(浓)\xlongequal{\triangle}Na_2SO_4+2HCl\uparrow$

$NaNO_3(固)+H_2SO_4(浓)\xlongequal{微热}NaHSO_4+HNO_3\uparrow$

③ 强酸盐的稀溶液和酸(强酸或弱酸)若能生成难溶于强酸的盐,则反应可以进行。

如:$H_2S+CuSO_4=CuS\downarrow+H_2SO_4$

④ 多元弱酸能和该弱酸的正盐反应生成酸式盐。

如:$Na_2CO_3+CO_2+H_2O=2NaHCO_3$

$Na_2SO_3+SO_2+H_2O=2NaHSO_3$

4. 两条弯线

金属+盐⟶新金属+新盐

金属＋酸⟶盐＋氢气

(1) 一般是位于金属活动性顺序表前面的金属能置换出排在后面的金属，且盐溶液必须是可溶的。但很活泼的金属(如钾、钙、钠)与盐的反应，并不能把金属置换出来，而是先与水反应生成碱，再和盐起复分解反应。如：

钠与 $CuSO_4$ 溶液反应，$2Na+2H_2O = 2NaOH+H_2\uparrow$

$$2NaOH+CuSO_4 = Cu(OH)_2\downarrow+2H_2O$$

(2) 金属和酸反应，应满足金属排在金属活动性顺序表的氢以前，且酸应非强氧化性酸。如：

$$2Al+3H_2SO_4 = Al_2(SO_4)_3+3H_2\uparrow$$

课题 4　氧化还原反应

【教学目标】

(1) 从得失氧的角度，复习初中氧化反应、还原反应，复习常见的氧化剂、还原剂。

(2) 从化合价升降的角度分析氧化还原反应。

【教学重点】

化合价和氧化剂、还原剂的关系。

【教学难点】

化合价和氧化还原的关系。

【知识回顾】

一、燃烧和缓慢氧化

1. 燃烧

燃烧是一种剧烈的发光发热的化学反应。燃烧不一定要有氧气参加，比如金属镁(Mg)和二氧化碳反应生成氧化镁和和炭(C)。

2. 缓慢氧化

常温下，许多金属、非金属及有机物都能发生缓慢的氧化反应。

动植物的呼吸，食物的腐烂，酒和醋的酿造，农家肥料的腐熟等变化过程中都包含物质的缓慢氧化。缓慢氧化不断放出水分和二氧化碳，质量会减少，虽然不剧烈，不发光，但要放热。

二、氧化还原反应

1. 氧化、还原的基本概念

(1) 氧化：原子或离子失电子(使元素的化合价升高)的过程称为氧化(或被氧化)，这类反应称为氧化反应。

(2) 还原:原子或离子得电子(使元素的化合价降低)的过程称为还原(或被还原),这类反应称为还原反应。

(3) 氧化或还原反应必然同时发生:在这类反应里,有一种物质被氧化,必然有另一种物质被还原,也就是说,得、失电子的过程必然同时进行,而且得、失电子的总数也必然相等。

(4) 氧化还原反应的实质:是电子的转移(电子得失,有时是电子对偏移);氧化还原反应里电子的转移必然伴随着正负化合价的升高或降低,电子转移和正负化合价升降的关系可以表示如下:

氧化,失去电子,化合价升高 →

−4　−3　−2　−1　0　+1　+2　+3　+4　+5　+6　+7

← 还原,获得电子,化合价降低

有电子转移(包括电子得失或电子对偏移)的反应称为氧化还原反应。

2. 氧化剂和还原剂

(1) 氧化剂:在反应里得电子的物质(或所含元素化合价降低的物质)是氧化剂。

(2) 还原剂:在反应里失电子的物质(或所含元素化合价升高的物质)是还原剂。

【知识衔接】

1. 氧化、还原与化合价升降的关系

(1) 还原剂:得氧的物质称为还原剂,得氧后被氧化,其中所含的某种元素化合价必定升高。得到的产物称为氧化产物。

(2) 氧化剂:失氧的物质称为氧化剂,失氧后被还原,其所含的某种元素化合价必定降低。得到的产物称为氧化产物。

(3) 化合价守恒:氧化还原反应中,氧化剂中元素化合价降低的总数与还原剂中元素化合价升高的总数必然相等。

2. 常见的氧化剂和还原剂

氧化剂	还原剂
活泼非金属单质:X_2、O_2、S 等	活泼金属单质:Na、Al、Fe 等 某些非金属单质:C、H_2、S
高价金属离子:Fe^{3+};不活泼金属离子:Cu^{2+}、Ag^+	低价金属离子:Fe^{2+} 非金属的阴离子及其化合物、S^{2-}、H_2S、等
某些含氧化合物:Na_2O_2、H_2O_2、HClO、HNO_3、浓 H_2SO_4、NaClO、$Ca(ClO)_2$、$KClO_3$、$KMnO_4$	低价含氧化合物:CO、SO_2、H_2SO_3、Na_2SO_3
既可作氧化剂又作还原剂的有:S、SO_2、H_2SO_3、SO_2、NO、Fe^{2+}	

例 1　指出 $H_2+CuO \xlongequal{\triangle} Cu+H_2O$ 反应中的氧化剂和还原剂。

解析:氢元素化合价由 0 价升高到+1 价,化合价升高,失去电子,被氧化,是还原剂。铜元素化合价有+2 价降低到 0 价,化合价降低,得到电子,被还原,是氧化剂。

答案:H_2:还原剂。CuO:氧化剂。

【总结】

1. 理解氧化还原反应有关概念的内涵

	初中含义	高中含义
氧化反应	得到氧的反应	元素化合价升高的反应
还原反应	失去氧的反应	元素化合价降低的反应
氧化还原反应	发生了氧的得失的反应	有元素化合价升降的化学反应

氧化剂:反应中元素化合价降低的物质。　　还原产物:化合价降低后的生成物。

还原剂:反应中元素化合价升高的物质。　　氧化产物:化合价升高的生成物。

2. 把握有关概念之间的关系

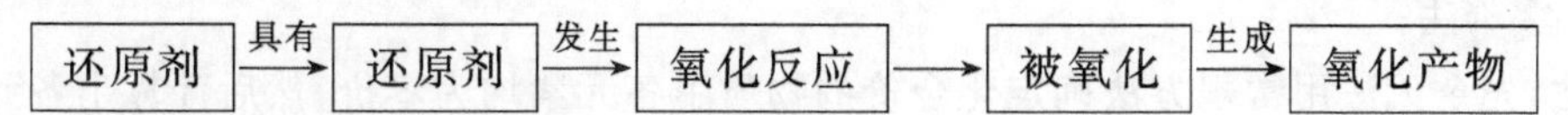

口诀:升(化合价升高)氧(被氧化,发生氧化反应),

降(化合价降低)还(被还原,发生还原反应)。

3. 注意事项

(1) 氧化剂具有氧化性,发生还原反应,被还原成还原产物。

(2) 还原剂具有还原性,发生氧化反应,被氧化成氧化产物。

(3) 元素化合价的改变,有关联系为

化合价升高⟶是还原剂⟶被氧化

化合价降低⟶是氧化剂⟶被还原

(4) 有的反应中氧化剂与还原剂是同一种物质。

如:$Cl_2 + 2NaOH \xlongequal{} NaCl + NaClO + H_2O$ 中的 Cl_2

(5) 有的反应中氧化产物与还原产物是同一种物质。

如:$Cu + Cl_2 \xlongequal{\triangle} CuCl_2$ 中的 $CuCl_2$

三、氧化还原方程式的配平

1. 氧化还原反应方程式的配平原则

化合价升降总数相等。

2. 化合价升降法的配平步骤

一标:根据反应物和生成物的化学式,标出变价元素的化合价。

二等:使变价元素的化合价升降的总数相等,即寻找最小公倍数。(双线桥)

三定:根据化合价升高与降低的最小公倍数,定出氧化剂、还原剂、氧化产物、还原产物的系数。

四平:用观察法配平其他各物质的化学计量数。

五查:检查电子守恒、元素守恒,将短线改等号。

3. 氧化还原反应方程式的书写

双线桥法:用箭头表示反应物中不同(或相同)原子或离子间的电子转移。

注意点:(1) 首先标出变价元素的化合价。

(2) 用双箭头表示,箭头从反应物指向生成物且起止为元素。

(3) 在线桥上要注明"化合价升高"或"化合价降低"的总数。

图示:

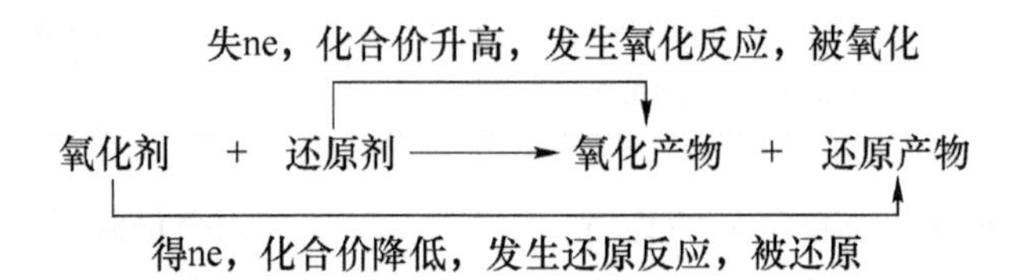

4. 常见的配平方法

(1) 零价法

用法:先令无法用常规方法确定化合价的物质中各元素均为零价,然后计算出各元素化合价的升降值,并使元素化合价升降值相等,最后用观察法配平其他物质的化学计量数。

例 2 试配平 $Fe_3C+HNO_3-Fe(NO_3)_3+NO_2+CO_2+H_2O$。

分析:复杂物质 Fe_3C 按常规化合价分析无法确定其中 Fe 和 C 的具体化合价,此时可令组成该物质的各元素化合价均为零价,再根据化合价升降法配平。

$Fe_3C \longrightarrow Fe(NO_3)_3$ 和 CO_2 整体升高 13 价,$HNO_3 \longrightarrow NO_2$ 下降 13 价(除了 Fe、C 以外,只有 N 变价)。

易得 $Fe_3C+22HNO_3 = 3Fe(NO_3)_3+13NO_2+CO_2+11H_2O$。

(2) 平均标价法

用法:当同一反应物中的同种元素的原子出现两次且价态不同时,可将它们同等对待,即假定它们的化合价相同,根据化合物中化合价代数和为零的原则予以平均标价,若方程式出现双原子分子时,有关原子个数要扩大 2 倍。

例 3 试配平 $NH_4NO_3-HNO_3+N_2+H_2O$。

分析:NH_4NO_3 中 N 的平均化合价为+1 价,元素化合价升降关系为

$NH_4NO_3 \longrightarrow HNO_3$:$+1\rightarrow+5$ 升 4×1 价

$NH_4NO_3 \longrightarrow N_2$:$+1\rightarrow0$ 降 1×2 价

易得 $5NH_4NO_3 = 2HNO_3+4N_2+9H_2O$

(3) 整体标价法

用法:当某一元素的原子或原子团(多见于有机反应配平)在某化合物中有数个时,可将它作为一个整体对待,根据化合物中元素化合价代数和为零的原则予以整体标价。

例 4 试配平 $S+Ca(OH)_2-CaS_x+CaS_2O_3+H_2O$

分析:NH_4NO_3 中 N 的平均化合价为+1 价(NH_4 中-3 价,NO_3 中+5 价),元素化合价升降关系为

$NH_4NO_3 \longrightarrow HNO_3$:$+1\rightarrow+5$ 升 4×1 价

$NH_4NO_3 \longrightarrow N_2$: $+1\rightarrow0$ 降 2×2 价

易得 $2(x+1)S+3Ca(OH)_2 = 2CaS_x+CaS_2O_3+3H_2O$

(4) 逆向配平法

若氧化剂(或还原剂)中某元素化合价只有部分改变,配平宜从氧化产物、还原产物开始,即先考虑生成物,逆向配平;自身氧化还原反应方程式,宜从生成物开始配平,即逆向配平。

例 5　$P+CuSO_4+H_2O—C_{U3}P+H_3PO_4+H_2SO_4$

该反应的氧化剂是 P、$CuSO_4$,还原剂是 P,以反应物作标准求得失电子数比较困难,但是氧化产物只 H_3PO_4、还原产物只 $C_{U3}P$,所以以 1 mol H_3PO_4 和 1 mol $C_{U3}P$ 作标准物容易求得失电子数。

答案:11　15　24　5　6　15

(5) 有机反应的配平法——有机物参入的氧化还原反应,通常首先规定有机物中 H 为+1 价,O 为-2 价,并以此确定碳元素的平均化合价。再根据还原剂化合价升高总数与氧化剂化合价降低总数相等原则,结合观察法配平。

例 6　$H_2C_2O_4+KMnO_4+H_2SO_4- CO_2+K_2SO_4+MnSO_4+H_2O$

解析:$H_2C_2O_4$ 中,令 H 为+1 价,O 为-2 价,则 C 的平均化合价为+3 价。1 个 $H_2C_2O_4$ 化合价升高数为 2,1 个 $KMnO_4$ 化合价降低数为 5,最小公倍数为 10,故 $H_2C_2O_4$ 的系数为 5,$KMnO_4$ 的系数为 2。配平的方程式为

$$5H_2C_2O_4+2KMnO_4+3H_2SO_4=\!=\!=10CO_2+K_2SO_4+2MnSO_4+8\ H_2O$$

(6) 缺项方程式的配平:如果所给的化学方程式中有反应物或生成物没有写出来,在配平时,如果所空缺的物质不发生电子的得失,仅仅是提供一种发生反应的酸、碱、中性的环境,可先把有化合价升降的元素配平,再确定出所缺的物质,把系数填上即可。

例 7　$BiO_3^-+Mn^{2+}+$________$—Bi^{3+}+MnO_4^-+H_2O$

解析:首先根据化合价的升降配平有变价元素的有关物质:

$5BiO_3^-+2\ Mn^{2+}+$________$—5\ Bi^{3+}+2\ MnO_4^-+H_2O$

根据氧原子守恒,可以确定 H_2O 的系数为 7,根据质量守恒和电荷守恒规律可以确定反应物所缺的是氢离子 H^+。

答案:5　2　$14H^+$　5　2　7

注:除这几种常用方法外,还有一些简易方法也可用于一些方程式的配平。如:

(1) 最小公倍数法

这种方法适合常见的难度不大的化学方程式。例如,$KClO_3 \rightarrow KCl+O_2\uparrow$ 在这个反应式中右边氧原子个数为 2,左边是 3,则最小公倍数为 6,因此 $KClO_3$ 前系数应配 2,O_2 前配 3,式子变为:$2KClO_3 \rightarrow KCl+3O_2\uparrow$,由于左边钾原子和氯原子数变为 2 个,则 KCl 前应配系数 2,短线改为等号,标明条件,即

$$2KClO_3=\!=\!=2KCl+3O_2\uparrow$$

(2) 奇偶配平法

这种方法适用于化学方程式两边某一元素多次出现,并且两边的该元素原子总数有一奇一偶,例如:$C_2H_2+O_2 \longrightarrow CO_2+H_2O$,此方程式配平从先出现次数最多的氧原子配起。$O_2$ 内有 2 个氧原子,不论化学式前系数为几,氧原子总数应为偶数。故右边 H_2O 的系数应配 2(若推出其他的分子系数出现分数则可配 4),由此推知 C_2H_2 前 2,式子变为:$2C_2H_2+O_2 \longrightarrow CO_2+2H_2O$,由此可知 CO_2 前系数应为 4,最后配单质 O_2 为 5,把短线改为等号,写明条件即可:

$$2C_2H_2+5O_2=\!=\!=4CO_2+2H_2O$$

(3) 观察法配平

有时方程式中会出现一种化学式比较复杂的物质,我们可通过这个复杂的分子去推其他化学式的系数,例如:$Fe+H_2O$——$Fe_3O_4+H_2$,Fe_3O_4化学式较复杂,显然,Fe_3O_4中 Fe 来源于单质 Fe,O 来自于 H_2O,则 Fe 前配 3,H_2O 前配 4,则式子为:$3Fe+4H_2O$ ══ $Fe_3O_4+H_2$,由此推出 H_2系数为 4,写明条件,短线改为等号即可:

$$3Fe+4H_2O = Fe_3O_4+4H_2$$

(4) 归一法

找到化学方程式中关键的化学式,定其化学式前计量数为 1,然后根据关键化学式去配平其他化学式前的化学计量数。若出现计量数为分数,再将各计量数同乘以同一整数,化分数为整数,这种先定关键化学式计量数为 1 的配平方法,称为归一法。做法:选择化学方程式中组成最复杂的化学式,设它的系数为 1,再依次推断。

第一步:设 NH_3 的系数为 1,$1NH_3+O_2$——$NO+H_2O$。

第二步:反应中的 N 原子和 H 原子分别转移到 NO 和 H_2O 中。

第三步:由右端氧原子总数推 O_2系数。

习题三

一、选择题

1. 下列变化属于物理变化的是(　　)。

A. 米酿成酒　　B. 盐水在阳光下蒸发

C. 木材燃烧　　D. 钢铁生锈

2. 下列变化属于化学变化的是(　　)。

A. 水结成冰　　B. 汽油燃烧

C. 石蜡融化　　D. 纸张粉碎

3. 下列化学方程式中正确的是(　　)。

A. $Mg+O_2 \xlongequal{点燃} MgO_2$　　B. $Mg+O \xlongequal{\triangle} MgO$

C. $2Mg+O_2 \xlongequal{点燃} 2MgO$　　D. $Mg+2O \xlongequal{点燃} MgO_2$

4. 下列化学反应中属于化合反应的是(　　)。

A. $C+O_2 \xlongequal{点燃} CO_2$　　B. $CaCO_3 \xlongequal{高温} CaO+CO_2\uparrow$

C. $Zn+2HCl = ZnCl_2+H_2\uparrow$　　D. $C+2CuO \xlongequal{高温} 2Cu+CO_2$

5. 遇到不同的反应物时,既能发生氧化反应,又能发生还原反应的是(　　)。

A. S　　B. Mg^{2+}　　C. Cl^-　　D. Na

6. 下列变化中,需要加入氧化剂才能实现的是(　　)。

A. $I_2 \longrightarrow I^-$　　B. $Fe^{2+} \longrightarrow Fe^{3+}$

C. $HCO_3^- \longrightarrow CO_2$　　D. $MnO_4^- \longrightarrow MO_2$

7. 下列反应中,加入还原剂才能完成的是(　　)。

A. $HCl \longrightarrow Cl_2$　　B. $CO_2 \longrightarrow CO$

C. $CO_2 \longrightarrow CaCO_3$　　D. $Al^{3+} \longrightarrow AlO_2^-$

8. 下列制取单质的反应中，化合物作为还原剂的是（　　）。

A. 用溴和碘化钾反应制取碘　　B. 用锌与稀硫酸反应制取氢气

C. 在电炉中用碳与二氧化硅反应制取硅　　D. 铝与二氧化锰反应冶炼锰

9. 下列反应中，气体反应物只能作为还原剂的是（　　）。

A. 氯气通入石灰水

B. 二氧化碳通入苯酚钠的水溶液

C. 一氧化氮与硝酸反应生成三氧化二氮和水

D. 二氧化氮与水反应

10. 下列离子方程式中正确的是（　　）。

A. 实验室用烧碱溶液除去尾气中的 Cl_2：$Cl_2+OH^-=\!=\!=Cl^-+HClO$

B. 向 $AlCl_3$ 溶液中滴加过量氨水制备 $Al(OH)_3$：$Al^{3+}+3NH_3\cdot H_2O=\!=\!=Al(OH)_3\downarrow+3NH_4^+$

C. 用惰性电极电解饱和 $MgCl_2$ 溶液：$2Cl^-+2H_2O\xlongequal{电解}Cl_2\uparrow+H_2\uparrow+2OH^-$

D. 用 $FeCl_3$ 溶液腐蚀铜制印刷电路板：$Fe^{3+}+Cu=\!=\!=Fe^{2+}+Cu^{2+}$

11. 下列实验设计及其对应的离子方程式均正确的是（　　）。

A. 用 $FeCl_3$ 溶液腐蚀铜线路板：$Cu+2Fe^{3+}=\!=\!=Cu^{2+}+2Fe^{2+}$

B. Na_2O_2 与 H_2O 反应制备 O_2：$Na_2O_2+H_2O=\!=\!=2Na^++2OH^-+O_2\uparrow$

C. 将氯气溶于水制备次氯酸：$Cl_2+H_2O=\!=\!=2H^++Cl^-+ClO^-$

D. 用浓盐酸酸化的 $KMnO_4$ 溶液与 H_2O_2 反应，证明 H_2O_2 具有还原性：

$2MnO_4^-+6H^++5H_2O_2=\!=\!=2Mn^{2+}+5O_2\uparrow+8H_2O$

12. 甲、乙、丙、丁四种易溶于水的物质，分别由 NH_4^+、Ba^{2+}、Mg^{2+}、H^+、OH^-、Cl^-、HCO_3^-、SO_4^{2-} 中的不同阳离子和阴离子各一种组成。已知：①将甲溶液分别与其他三种物质的溶液混合，均有白色沉淀生成；②0.1 mol/L 乙溶液中 $c(H^+)>0.1$ mol/L；③向丙溶液中滴入 $AgNO_3$ 溶液有不溶于稀 HNO_3 的白色沉淀生成。下列结论不正确的是（　　）。

A. 甲溶液含有 Ba^{2+}　　B. 乙溶液含有 SO_4^{2-}

C. 丙溶液含有 Cl^-　　D. 丁溶液含有 Mg^{2+}

13. 溴酸盐在国际上被定位为2B级潜在致癌物。我国实行的矿泉水新标准规定矿泉水中溴酸盐的含量最高不得超过 $0.01mg\cdot L^{-1}$。已知 $KBrO_3$ 可发生下列反应：$2KBrO_3+I_2=\!=\!=2KIO_3+Br_2$，下列有关溴酸钾的说法不正确的是（　　）。

A. 溴酸钾既有氧化性又有还原性

B. 该反应说明 I_2 也可以置换出 Br_2

C. 该反应说明 I_2 的还原性强于 Br_2

D. 该反应与 $2KI+Br_2=\!=\!=2KBr+I_2$ 相矛盾

14. 已知在酸性条件下有以下反应关系：

① $KBrO_3$ 能将 I^- 氧化成 KIO_3，本身被还原为 Br_2；

② Br_2 能将 I^- 氧化为 I_2；

③ KIO_3 能将 I^- 氧化为 I_2，也能将 Br^- 氧化为 Br_2，本身被还原为 I_2。

向 $KBrO_3$ 溶液中滴加少量 KI 的硫酸溶液后，所得产物除水外还有（　　）。

A. Br^-、I_2　　B. Br_2、Br^-、I_2

C. Br_2、I_2、IO_3^-　　D. Br_2、IO_3^-

15. 如右图所示，两圆圈相交的阴影部分表示圆圈内物质相互发生的反应，其中属于氧化还原反应，但水既不作氧化剂也不作还原剂的是(　　)。

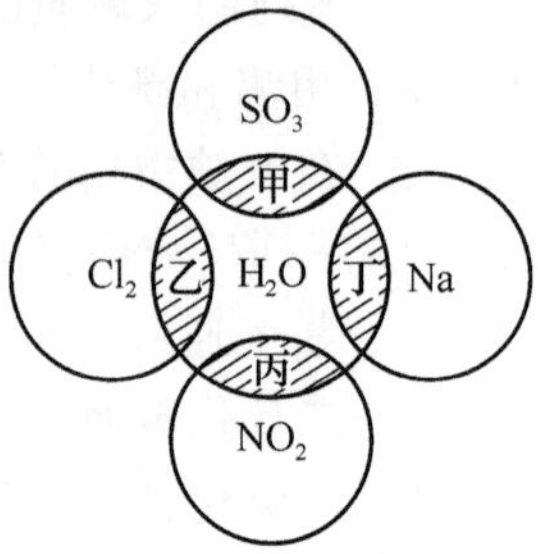

A. 甲、乙　　B. 甲、丙

C. 乙、丙　　D. 丙、丁

二、非选择题

16. 填写下列空白。

(1) 氧化还原反应的本质是反应的原子(或离子)间的________；

(2) 在铝跟稀硫酸的反应里【$2Al+3H_2SO_3 \xlongequal{} Al_2(SO_4)_3+3H_2\uparrow$】，铝原子________电子，化合价________；铝在这个反应中是________剂，它发生了________反应；硫酸电离出的氢离子________电子，化合价________，以氢气形式放出；在这个反应中，硫酸是________剂，它发生了________反应。

(3) 在氧化还原反应中，氧化剂________电子，它本身发生________反应；还原剂________电子，它本身发生________反应。

17. 判断下列反应中的氧化剂和还原剂分别是哪种物质？

(1) 镁带燃烧：$2Mg+O_2 \xlongequal{点燃} 2MgO$

(2) 加热高锰酸钾制氧气：$2KMnO_4 \xlongequal{\triangle} K_2MnO_4+MnO_2+O_2\uparrow$

(3) 二氧化锰催化过氧化氢制氧气：$2H_2O_2 \xlongequal{MnO_2} 2H_2O+O_2\uparrow$

(4) 锌与硫酸反应制氢气：$Zn+H_2SO_4 \xlongequal{} ZnSO_4+H_2\uparrow$

(5) 铜与硝酸银溶液反应：$Cu+2AgNO_3 \xlongequal{} Cu(NO_3)_2+2Ag$

(6) 一氧化碳与金属氧化物：$Fe_2O_3+3CO \xlongequal{高温} 2Fe+3CO_2$

18. 配平下列化学方程式。

(1) $C+HNO_3—NO_2+CO_2+H_2O$

(2) $Cu+HNO_3$(浓)$—Cu(NO_3)_2+NO_2+H_2O$

(3) $NO_2+H_2O—HNO_3+NO$

(4) $NaBr+Cl_2—NaCl+Br_2$

19. 氧化还原反应中实际上包含氧化和还原两个过程。下面是一个还原过程的反应式：

$$NO_3^-+4H^++3e^- \longrightarrow NO+2H_2O$$

$KMnO_4$、Na_2CO_3、Cu_2O、$Fe_2(SO_4)_3$四种物质中的一种物质(甲)能使上述还原过程发生。

(1) 写出并配平该氧化还原反应的方程式：

____。

(2) 反应中硝酸体现了________、________的性质。

(3) 反应中若产生 0.2 mol 气体，则转移电子的物质的量是________ mol。

(4) 若 1 mol 甲与某浓度硝酸反应时，被还原硝酸的物质的量增加，原因是________

____。

20. 由几种离子化合物组成的混合物，含有以下离子中的若干种：K^+、Cl^-、NH_4^+、Mg^{2+}、Ba^{2+}、CO_3^{2-}、SO_4^{2-}，将该混合物溶于水后得澄清溶液，现取 3 份各 100mL 的该溶液分别进行如下实验：

实验序号	实验内容	实验结果
①	加 $AgNO_3$ 溶液	有白色沉淀生成
②	加足量 NaOH 溶液并加热	收集到气体 1.12 L(标准状况)
③	加足量 $BaCl_2$ 溶液时，对所得沉淀进行洗涤、干燥、称量；再向沉淀中加足量稀盐酸，然后干燥、称量	第一次称量读数为 6.27 g 第二次称量读数为 2.33 g

试回答下列问题：

(1) 根据实验①对 Cl^- 是否存在的判断是________(填"一定存在""一定不存在"或"不能确定")，根据实验①②③判断混合物中一定不存在的离子是________。

(2) 试确定溶液中一定存在的阴离子及其物质的量浓度(可不填满)：

阴离子符号	物质的量浓度/$mol \cdot L^{-1}$

(3) 试确定 K^+ 是否存在并说明理由。

21. 化学研究性学习小组预通过实验探究"新制的还原性铁粉和过量盐酸反应生成 $FeCl_2$ 还是 $FeCl_3$"。请你参与探究并回答有关问题：

(1) 一位同学用向反应后的溶液中滴加 NaOH 溶液的方法来验证溶液中含有 Fe^{2+}。

① 可观察到的实验现象是________________________。

②反应过程中发生反应的化学方程式是________________________。

(2) 另一位同学向反应后的溶液中先滴加 KSCN 溶液，再向其中滴加新制氯水，溶液呈现血红色，但当滴加过量新制氯水时，却发现红色褪去。为了弄清溶液红色褪去的原因，同学们查到如下资料：

Ⅰ. 铁有一种化合物称为铁酸盐(含有 FeO_4^{2-})。

Ⅱ. SCN^- 的电子式为：$[:\ddot{S}:C::N:]^-$。

Ⅲ. 氯水具有很强的氧化性。

于是同学们提出两种假设：

① 第一种假设是：Cl_2 可将 Fe^{3+} 氧化为 FeO_4^{2-}，请写出该离子反应方程式：____________。

② 第二种假设是：________，提出该假设的理论依据是__________________。

22. 食盐中含有一定量的镁、铁等杂质，加碘盐中碘的损失主要是由于杂质、水分、空气中的氧气以及光照、受热而引起的。已知：

氧化性：$IO_3^- > Fe^{3+} > I_2$；还原性：$S_2O_3^{2-} > I^-$

$3I_2 + 6OH^- = IO_3^- + 5I^- + 3H_2O$　　$KI + I_2 = KI_3$

(1) 某学习小组对加碘盐进行了如下实验：取一定量某加碘盐(可能含有 KIO_3、KI、Mg^{2+}、Fe^{3+})，用适量蒸馏水溶解，并加稀盐酸酸化，将所得试液分为 3 份，第一份试液中滴加 KSCN 溶液后显红色；第二份试液中加足量 KI 固体，溶液显淡黄色，用 CCl_4 萃取，下层溶液显紫红色；第三份试液中加入适量的 KIO_3 固体后，滴加淀粉试剂，溶液不变色。

① 加 KSCN 溶液显红色，该红色物质是________（用化学式表示）；CCl_4 中显紫红色的物质是________（用电子式表示）。

② 第二份试液中加入足量 KI 固体后，反应的离子方程式为________________________________、________________________________。

(2) KI 作为加碘剂的食盐在保存过程中，由于空气中氧气的作用，容易引起碘的损失。写出潮湿环境中 KI 与氧气反应的化学方程式：____________________。

将 I_2 溶于 KI 溶液，在低温条件下，可制得 $KI_3 \cdot H_2O$。该物质作为食盐加碘剂是否合适？________（填"是"或"否"），并说明理由：________________________________。

(3)为了提高加碘盐（添加 KI）的稳定性，可加稳定剂减少碘的损失。下列物质中有可能作为稳定剂的是________。

A. $Na_2S_2O_3$　　B. $AlCl_3$　　C. Na_2CO_3　　D. $NaNO_2$

(4) 对含 Fe^{2+} 较多的食盐（假设不含 Fe^{3+}），可选用 KI 作为加碘剂。请设计实验方案，检验该加碘盐中的 Fe^{2+}：________。

习题三　参考答案

一、选择题

1. B　2. B　3. C　4. A　5. A　6. B　7. B　8. A　9. C　10. B

11. A　12. D　13. D　14. D　15. C

第 10 题**解析**：本题考查离子方程式的书写。氯气与烧碱反应，产物是 NaClO，而不是 HClO，A 项错误；实验室制 $Al(OH)_3$ 可选用铝盐和弱碱反应，因为 $Al(OH)_3$ 不溶于弱碱，B 项正确；电解饱和 $MgCl_2$ 溶液时，会生成氢氧化镁沉淀，C 项错误；D 项电荷不守恒，错误。

第 11 题**解析**：B 选项氧原子的得失电子不守恒；C 选项 HClO 为弱酸，应该用化学式表示；D 选项离子方程式本身没问题，但由于 HCl 也有还原性，所以 $KMnO_4$ 能将浓盐酸氧化，不能实践证明 H_2O_2 具有还原性的目的。

第 12 题根据①推知甲一定为 $Ba(OH)_2$，根据②推知乙显强酸性，故乙一定为硫酸，丙中含有 Cl^-，为 $MgCl_2$，则丁一定为 NH_4HCO_3，D 不正确，选 D。

第 13 题**解析**：A 项，由题中反应 $K\overset{+5}{Br}O_3 \rightarrow \overset{0}{Br_2}$ 可知，$KBrO_3$ 具有氧化性，又因 $K\overset{+5}{Br}O_3$ 中 Br 显 +5 价，不是最高价，故也具有还原性，A 项正确。C 项，在反应 $2KBrO_3 + I_2 = 2KIO_3 + Br_2$ 中，I_2 是还原剂而 Br_2 是还原产物，故 I_2 的还原性强于 Br_2，C 正确。从 $2KI + Br_2 = 2KBr + I_2$ 可判断出氧化性：$Br_2 > I_2$，这与 I_2 的还原性强于 Br_2 并不矛盾，因此 D 错误。

第 14 题**解析**：这是一道考查连续反应和过量分析的试题。由题意知氧化性顺序为 $BrO_3^- > IO_3^- > Br_2 > I_2$，还原性顺序为 $I^- > Br^- > I_2 > Br_2$。假设 $KBrO_3$ 的量一定，加入 KI 的量由少到多，所得产物（除水外）依次为① Br_2、IO_3^-；② Br_2、I_2、IO_3^-；③ Br_2、I_2；④ Br_2、Br^-、I_2；⑤ Br^-、I_2。②③④⑤所发生的反应分别是加入的 I^- 与 IO_3^-、Br_2 的反应（IO_3^- 的氧化性比 Br_2 强）。

第 15 题**解析**：水中氢元素处于最高价，具有氧化性，氧元素处于最低价，具有还原性，水作还原剂的反应是 -2 价的氧元素被氧化成 O_2 的反应。水作氧化剂的反应是 +1 价的氢元素被还原成 H_2 的反应，水既不作氧化剂也不作还原剂的反应是既没有 O_2 产生又没有 H_2 产生的反应。各个反应的方程式及水的作用分析如下表所示：

	化学方程式	是否是氧化还原反应	水的作用
甲	$SO_3+H_2O=H_2SO_4$	不是	非氧化剂，非还原剂
乙	$Cl_2+H_2O=HCl+HClO$	是	非氧化剂，非还原剂
丙	$3NO_2+H_2O=2HNO_3+NO$	是	非氧化剂，非还原剂
丁	$2Na+2H_2O=2NaOH+H_2\uparrow$	是	氧化剂

二、非选择题

16.（1）电子转移（包括电子得失或电子对偏移）（2）失去，升高，还原，氧化，得到，降低，氧化，还原（3）得到，还原，失去，氧化

17.（1）氧化剂：O_2　还原剂：Mg（2）氧化剂：$KMnO_4$　还原剂：$KMnO_4$

（3）氧化剂：H_2O_2　还原剂：H_2O_2（4）氧化剂：H_2SO_4　还原剂：Zn

（5）氧化剂：$AgNO_3$　还原剂：Cu（6）氧化剂：Fe_2O_3　还原剂：CO

18.（1）$C+4HNO_3=4NO_2+CO_2\uparrow+2H_2O$

（2）$Cu+4HNO_3$（浓）$=Cu(NO_3)_2+2NO_2\uparrow+2H_2O$

（3）$3NO_2+H_2O=2HNO_3+NO$

（4）$2NaBr+Cl_2=2NaCl+Br_2$

19. **解析**：（1）从所给还原过程的反应式看 NO_3^- 得电子，即 HNO_3 作氧化剂，要能使该反应发生必须加入还原剂，因此（甲）只能是 Cu_2O，反应方程式如下：$14HNO_3+3Cu_2O=6Cu(NO_3)_2+2NO\uparrow+7H_2O$。

（2）在该反应中 HNO_3 体现了氧化性和酸性生成了 $Cu(NO_3)_2$。

（3）若产生 0.2 mol 的气体（NO），则转移的电子数为 $(5-2)\times0.2\ mol=0.6\ mol$。

（4）若 1 mol 甲与某浓度硝酸反应时，被还原的硝酸的物质的量增加，根据电子得失守恒推知，可能是使用了较浓的硝酸，使产物中生成了部分 NO_2。

答案：（1）$14HNO_3+3Cu_2O=6Cu(NO_3)_2+2NO\uparrow+7H_2O$（2）酸性　氧化性

（3）0.6（4）使用了较浓的硝酸，产物中有部分二氧化氮生成

20. **解析**：（1）Cl^- 与 Ag^+ 生成 AgCl 白色沉淀，CO_3^{2-} 与 Ag^+ 也能生成 Ag_2CO_3 白色沉淀，故无法确定 Cl^- 的存在；溶液中 CO_3^{2-} 与 Ba^{2+} 生成 $BaCO_3$ 沉淀，SO_4^{2-} 与 Ba^{2+} 生成 $BaSO_4$ 沉淀，前者能溶于盐酸，而后者不溶。故溶液中一定存在 SO_4^{2-}、CO_3^{2-}，无 Ba^{2+} 和 Mg^{2+}。（2）由②可求出 $n(NH_4^+)=0.05\ mol$，由③可求 $n(CO_3^{2-})=0.02\ mol$，$n(SO_4^{2-})=0.01\ mol$，再根据电荷守恒可知：$2\times n(CO_3^{2-})+2\times n(SO_4^{2-})>1\times n(NH_4^+)$，故一定含有 K^+。

答案：（1）不能确定　Ba^{2+}、Mg^{2+}

（2）

阴离子符号	物质的量浓度（$mol\cdot L^{-1}$）
SO_4^{2-}	0.1
CO_3^{2-}	0.2

（3）K^+ 肯定存在。由于溶液中肯定存在的离子是 NH_4^+、CO_3^{2-} 和 SO_4^{2-}，经计算，NH_4^+ 的

物质的量为 0.05 mol，CO_3^{2-}、SO_4^{2-} 的物质的量分别为 0.02 mol 和 0.01 mol。根据电荷守恒，知道 K^+ 一定存在。

21. **解析**：(1)向含有 Fe^{2+} 的溶液中滴加 NaOH 溶液，先生成白色的 $Fe(OH)_2$ 沉淀，后迅速变灰绿色，最终变成红褐色的 $Fe(OH)_3$ 沉淀。(2)红色褪去的原因可能是氯水的加入氧化了 Fe^{3+} 或 SCN^-。①根据得失电子守恒、质量守恒和电荷守恒配平该离子方程式。②第二种假设可能是 SCN^- 被 Cl_2 氧化。

答案：(1) ① 产生白色沉淀，迅速变灰绿色，最终变为红褐色

② $FeCl_2+2NaOH = Fe(OH)_2\downarrow+2NaCl$、$4Fe(OH)_2+O_2+2H_2O = 4Fe(OH)_3$

(2) ① $2Fe^{3+}+3Cl_2+8H_2O = 2FeO_4^{2-}+6Cl^-+16H^+$

② SCN^- 被 Cl_2 氧化　从电子式分析，SCN^- 中 S 为负二价，N 为负三价，均为最低价，有被氧化的可能。

22. **解析**：(1) ① Fe^{3+} 与 SCN^- 的配合产物有多种，如 $Fe(SCN)^{2+}$、$Fe(SCN)_6^{3-}$ 等

I_2 的 CCl_4 溶液显紫红色。

② 应用信息："氧化性：$IO_3^->Fe^{3+}>I_2$"，说明 IO_3^- 和 Fe^{3+} 均能氧化 I^- 生成 I_2。

(2) KI 被潮湿空气氧化，不能写成 $I^-+O_2+H^+\rightarrow$，要联系金属吸氧腐蚀，产物 I_2+KOH 似乎不合理(会反应)，应考虑缓慢反应，微量产物 I_2 会升华和 KOH 与空气中 CO_2 反应。$KI_3\cdot H_2O$ 作加碘剂问题，比较难分析，因为 KI_3 很陌生。从题中："低温条件下可制得"或生活中并无这一使用实例来确定。再根据信息："$KI+I_2 = KI_3$"解析其不稳定性。

(3) 根据信息"还原性：$S_2O_3^{2-}>I^-$"可判断 A。

C 比较难分析，应考虑食盐潮解主要是 Mg^{2+}、Fe^{3+} 引起，加 Na_2CO_3 能使之转化为难溶物；D 中 $NaNO_2$ 能氧化 I^-。

(4) 实验方案简答要注意规范性，"如取…加入…现象…结论…"，本实验 I^- 对 Fe^{2+} 的检验有干扰，用过量氯水又可能氧化 SCN^-，当然实际操作能判断，不过对程度好的同学来说，用普鲁士蓝沉淀法确定性强。

答案：(1) ① $Fe(SCN)_3$　$:\ddot{I}:\ddot{I}:$

② $IO_3^-+5I^-+6H^+ = 3I_2+3H_2O$、$2Fe^{3+}+2I^- = 2Fe^{2+}+I_2$

(2) $4KI+O_2+2H_2O = 2I_2+4KOH$

否　KI_3 受热或潮解后产生 KI 和 I_2，KI 易被 O_2 氧化，I_2 易升华

(3) AC

(4) 方法Ⅰ：取适量食盐，加水溶解，滴加足量氯水(或 H_2O_2)，再加 KSCN 溶液至过量，若显血红色说明有 Fe^{2+}。

方法Ⅱ：取适量食盐，加水溶解，加入 $K_3Fe(CN)_3$ 溶液，有蓝色沉淀说明有 Fe^{2+}。

第四章　化学中常用的量

课题 1　物质的量的定义

【教学目标】

(1) 明确物质的量、摩尔的概念。

(2) 明确阿伏伽德罗常数的意义。

【教学重点】

物质的量、摩尔、阿伏伽德罗常数。

【教学难点】

物质的量、摩尔、阿伏伽德罗常数。

【知识回顾】

(1) 原子质量：指原子的真实质量，也称绝对质量，是通过精密的实验测得的。

(2) 质量数：将原子核内所有质子和中子的相对质量的近似整数值加起来，所得数值称为质量数。

(3) 同位素的相对原子质量的计算式：$Ar=\dfrac{\text{一个同位素原子的质量}}{\text{一个}^{12}\text{C 原子质量}\times\frac{1}{12}}$

(4) 同位素的近似相对原子质量是指同位素原子的近似相对原子质量，数值上等于质量数。

(5) 元素精确的相对原子质量是根据各种核素的相对原子质量和它们在原子总数中所占的百分数计算的平均值。其计算公式为

$$\text{元素的相对原子质量}=A\cdot a\%+B\cdot b\%+C\cdot c\%+\cdots\cdots$$

其中 A、B、C 分别为核素的相对原子质量；a%、b%、c%分别为自然界中各核素所占的原子的含量或原子个数的组成分数。

【新课】

(1) 物质间的化学反应是原子、分子或离子间按一定的个数比进行的。单个的微粒都非常小，肉眼看不见，也难于称量。

例如：一滴水中大约有15万亿亿个分子。若取1毫升、1升、甚至1吨，那其中的微粒数就更难于计算。通常在实验室里或生产中用来进行反应的物质，一般都是含有巨大数量的“微粒集体”。显然，以“个”为单位计量是很不方便的。只有用一种“微粒集体”作单位，才具有可称量和实际应用的意义。

这就是说，我们很需要把微粒和可称量的物质联系起来。这就要建立一种“物质的量”的单位。

(2) 说明：1971年，由71个国家派代表参加的第14届国际计量大会，正式通过了国际单位制的7个基本物理量。“物质的量”就是其中之一，其单位是“摩尔”。

摩尔

1. 摩尔的定义

(1) “物质的量”——专用名词。如同长度、质量一样。这四个字不能简化或增添任何字。不能理解为“物质的质量”或“物质的数量”。

(2) “单位”——摩尔是一种单位，简称“摩”、符号“mol”。如同“米”(m)、“千克”(kg)一样。

(3) “每摩尔物质”——指1 mol任何物质。

(4) “阿伏伽德罗常数个”——1 mol物质中含有的微粒数目。

(5) “微粒”——指分子、原子、离子、质子、中子、电子等微观粒子。

2. 阿伏伽德罗常数(可用 N_A 表示)

(1) 阿伏伽德罗常数，经实验测得比较精确的数值是：6.0221367×10^{23}，通常采用 6.02×10^{23} 这个非常近似的数值。

(2) 基准数：12 g碳-12含有的碳原子数。常用近似值：6.02×10^{23}。

(3) 使用摩尔时，必须同时指明微观粒子。书写时应将微粒的符号或名称写在摩的后面。正如质量单位千克，使用时必须注明物质一样。如1 kg食盐、2 kg蔗糖。

(4) 由于摩尔是巨大数量微粒集合体的计算单位，所以使用时可出现0.5 mol、0.01 mol等。正如可称0.1 kg，量0.1 m一样。

(5) 1 mol碳-12的质量是12g，含有约 6.02×10^{23} 个碳原子。因为任意原子的相对原子质量是以碳-12的1/12为标准所得的比值，例如：氧的相对原子质量是16，则有C∶O＝12∶16。所以可以推知1 mol氧原子的质量也为16 g，含有约 6.02×10^{23} 个氧原子……依次类推。

例1 根据硫酸铵【$(NH_4)_2SO_4$】化学式计算：

(1) 相对分子质量为________；

(2) 氮、氢、硫、氧的原子个数比为________；

(3) 各元素质量比为________；

(4) 氮元素的质量分数为________；

(5) 1t硫酸铵含氮元素________ t。

解析：(1)相对分子质量是 $(NH_4)_2SO_4$ 中各原子的相对原子质量之和；(2)有2个 NH_4^+ 存在，即有2个氮原子，8个氢原子；(3)各元素的质量比即为各元素相对原子质量之比；(4)计算氮元素的质量分数时，分子2个氮原子的相对原子质量之和，分母为硫酸铵的相对分子质量；

(5)计算 1 t 硫酸铵中含氮量时，用氮元素的质量分数乘以 1t 即可。

答案：(1) 132；(2) 2∶8∶1∶4；(3) N∶H∶S∶O＝7∶2∶8∶16；(4) 21.2%；(5) 0.21 t。

例 2　1 mol 碳原子含有________个碳原子。

2 mol 氢分子含有________个氢分子。

0.5 mol 硫酸分子含有________硫酸分子。

1 mol 氢氧化钠中含有________个氢氧根离子。

解析：计算粒子的个数，可以根据物质的量和阿伏伽德罗常数之间的关系：物质的量 $\times 6.02\times10^{23}$ ＝粒子个数

答案：6.02×10^{23} 个；12.04×10^{23} 个；3.01×10^{23} 个；6.02×10^{23} 个。

课题 2　摩尔质量

【教学目标】

(1) 掌握摩尔质量的定义。

(2) 掌握质量和物质的量的换算关系。

【教学重点】

质量和物质的量的换算。

【教学难点】

质量和物质的量的换算。

【知识回顾】

(1) 什么是摩尔？阿伏伽德罗常数是多少？常采用的数值是多少？

(2) 5 mol 碳原子含有的碳原子数是多少？含有 3.01×10^{23} 个碳原子的物质的量是多少？

(3) 物质的量与物质所含微粒数之间的换算关系应怎样表示？

(4) 1 mol 物质的质量与其相对分子质量(或相对原子质量)之间有什么联系和区别？

【新课】

一、关于摩尔质量的计算

1. 摩尔质量

(1) 定义：单位物质的量的物质所具有的质量称为摩尔质量。

(2) 单位：克/摩。

(3) 物质的量(n)、物质的质量(m)和摩尔质量(M)的关系：$n=m/M$。

【练习】下列哪种说法不正确？说明理由。

(1) 1 molH_2的质量是 2 g；

(2) H_2的 mol 质量是 2 g；

(3) 1 mo H_2的质量是 2 g/mol；

(4) H_2的 mol 质量是 2 g/mol。

【总结】上题正确的叙述有两种：

1 mol××的质量是××g；××的摩尔质量是××g/mol。

2. 关于摩尔质量的计算

例 1 0.5 mol 氢气的质量是多少克？

解析：2 g/mol×0.5 mol=1 g

例 2 下列各物质中，含氧原子个数最多的是(　　)。

A. 1 mol 氯酸钾　　B. 0.5 mol 硫酸

C. 32 g 氧气　　D. 3.01×10^{23}个二氧化碳分子

解析：根据物质组成分析。例：1 mol 水分子中含 2 mol 氢原子和 1 mol 氧原子。比较氧原子个数，实际上是比较一定量物质中所含氧原子的物质的量。故选 B。

例 3 16 g 氧气与多少克二氧化碳含有的分子数相同？

解析：要分子数相同，其实就是物质的量相同；16 g 氧气的分子数用物质的量表示应该是 0.5 mol，0.5 mol×44 g/mol=22 g，所以，应与 22 g 二氧化碳含的分子数相同。

例 4 相同质量的镁和铝所含原子个数之比是多少？

解析：原子个数比其实就是该物质的物质的量之比，相同质量的镁和铝的物质的量是：m/24∶m/27=9∶8。

【小结】(1) 分子数相同，就是物质的量相同。

(2) 原子个数之比，就等于物质的量之比。

二、摩尔在化学方程式计算中的应用

根据①方程式中各物质的系数比就等于它们的物质的量之比。

②摩尔质量在数值上等于相对原子质量或式量。

可代入方程式中进行计算。

例 5 4 g 氢氧化钠的溶液分别与盐酸、硫酸、磷酸反应生成正盐各需酸多少摩尔？

解：设需 H_2SO_4的物质的量为 x：

$2NaOH + H_2SO_4 = Na_2SO_4 + 2H_2O$

2 mol　　1 mol

0.1 mol　　x

$$x=\frac{1\ \text{mol}\times0.1\ \text{mol}}{2\ \text{mol}}=0.05\ \text{mol}$$

解析：0.1 mol NaOH 是 4 g，2 mol NaOH 是 40 g/mol×2 mol=80 g

所以此题又可解为

$2NaOH + H_2SO_4 = Na_2SO_4 + 2H_2O$

2×40 g　1 mol

4 g　　　x

$$x=\frac{4\ g\times 1\ mol}{80\ g}=0.05\ mol$$

【小结】在上述计算中需注意：

(1) 题设的格式：设需××物质的量为 x(不要设需 x mol××)。

(2) 单位可取用质量(克)，也可同时取用物质的量(摩)。但是使用时：

上下单位要一致(同一物质)。

左右单位要对应(不同物质)。

课题 3　气体摩尔体积

【教学目标】

(1) 理解气体体积变化的本质原因。

(2) 掌握气体摩尔体积的含义。

(3) 理解阿伏伽德罗定律。

【教学重点】

气体摩尔体积的含义。

【教学难点】

阿伏伽德罗定律。

【知识回顾】

(1) 物质由什么构成？

(2) 物质的三态变化，微粒的大小和微粒的间距发生的变化？

【新课】

一、气体的摩尔体积

(1) 决定各种物质体积大小的因素有三种，即微粒数、微粒间的距离和微粒的大小。

(2) 如果物质所含的微粒数相等，

① 当微粒间距很小时(如固、液态物质)，微粒的大小是决定物体体积大小的主要因素。

② 当微粒间距较大时(如气态物质)，决定物质体积的主要因素是微粒间的距离。

气体的体积受压强、温度的影响很大。为了研究问题方便，科学上把温度为 0 ℃、压强为 100 kPa 规定为标准状态。用 S. T. P. 表示。

在标准状况下，1 mol 任何气体的体积都大约是 22.4 L。这就是气体摩尔体积。

气体摩尔体积：在标准状况下，1 mol 的任何气体所占的体积都大约是 22.4 L。

强调指出：标准状况、1 mol 和任何气体，体积大约是 22.4 L。

【练习】下列说法中有无错误？为什么？

(1) 1 mol 氢气的体积大约是 22.4 L。

(2) 在标准状况下，18 g 水的体积大约等于 22.4 L。

(3) 在标准状况下，22 g 二氧化碳的体积大约是 22.4 L。

(4) 在 0 ℃、100 kPa 下，1 mol 氯气的体积是 22.4 L。

(5) 在标准状况下，22.4 L 氧气和 22.4 L 二氧化碳的物质的量相等。

二、阿伏伽德罗定律

【问题】在同温同压下，如果气体的体积相同，则气体的物质的量是否也相同呢？

因为气体分子间的平均距离随着温度、压强的变化而改变。各种气体在一定温度和压强下，分子间的平均距离是相等的。所以，同温同压下，相同体积气体的物质的量也相等。这一结论最早是由意大利科学家阿伏伽德罗发现的，并被许多的科学实验所证实，成为定律，称为阿伏伽德罗定律。

(1) 定义：在相同的温度和压强下，相同体积的任何气体都含有相同数目的分子。

(2) 注意：

① 适用范围：气体。

② 四个“同”：

同温、同压（即相同状况）、同体积、同分子数（或同物质的量）。

③ 气体摩尔体积是阿伏伽德罗定律的特例。

三、有关气体摩尔体积的计算

气体物质的式量数值上等于其摩尔质量

摩尔质量＝标准状况下气体密度(D)×气体摩尔体积＝22.4D

例 1　某气态氢化物 H_2R 在标准状况下密度为 1.52 g/L，R 的相对原子质量等于多少？

解：因为：摩尔质量＝标准状况下气体密度(D)×气体摩尔体积＝22.4D

所以：H_2R 的摩尔质量＝1.52 g/L×22.4 L/mol＝34.048 g/mol

即 H_2R 的相对分子质量为 34，R 的相对原子质量为 32。

例 2　0.2 mol 铝跟足量盐酸完全反应，计算：

(1) 标准状况下生成氢气多少升？

(2) 生成氯化铝多少克？

解：设标准状况下生成氢气 X 升，生成氯化铝 Y 克

$$2Al + 6HCl = 3H_2\uparrow + 2AlCl_3$$

2		3×22.4L/mol	267
0.2 mol		X	Y

$$\frac{2}{0.2\ \text{mol}} = \frac{3\times 22.4\ \text{L/mol}}{X} \qquad X = 6.72\ \text{L}$$

$$\frac{2}{0.2\ \text{mol}} = \frac{267}{Y} \qquad Y = 26.7\ \text{g}$$

答案：(1)标准状况下生成氢气 6.72 升。(2)生成氯化铝 26.7 克。

课题 4　物质的量浓度

【教学目标】

(1) 使学生正确地理解物质的量浓度的概念。

(2) 使学生会应用物质的量浓度的概念进行简单的计算。

【教学重点】

物质的量浓度的概念、有关物质的量浓度概念的计算。

【教学难点】

物质的量浓度的概念、有关物质的量浓度概念的计算。

【知识回顾】

我们知道溶液有浓稀之分，在初中学过可用什么方法表示？

$$溶液的质量分数=\frac{溶质的质量(g)}{溶液的质量(g)}\times 100\%$$

$$=\frac{溶质的质量}{溶质的质量+溶剂的质量}\times 100\%$$

可以计算出一定质量的溶液中含溶质的质量，但取用溶液时，一般不称质量而是量一定体积，且化学反应中，反应生成物间的物质的量的关系比质量关系简单，因此知道一定体积溶液中溶质的物质的量对于生产和实验都很重要。

【新课】

一、物质的量浓度

定义：以单位体积溶液里所含溶质 B 的物质的量来表示溶液组成的物理量称为溶质 B 的物质的量浓度。

$$物质的量浓度=\frac{溶质的物质的量}{溶液的体积}\ \mathrm{mol/L}$$

计算公式：

(1) 一般计算

$$c=\frac{n}{V}$$

(2) 溶液物质的量浓度和溶质质量分数的换算

$$c=\frac{1000\cdot\rho\cdot\omega}{M}$$

(3) 稀释问题

原理：稀释过程中，溶质的量保持不变。

$$n=c_1V_1=c_2V_2$$

① 单位：$mol \cdot L^{-1}$或 $mol \cdot m^{-3}$。

② 溶质是用物质的量表示而不是质量。

讨论：将 342 g $C_{12}H_{22}O_{11}$（蔗糖）溶解在 1 L 水中，所得的溶液中溶质的物质的量浓度是否为 1 $mol \cdot L^{-1}$？

③ 是溶液的体积为单位体积，并非溶剂的体积。

讨论：从 1 $mol \cdot L^{-1}$ $C_{12}H_{22}O_{11}$（蔗糖）溶液中取出 100 mL，取出的溶液中 $C_{12}H_{22}O_{11}$ 的物质的量浓度是多少？

④ 从某溶液取出任意体积的溶液，其浓度都相同，但所含溶质的量因体积不同而不同。

二、关于物质的量浓度的计算

例 1 将 40 g NaOH 配成 2 L 溶液，其物质的量浓度为________。

解析：40 g NaOH 的物质的量为 1 mol，

根据物质的量浓度计算公式 $c=\frac{n}{V}=\frac{1\ mol}{2\ L}=0.5\ mol/L$

答案：0.5 mol/L。

例 2 标准状况下 22.4 L HCl 配成 0.5 L 盐酸，其物质的量浓度为________。

解析：标准状况下 22.4 L HCl 的物质的量为 1 mol，

根据物质的量浓度计算公式 $c=\frac{n}{V}=\frac{1\ mol}{0.5\ L}=2\ mol/L$

答案：2 mol/L。

例 3 将 28.4 g Na_2SO_4溶于水配成 250 ml 溶液，计算溶液中溶质的物质的量浓度，并求出溶液中钠离子和硫酸根离子的物质的量浓度。

解：$n(Na_2SO_4)=\frac{m(Na_2SO_4)}{M(Na_2SO_4)}=\frac{28.4\ g}{142\ g/mol}=0.2\ mol$

$c(Na_2SO_4)=\frac{n(Na_2SO_4)}{V_{(液)}}=\frac{0.2\ mol}{0.25\ L}=0.8\ mol/L$

而 $Na_2SO_4 = 2Na^+ + SO_4^{2-}$

故 $n(Na^+)=2n(SO_4^{2-})=2n(Na_2SO_4)$

$c(Na^+)=0.8\ mol/L \times 2=1.6\ mol \cdot L^{-1}$

$c(SO_4^{2-})=0.8\ mol \cdot L^{-1}$

答案：溶液中溶质的物质的量浓度为 0.8 $mol \cdot L^{-1}$，溶液中钠离子和硫酸根离子的物质的量浓度分别为 1.6 $mol \cdot L^{-1}$和 0.8 $mol \cdot L^{-1}$。

例 4 已知 37%的 H_2SO_4溶液的密度为 1.28 $g \cdot cm^{-3}$，求其物质的量浓度。

解法一：

取 100 g 溶液来计算

$m(H_2SO_4)=100\ g \times 37\%=37\ g$

$n(H_2SO_4)=\frac{m(H_2SO_4)}{M(H_2SO_4)}=\frac{37\ g}{98\ g/mol}=0.37\ mol$

$V_{(液)}=\frac{100\ g}{1.28\ g/cm}=78.12\ mL=0.078\ L$

$$c(H_2SO_4)=\frac{n(H_2SO_4)}{V_{(液)}}=\frac{0.37\ mol}{0.078\ L}=4.8\ mol/L$$

答案:37%的 H_2SO_4溶液的物质的量浓度为 4.8 mol/L。

解法二:

取 1 L 溶液来计算

V(液)=1 L

$$m(H_2SO_4)=V[H_2SO_4(aq)]\cdot\rho\cdot w=1\ 000\ mL\times1.28\ g\cdot cm^{-3}\times37\%=473.6\ g$$

$$n(H_2SO_4)=\frac{m(H_2SO_4)}{M(H_2SO_4)}=\frac{473.6\ g}{98\ g/mol}=4.8\ mol$$

$$c(H_2SO_4)=\frac{n(H_2SO_4)}{V_{(液)}}=\frac{4.8\ mol}{1\ L}=4.8\ mol/L$$

答案:37%的 H_2SO_4溶液的物质的量浓度为 4.8 mol/L。

三、一定物质的量浓度溶液的配制

例:配制 500 mL 0.1 mol/L 的 Na_2CO_3溶液。

配制溶液的第一步首先应知道什么?

1. 计算

(1) 实验室中只存在 Na_2CO_3晶体,可以来计算出所需的溶质的质量,那么如何计算出需要 Na_2CO_3 晶体的质量?

(2) 若所取溶质为液体,应如何取?

2. 称量

用托盘天平来称量固体药品应注意哪些问题?

3. 溶解

(1) 根据我们前面所学的知识,溶解固体物质应在哪儿溶解?用到哪些仪器?在溶解过程中还应注意哪些问题?

(2) 用小烧杯加水溶解,并用玻璃棒搅拌。

(3) 溶质溶解后是否可马上放到容量瓶中呢?

(4) 把溶解好的溶液冷却后,从小烧杯转移到 100 mL 的容量瓶里。

4. 转移

(1) 把小烧杯里的溶液往容量瓶中转移,由于容量瓶的瓶口较细,为避免溶液洒出,用玻璃棒引流。

(2) 把小烧杯里的溶液沿玻璃棒转移到容量瓶中。

(3) 烧杯和玻璃棒是否需要处理?应如何处理?

(4) 为保证溶质尽可能全部转移到容量瓶中,应该用蒸馏水洗涤烧杯和玻璃棒二三次。

5. 洗涤

洗涤烧杯等仪器,并把洗涤液转移到容量瓶中,防止药品粘在烧杯上,造成实验误差。

6. 定容

(1) 当往容量瓶里加蒸馏水时,距刻度线 1～2 cm 处停止,为避免加水的体积过多,改用胶头滴管加蒸馏水到刻度线，这个操作称为定容。

(2) 定容时如果不小心水加多了，可否用胶头滴管取出多余的溶液呢？

(3) 所以，定容失败，只好重新做。定容时还要注意凹液面下缘和刻度线相切，眼睛视线与刻度线呈水平，不能俯视或仰视，否则，都会造成误差。

(4) 最后把容量瓶瓶塞塞紧，把容量瓶倒转过来摇动多次，使溶液混合均匀称为摇匀。

7. 摇匀

(1) 容量瓶摇匀的操作具有特殊性，那么应如何操作呢？

(2) 摇匀后，再把配好的溶液倒入试剂瓶中，盖上瓶塞，贴上标签。

(3) 在溶液配制过程中哪些操作可能引起溶液浓度的误差？定容时若俯视或仰视刻度线，对溶液的浓度有何影响？

8. 配制误差原因

(1) 称量时所引起的误差。

(2) 用于溶解稀释溶液的烧杯未用蒸馏水洗涤。

(3) 转移或搅拌溶液时有部分液体溅出。

(4) 容量瓶内溶液的温度高于 20 ℃。

(5) 在给容量瓶定容时，仰视或俯视读数。

习题四

一、选择题

1. 1 个氧原子的质量是 2.658×10^{-26} kg，32 g 氧气中所含的氧分子数最接近（　　）数值。

A. 3.01×10^{23}　　B. 5.32×10^{23}　　C. 6.02×10^{23}　　D. 1.20×10^{23}

2. ^{12}C 原子的质量的 1/12 是 1.661×10^{-27} kg，1 个钠原子的质量是 3.82×10^{-26} kg，钠的相对原子质量是（　　），钠的摩尔质量是（　　）。

A. 23 g　　B. 23　　C. 23 mol　　D. 23 g/mol

3. 在一定温度和压强下，气体体积的大小决定于该气体（　　）。

A. 所有分子数的多少　　B. 分子之间的距离大小

C. 分子运动的速率　　D. 分子质量

4. 在标准状况下，12 g 氢气所占有的体积与（　　）氮气所占有的体积相等。

A. 12 g　　B. 6 mol　　C. 14 mol　　D. 140 mol

5. 在标准状况下，某种气体的密度为 1.25 g/L，该种气体可能是（　　）。

A. O_2　　B. Cl_2　　C. N_2　　D. CO_2

6. 在标准状况下，相同质量的氮气和氢气所占有的体积之比是（　　）。

A. 1∶14　　B. 1∶7　　C. 14∶1　　D. 1∶28

7. 某气体的质量为 6.4 g，含有 6.02×10^{22} 个分子，则该气体的相对分子质量是（　　）。

A. 64　　B. 32　　C. 64 g/mol　　D. 32 g/mol

8. 0.1 mol $NaHCO_3$中含有(　　)。

A. 0.2 mol Na^+　　B. 0.05 mol CO_3^{2-}　　C. 6.02×10^{23}个 O　D. 0.1 mol H

9. 设N_A为阿伏伽德罗常数的值,下列叙述正确的是(　　)。

A. 在常温下,1 L 0.1 $mol\cdot L^{-1}$的NH_4NO_3溶液中氮原子数为0.2 N_A

B. 1 mol 羟基中电子数为10 N_A

C. 在反应$KIO_3+6HI═KI+3I_2+3H_2O$中,每生成3 mol I_2转移的电子数为6 N_A

D. 常温常压下,22.4 L 乙烯中C—H键数为4 N_A

10. 下列说法正确的是(　　)。

A. 把100 mL 3 $mol\cdot L^{-1}$的H_2SO_4跟100 mL H_2O混合,硫酸的物质的量浓度变为1.5 $mol\cdot L^{-1}$

B. 把100 g 20%的NaCl溶液跟100 g H_2O混合后,NaCl溶液的质量分数是10%

C. 把200 mL 3 $mol\cdot L^{-1}$的$BaCl_2$溶液跟100 mL 3$mol\cdot L^{-1}$的KCl溶液混合后,溶液中的$c(Cl^-)$仍然是3 $mol\cdot L^{-1}$

D. 把100 mL 20%的NaOH溶液跟100 mL H_2O混合后,NaOH溶液的质量分数是10%

11. 填写下列空白。

(1) 物质的量通常用________作单位,物质的量的单位是________。

(2) 摩尔是________的单位,每摩尔任何物质中都约有________个粒子。

(3) 在标准状况下,1/4 mol的任何气体所占有的体积都约等于________ L。

(4) 氯酸钾的相对分子质量是________,其摩尔质量是________。

(5) 0.1 mol O_2中含有________个氧原子。

(6) 在标准状况下,________ mol H_2所占有的体积是112 L。

(7) 1个C的质量是1.993×10^{-26} kg,碳的相对原子质量是________;铝的相对原子质量是碳的相对原子质量的2.25倍,铝的相对原子质量是________。

(8) 氧的相对原子质量是16,某金属M的氧化物化学式为M_2O_3,该氧化物中含氧30%,则该氧化物的相对分子质量是________,该金属M的相对原子质量是________。

(9) 标准状况下,6.8 g某气体占有4.48 L体积,该气体的摩尔质量是________,该气体的相对分子质量是________。

(10) 标准状况下,100 L氧气的质量是________。

(11) 常温常压下与13.2 g CO_2气体体积相同的CH_4的物质的量是________ mol。

12. 一定质量的液态化合物XY_2,在标准状况下的一定质量的O_2中恰好完全燃烧,反应方程式为:$XY_2(l)+3O_2(g)═XO_2(g)+2YO_2(g)$,冷却后,在标准状况下测得生成物的体积是672 mL,密度是2.56 g/L,则:

(1) 反应前O_2的体积是________________________________。

(2) 化合物XY_2的摩尔质量是________________________________。

(3) 若XY_2分子中X、Y两元素的质量比是3∶16,则X、Y两元素分别为________和________(写元素符号)。

13. 臭氧层是地球生命的保护神,臭氧比氧气具有更强的氧化性。实验可将氧气通过高压放电管来制取臭氧:

$$3O_2\xlongequal{放电}2O_3$$

(1) 若在上述反应中有30%的氧气转化为臭氧,所得混合气的平均摩尔质量为________g/mol(保留一位小数)。

(2) 将8 L氧气通过放电管后,恢复到原状况,得到气体6.5 L,其中臭氧为________L。

(3) 实验室将氧气和臭氧的混合气体0.896 L(标准状况)通入盛有20.0 g铜粉的反应器中,充分加热后,粉末的质量变为21.6 g。则原混合气中臭氧的体积分数为________。

14. 某化学兴趣小组测定某$FeCl_3$样品(含少量$FeCl_2$杂质)中铁元素的质量分数,实验按以下步骤进行:

① 称取a g样品,置于烧杯中;

② 加入适量盐酸和适量蒸馏水,使样品溶解,然后准确配制成250 mL溶液;

③ 准确量取25.00 mL步骤②中配得的溶液,置于烧杯中,加入适量的氯水,使反应完全;

④ 加入过量氨水,充分搅拌,使沉淀完全;

⑤ 过滤,洗涤沉淀;

⑥ 将沉淀转移到坩埚内,加热、搅拌,直到固体由红褐色全部变为红棕色后,在干燥器中冷却至室温后,称量;

⑦ ……

请根据上面的叙述,回答:

(1) 如下图所示仪器中,本实验步骤①②③中必须用到的仪器是E和________(填字母)。

(2) 写出步骤③中发生反应的离子方程式:____。

(3) 洗涤沉淀的操作是____。

(4) 第⑥步的操作中,将沉淀物加热,冷却至室温,称量其质量为m_1g,再次加热并冷却至室温称量其质量为m_2g,若m_1与m_2差值较大,接下来的操作应是____。

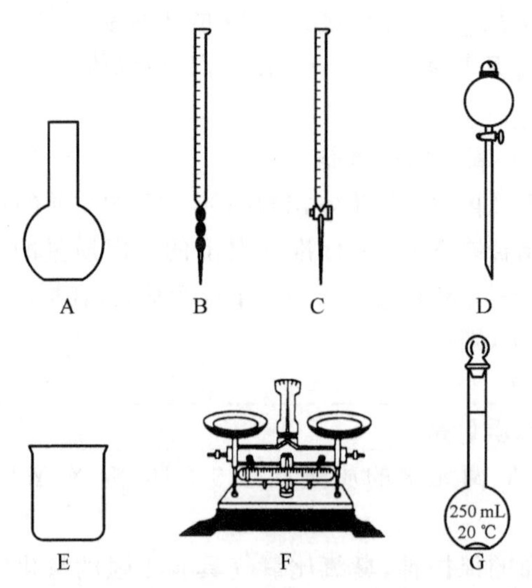

(5) 若坩埚质量是W_1 g,最终坩埚和固体的总质量是W_2 g,则样品中铁元素的质量分数为____。

15. 奶粉中蛋白质含量的测定往往采用“凯氏定氮法”，其原理是：食品与硫酸和催化剂一同加热，使蛋白质分解，分解的氨与硫酸结合生成硫酸铵。然后碱化蒸馏使氨游离，用硼酸吸收后再用硫酸或盐酸标准溶液滴定，根据酸的消耗量乘以换算系数，即为蛋白质含量。操作步骤：

① 样品处理：准确称取一定量的固体样品奶粉，移入干燥的烧杯中，经过一系列的处理，待冷却后移入一定体积的容量瓶中。

② NH_3的蒸馏和吸收：把制得的溶液（取一定量），通过定氮装置，经过一系列的反应，使氨变成硫酸铵，再经过碱化蒸馏后，氨即成为游离态，游离氨经硼酸吸收。

③ 氨的滴定：用标准盐酸溶液滴定所生成的硼酸铵，由消耗的盐酸标准液计算出总氮量，再折算为粗蛋白质含量。

试回答下列问题：

(1) 在样品的处理过程中使用到了容量瓶，怎样检查容量瓶是否漏水？

____

____

____。

(2) 在配制过程中，下列哪项操作可能使配制的溶液的浓度偏大（　　）。

A. 烧杯中溶液转移到容量瓶中时，未洗涤烧杯

B. 定容时，俯视刻度线

C. 定容时，仰视刻度线

D. 移液时，有少量液体溅出

(3) 若称取样品的质量为 1.5 g，共配制 100 mL 的溶液，取其中的 20 mL，经过一系列处理后，使 N 转变为硼酸铵然后用 0.1 mol/L 盐酸滴定，其用去盐酸的体积为 23.0 mL，则该样品中 N 的含量为________。

（已知：滴定过程中涉及的反应方程式：$(NH_4)_2B_4O_7+2HCl+5H_2O \xlongequal{} 2NH_4Cl+4H_3BO_3$）

(4) 一些不法奶农利用“凯氏定氮法”只检测氮元素的含量而得出蛋白质的含量这个检测法的缺点，以便牛奶检测时蛋白质的含量达标，而往牛奶中添加三聚氰胺（$C_3N_6H_6$）。则三聚氰胺中氮的含量为________。

习题四　参考答案

一、选择题

1. C　2. B,D　3. A　4. B　5. C　6. A　7. A　8. D　9. A　10. B

第 9 题**解析**：羟基（—OH）为 9 电子微粒，B 错；I_2既是氧化产物又是还原产物，每生成 3 mol I_2转移的电子数为 $5N_A$，C 错；常温常压下，22.4 L 乙烯不是 1 mol，C—H 键数不是 $4N_A$，D 错。答案：A。

第 10 题**解析**：A 错，因为 100 mL 3 mol·L^{-1}的 H_2SO_4跟 100 mL H_2O混合后的体积小于 200 mL；B 正确，w＝100 g×20%/(100 g＋100 g)＝10%；C 错，因为 3 mol·L^{-1}的 $BaCl_2$溶液中的氯离子浓度为 6 mol·L^{-1}，混合后溶液中氯离子浓度大于 3 mol·L^{-1}；D 错，因为 NaOH

溶液的密度大于 1 g·mL^{-1},加入水的质量等于 100 g,所以混合后溶液中溶质的质量分数大于 10%。答案:B。

二、非选择题

11. (1)千克,摩尔;(2)物质的量,6.02×10^{23};(3)5.6;(4)122.5,122.5 g/mol;(5)1.2×10^{23};(6)5;(7)12.01,27;(8)160,56;(9)34 g/mol,34;(10)143 g;(11)0.3。

12. **解析**:(1)由反应 $XY_2(l)+3O_2 \xlongequal{} XO_2(g)+2YO_2(g)$ 可知,反应前后气体的体积变化为 0,故 $V(O_2)=672$ mL。

(2) 由 $m=\rho V$,生成物的质量 $m=0.672\ L\times2.56\ g/L=1.72\ g$,

$$XY_2 \quad + \quad 3O_2 \xlongequal{} XO_2+2YO_2,$$

0.01 mol　　0.03 mol

所以 $M(XY_2)=\dfrac{1.72\ g-0.03\ mol\times32\ g/mol}{0.01\ mol}$

$=76\ g/mol$;

(3) 由 $\dfrac{Ar\ X}{2Ar\ Y}=\dfrac{3}{16}$,$Ar(X)+2Ar(Y)=76$,得 $Ar(X)=12$,$Ar(Y)=32$,则 X 为 C,Y 为 S。

答案:(1) 672 mL　(2) 76 g/mol　(3) C　S

13. **解析**:(1) 设原有氧气的物质的量为 $x$mol,已知有 30%的氧气转化为臭氧,由反应 $3O_2 \xlongequal{放电} 2O_3$ 知,发生反应的 O_2 的物质的量为 $0.3x$ mol,生成 O_3 的物质的量为 $0.2x$ mol,故反应后气体的总物质的量为 $0.9x$ mol,则得到混合气体的平均摩尔质量为 $M=\dfrac{MO_2\cdot nO_2+MO_3\cdot nO_3}{nO_2+nO_3}=\dfrac{0.7\ mol\times32\ g/mol+0.2\ mol\times48\ g/mol}{0.7\ mol+0.2\ mol}=35.6\ g/mol$

(2) 设反应的 O_2 的体积为 aL,则生成 O_3 的体积为 $\dfrac{2}{3}a$L,由差量法得

$3O_2 \xlongequal{放电} 2O_3$　ΔV

3　　2　　1

a　　$\dfrac{2}{3}a$　　1.5 L

$a-\dfrac{2}{3}a=8\ L-6.5\ L$

$a=4.5$ L,臭氧体积为 3 L。

(3) 本题应分情况讨论:

① 假设 O_2 和 O_3 完全反应,则 O_2 和 O_3 的质量即为铜粉增加的质量,$m_{总}=1.6$g,$n_{总}=\dfrac{V_{总}}{V_m}=\dfrac{0.896\ L}{22.4\ L/mol}=0.04$ mol,则混合气体的平均相对分子质量为 $\overline{M}=\dfrac{m_{总}}{n_{总}}=\dfrac{1.6\ g}{0.04\ mol}=40\ g/mol$,$\overline{M}=\dfrac{M_1n_1+M_2n_2}{n_1+n_2}$知

$$40\ g/mol=\frac{32\ g/mol\cdot nO_2+48\ g/mol\cdot nO_3}{nO_2+nO_3}$$

求得 $\dfrac{nO_2}{nO_3}=\dfrac{1}{1}$

故臭氧体积分数为50%或0.5；

② 假设铜完全反应，O_2或O_3剩余，设生成CuO b g

$Cu \longrightarrow CuO$

63.5　79.5

20 g　 b g

$\frac{63.5}{20\ g}=\frac{79.5}{b\ g}$求得$b=25>21.6$

故假设错误。

答案：(1) 35.6　(2) 3　(3) 0.5或50%

14. **解析**：(1)根据实验步骤可知，需要溶液配制、量取等步骤，所以需要的仪器有滴定管、托盘天平、容量瓶等；(2)此步骤是氯气氧化样品中的Fe^{2+}，反应为$2Fe^{2+}+Cl_2 = 2Fe^{3+}+2Cl^-$；(3)向普通漏斗里注入蒸馏水，使水面没过滤渣，等水自然流完后，重复操作2～3次；(4)相差较大，说明没有分解完全，需要继续加热；(5)质量差是Fe_2O_3的质量，则25 mL溶液中铁元素的质量是$\frac{W_2-W_1\ g}{160\ g/mol}\times 2\times 56\ g/mol$，所以样品中铁元素的质量是：$\frac{W_2-W_1\ g}{160\ g/mol}\times 2\times 56\ g/mol\times\frac{250\ mL}{25\ mL}$，

铁元素的质量分数为$\frac{\frac{W_2-W_1}{160\ g/mol}\times 2\times 56\ g/mol\times\frac{250\ mL}{25\ mL}}{a\ g}\times 100\%$。

答案：(1) CFG。

(2) $2Fe^{2+}+Cl_2 = 2Fe^{3+}+2Cl^-$。

(3) 向普通漏斗里注入蒸馏水，使水面没过滤渣，等水自然流完后，重复操作2～3次。

(4) 继续加热，放置干燥器中冷却，称量，至最后两次称得的质量差不超过0.1 g(或恒重)为止。

(5) $\frac{\frac{W_2-W_1\ g}{160\ g/mol}\times 2\times 56\ g/mol\times\frac{250\ mL}{25\ mL}}{a\ g}\times 100\%$。

15. **解析**：(1) 容量瓶的检漏方法是：往容量瓶中注入一定量的水，塞紧瓶塞，倒转过来，观察是否漏水，然后再正放，旋转瓶塞180°，再倒转过来，观察是否漏水，若都不漏水，则说明该容量瓶不漏水。

(2) 由$c=n/V$判断：A、D选项中使n偏小，浓度偏小；B选项中俯视刻度线，使V偏小，浓度偏大；C选项中仰视刻度线，使V偏大，浓度偏小。

(3) $n(N)=5n(HCl)=0.011\ 5\ mol$，该样品中N的含量

$w=\frac{0.011\ 5\ mol\times 14\ g/mol}{1.5\ g}=10.73\%$

(4) 三聚氰胺中N的含量：$w=\frac{14\times 6}{12\times 3+14\times 6+6}\times 100\%=66.7\%$。

答案：(1) 往容量瓶中注入一定量的水，塞紧瓶塞，倒转过来，观察是否漏水，然后再正放，旋转瓶塞180°，再倒转过来，观察是否漏水，若都不漏水，则说明该容量瓶不漏水。

(2) B　(3) 10.73%　(4) 66.7%

第五章　化学反应速率与化学平衡

课题 1　化学反应速率

【教学目标】

掌握化学反应速率的概念；了解影响化学反应速率的因素。

【教学重点】

影响化学反应速率的因素。

【教学难点】

改变外界因素判断化学反应速率的快慢。

【知识回顾】

一、化学反应速率

1. 表示方法

(1) 概念：化学反应速率通常用单位时间内反应物浓度的减小或生成物浓度的增加来表示。

(2) 公式：$v=\Delta c/\Delta t$　单位：mol/(L·s)或 mol/(L·min)

(3) 注意事项：

① 由于反应过程中，随着反应的进行，物质的浓度不断地发生变化(有时温度等也可能变化)，因此在不同时间内的反应速率是不同的。通常所指的反应速率是指平均速率而非瞬时速率。

② 同一化学反应的速率可以用不同物质浓度的变化来表示，其数值不一定相同，但其意义相同。其数值之比等于化学计量数之比。

对于反应：$m\mathrm{A}+n\mathrm{B} \rightleftharpoons p\mathrm{C}+q\mathrm{D}$

$$V_{\mathrm{A}} : V_{\mathrm{B}} : V_{\mathrm{C}} : V_{\mathrm{D}}=m : n : p : q$$

例 1　某温度时，2 L 容器中 X、Y、Z 三种物质的量随时间的变化如图 5-1 所示。由图中数据分析，该反应的化学方程式为$3X+Y \rightleftharpoons 2Z$；反应开始至 2 min，Z 的平均反应速率为 0.05 mol/(L·min)。

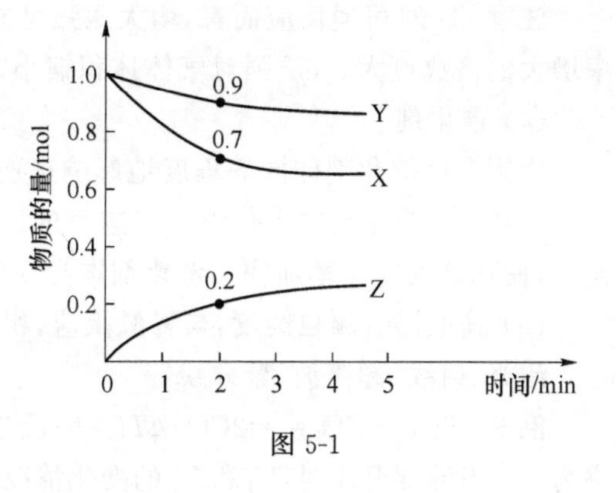

图 5-1

例 2　在 $2A+B = 3C+4D$ 的反应中，下列表示该反应的化学反应速率最快的是(B)。

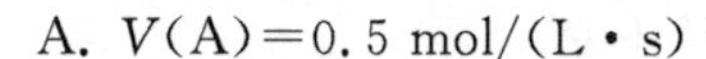

A. $V(A)=0.5$ mol/(L·s)

B. $V(B)=0.3$ mol/(L·s)

C. $V(C)=0.8$ mol/(L·s)

D. $V(D)=1$ mol/(L·s)

2. 有效碰撞

(1) 有效碰撞是指能发生化学反应的碰撞，发生有效碰撞的分子具有足够的能量，且具有合适的取向。

(2) 活化分子是指能够发生有效碰撞的分子。活化分子的能量比反应物分子的平均能量高。

(3) 活化分子的百分数越大，有效碰撞的次数越多，反应速率越快。

3. 影响化学反应速率的因素

影响速率的因素有内部与外部因素，内因由参加反应的物质的性质决定。外部因素主要有：

(1) 浓度

其他条件不变时，增大反应物(或生成物)浓度，可以增大反应速率。

注意：① 对固体，反应速率与其表面积大小有关，一般认为其浓度为一常数，它的量的多少对速率无影响。纯液体浓度也可看成是一常数。

② 对可逆反应而言，在增大反应物浓度的瞬间，$v_{正}$增大，$v_{逆}$不变

例 3　在温度不变时，恒容的容器中进行反应 $H_2 \rightleftharpoons 2H$；$\Delta H>0$，若反应浓度由 0.1 mol/L 降到 0.06 mol/L 需要 20 s，那么由 0.06 mol/L 降到 0.036 mol/L，所需时间为(C)。

A. 10 s　　　　B. 12 s　　　　C. 大于 12 s　　　　D. 小于 12 s

(2) 温度

其他条件不变时，升高温度可以加快反应速率；降低温度可以减小反应速率。

注意：① 一般温度每升高 10 ℃，反应速率增大为原来的 2～4 倍。

② 对可逆反应而言，升高温度可使正逆反应速率同时增大，但吸热方向速率增大的倍数更大。(温度对吸热方向速率的速率影响更大)

例 4　把除去氧化膜的镁条放入盛有一定浓度的稀盐酸的试管中，发现 H_2的生成速率 V 随时间 t 的变化关系如图，其中 $0\sim t_1$速率变化的原因是反应放热，温度升高，速率加快；

$t_1\sim t_2$速率变化的原因是随反应进行，氢离子浓度减小，反应速率减小。

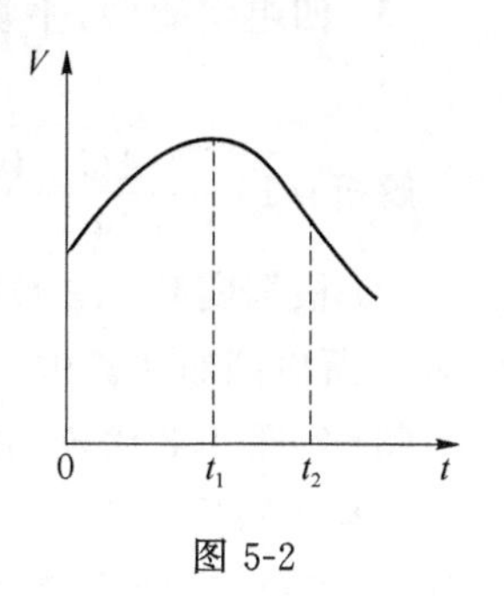

图 5-2

(3) 压强

对于有气体参加的反应，其他条件不变时，增大压强可以增大反应速率；减小压强，可以减小反应速率。

注意:① 对可逆反应而言,增大压强可同时增大正逆反应速率,但气体体积缩小方向的速率增大的倍数更大。(压强对气体体积缩小方向的速率的影响更大)

(4) 催化剂

使用合适催化剂能同等程度地影响正逆反应速率(不会导致化学平衡的移动)。

注意:① 催化剂增大化学反应速率的原因是催化剂通过参与化学反应,改变了化学反应途径,使化学反应速率加快。催化剂本身在反应前后质量保持不变。

(5) 其他:如:颗粒纯度:与稀酸反应,粗锌比纯锌快

激光、射线、超声波、紫外线等

例 5 设 $C+CO_2 \rightleftharpoons 2CO$;$\Delta H>0$;反应速率为 V_1,$N_2+3H_2 \rightleftharpoons 2NH_3$;$\Delta H<0$,反应速率为 V_2,当温度升高时,V_1 和 V_2 的变化情况为(A)。

A. 同时增大　　B. 同时减小

C. V_1 增大,V_2 减小　　D. V_1 减小,V_2 增大

例 6 某化学反应 $2A \rightleftharpoons B+D$ 在四种不同条件下进行,B、D 起始浓度为 0。反应物 A 的浓度(mol/L)随反应时间(min)的变化情况如下表所示。

实验序号	时间 / 浓度 / 温度	0	10	20	30	40	50	60
1	800 ℃	1.0	0.80	0.67	0.57	0.50	0.50	0.50
2	800 ℃	C_2	0.60	0.50	0.50	0.50	0.50	0.50
3	800 ℃	C_3	0.92	0.75	0.63	0.60	0.60	0.60
4	820 ℃	1.0	0.40	0.25	0.20	0.20	0.20	0.20

根据上述数据,完成下列填空:

(1) 在实验 1,反应在 10 至 20 分钟时间内 A 的平均速率为________ mol/(L·min)。

(2) 在实验 2,A 的初始浓度 C_2=________ mol/L。

(3) 设实验 3 的反应速率为 V_3,实验 1 的反应速率为 V_1,则 V_3 ________ V_1(填>、=、<),且 C_3 ________ 1.0 mol/L(填>、=、<)。

(4) 比较实验 4 和实验 1,可推测该可逆反应的正反应是________反应(填"吸热"或"放热"),理由是________。

(5) 四组实验中,平衡常数大小关系 K_1 ________ K_2 ________ K_3 ________ K_4(填>、=、<)。

解析:(1) $v=\dfrac{\Delta C}{\Delta t}=\dfrac{(0.8-0.67)\ \text{mol/L}}{10\ \text{min}}=0.013\ \text{mol/(L·min)}$,故答案为 0.013。

(2) 根据实验 1、2 数据分析,温度相同,达平衡后 A 的物质的量浓度相同,且 B、D 起始浓度为 0,所以两组实验中 A 的起始浓度相同为 1.0 mol/L;故答案为:1.0。

(3) 实验 1、3 比较,温度相同,10 min～20 min 时,实验 3 的浓度减少量都大于实验 1 的,所以实验 3 的反应速率大于实验 1 的,即 $V_3>V_1$;根据相同条件下,浓度对化学反应速率的影响判断,实验 3 的起始浓度大于实验 1 的,即 $C_3>1.0$ mol/L,故答案为:>;>。

(4) 实验 4 与实验 1 比，温度升高，达平衡时 A 的平衡浓度减小；温度升高，化学平衡向吸热方向移动，所以正反应是吸热反应。

故答案为：吸热；比较实验 4 与实验 1，可看出升高温度，A 的平衡浓度减小，说明升高温度平衡向正反应方向移动，故正反应是吸热反应。

(5) 平衡常数随温度变化，反应是吸热反应，升温平衡正向进行，平衡常数增大；所以$K_1=K_2=K_3<K_4$；

故答案为：=；<。

课题 2　化学平衡

【教学目标】

掌握化学平衡特征，能判断化学平衡的移动。

【教学重点】

化学平衡状态的确立，判断化学平衡的移动。

【教学难点】

判断化学平衡的移动。

【知识回顾】

一、化学平衡

1. 化学平衡状态

(1) 概念：化学平衡状态是指一定条件下的可逆反应里，正反应和逆反应的速率相等，反应混合物中各组分的浓度保持不变的状态。

(2) 特征：

① 动——化学平衡是动态平衡，在平衡时，正反应速率等于逆反应速率，正反应和逆反应都在进行，它们的速率都不为零。

② 定——条件不改变，可逆反应达到平衡时，反应混合物中各组成成分的含量一定。

③ 变——条件改变时，正反应速率和逆反应速率要发生变化，反应混合物中各组成成分的含量也要改变，化学平衡要发生移动，建立新的平衡。

讨论：① 当可逆反应达到平衡时，各组分的浓度保持不变，此时是否意味着反应已停止？

② 在可逆反应体系 $2SO_2(g)+O_2(g) \rightleftharpoons 2SO_3(g)$加入$^{18}O_2$后，哪些物质中会含有$^{18}O$？

2. 平衡状态的判断

抓住两点：①正逆反应速率是否相等？②各组分的浓度(或百分含量)是否不变？

例 1　一定温度下的密闭容器中进行可逆反应，$N_2(g)+3H_2(g) \rightleftharpoons 2NH_3(g)$，下列情况能说明反应已达平衡的是(ABCDE)。

A. 混合气体的总物质的量不随时间而变化

B. 混合气体的压强不随时间而变化

C. 混合气体的密度不随时间而变化

D. 生成 6 mol N—H 键的同时有 3 mol H—H 键生成

E. 生成 1 mol N_2的同时有 3 molH_2的生成

例 2 对反应 $H_2(g)+Br_2(g)\rightleftharpoons 2HBr(g)$，上述 A、B、C 结果又如何？

3. 等效平衡

可逆反应既可从正反应又可从逆反应开始，甚至正逆反应同时开始，其结果最终都是达到平衡。不同初始情况下建立的平衡有何特点？

讨论：一定温度定容容器中的可逆反应：$N_2(g)+3H_2(g)\rightleftharpoons 2NH_3(g)$，下列三种初始状态，建立的平衡是否相同？

$N_2(g)+3H_2(g)\rightleftharpoons 2NH_3(g)$

初始状态	①1 mol	3 mol	0	平衡 1
	② 0	0	2 mol	平衡 2
	③2 mol	6 mol	0	平衡 3

结论：平衡 1＝平衡 2≠平衡 3

说明为什么平衡 2≠平衡 3？

设计假想容器：

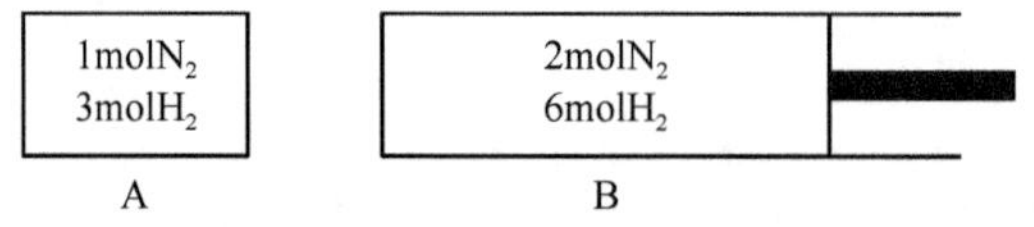

当 B 容器容积保持不变，到达平衡时 A、B 两容器建立相同的化学平衡，而实际两种情况是在同一容器中进行的，则相当于将 B 容器压缩一半的体积，在压缩过程中，平衡将发生移动，故平衡 2≠平衡 3。

若在压缩过程中平衡不发生移动，则建立的平衡仍相同。如：

对反应：$H_2(g)+Br_2(g)\rightleftharpoons 2HBr(g)$

初始状态	①	1 mol	3 mol	0	平衡 1
	②	2 mol	6 mol	0	平衡 2

此处平衡 1 与平衡 2 是等效的，但要注意与前述的等效平衡不同，前者是完全等同的平衡，平衡时各组分的物质的量、浓度、相对的百分含量都相同，而后者仅相对的百分含量相同，物质的量、浓度均与初始浓度成相同的比例。

归纳：

① 在等温等容条件下，建立等效平衡的条件是：

若为气体体积不等的反应，则初始浓度必须相同（或相当，可等效转化）；

若为气体体积相等的反应，则只需初始浓度成比例即可。

② 在等温等压条件下，建立等效平衡的条件是：

不论哪类反应，只需初始浓度成比例即可。

例 3 某温度下，在 1 L 的密闭容器中加入 1 mol N_2、3 mol H_2，使反应 $N_2+3H_2\rightleftharpoons 2NH_3$达到平衡，测得平衡混合气中 N_2、H_2、NH_3分别为 0.6 mol、1.8 mol、0.8 mol，如果温度不变，只改变初始加入的物质的量而要求达到平衡时 N_2、H_2、NH_3的物质的量仍分别为 0.6 mol、1.8 mol、0.8 mol，则 N_2、H_2、NH_3的加入量用 X、Y、Z 表示时应满足的条件：

(1) 若 X=0,Y=0,则 Z= __2__。

(2) 若 X=0.75,则 Y= __2.25__ ,Z= __0.5__ 。

(3) 若 X=0.45,则 Y= __1.35__ ,Z= __1.1__ 。

(4) X、Y、Z 应满足的一般条件是(用含 X、Y、Z 的关系式表示) __3X=Y 、Z =2−X+Y__ 。

例 4　在一个盛有催化剂容积可变的密闭容器中,保持一定的温度和压强,进行以下反应:$N_2+3H_2 \rightleftharpoons 2NH_3$,已知加入 1 mol N_2、4 mol H_2时,达到平衡后生成 a mol NH_3(见表中已知项),在相同温度和压强下保持平衡后各组分体积分数不变,对下列编号②～④的状态,填写表中空白。

	始态的物质的量/mol			平衡时 NH_3的物质的量
	N_2	H_2	NH_3	
①	1	4	0	a
②			1	$0.5a$
③	1.5	6	0	
④	m	$g(g\geqslant 4m)$		

二、化学平衡的移动

化学平衡的建立是有条件的,暂时的,当条件改变时,平衡就有可能发生移动。

讨论:① 条件改变时,平衡是否一定发生移动?哪些情况下平衡不会发生移动?

② 怎样用条件对速率的影响来理解条件变化对平衡的影响?

(1) 平衡 $\xrightarrow{\text{改变条件}}$ $\begin{cases} V_{\text{正}}=V_{\text{逆}} \\ V_{\text{正}}\neq V_{\text{逆}} \xrightarrow{\text{平衡移动}} \text{新平衡} \end{cases}$

(2) 平衡移动方向的确定

1) 条件改变时,若 $V_{\text{正}}>V_{\text{逆}}$,平衡向正反应方向移动

若 $V_{\text{正}}<V_{\text{逆}}$,平衡向逆反应方向移动

若 $V_{\text{正}}=V_{\text{逆}}$,平衡不移动

2) 勒沙特列原理:改变影响化学平衡的一个条件,平衡总是向减弱这种改变的方向移动。

(3) 影响化学平衡的因素

1) 浓度:① 固体量的多少对平衡没有影响。

② 离子反应只有改变参与反应的离子浓度才会影响平衡。

③ 增加一个反应物的浓度能增大其他反应物的转化率,而其本身的转化率则减小。

2) 压强:① 压强仅对气体反应的平衡有影响,而且对气体体积相同的反应的平衡无影响。

② 若在平衡体系中充入稀有气体。

在等温等容条件下,对平衡无影响。

在等温等压条件下,使平衡向气体体积扩大方向移动。

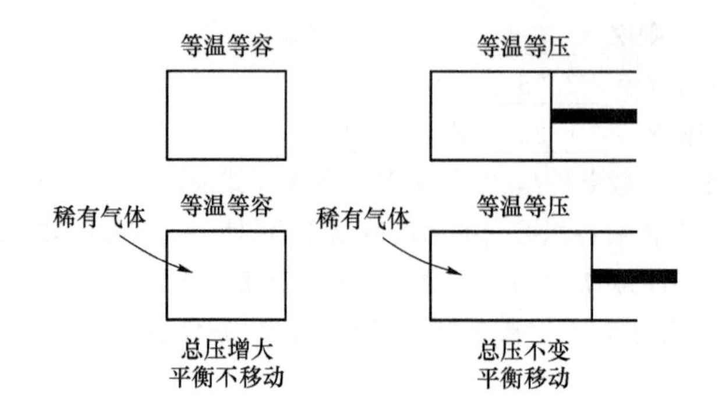

3）温度：

4）催化剂：① 催化剂通过参与反应改变化学反应途径加快化学反应速率。

② 催化剂在化学反应前后质量保持不变。

例 5 有两个密闭容器 A 和 B，A 容器有一移动的活塞能使容器内保持恒压，B 容器能保持恒容，起始向这两只容器中分别充入等量的体积比为 2∶1 的 SO_2 和 O_2 的混合气体，并使 A 和 B 容积相等，如右图所示，在保持 400 ℃的条件下使之发生如下反应：

$2SO_2+O_2 \rightleftharpoons 2SO_3$ 填写下列空格。

① 到达平衡时所需时间 A 容器比 B 容器________。

A 容器中 SO_2 的转化率比 B 容器________。

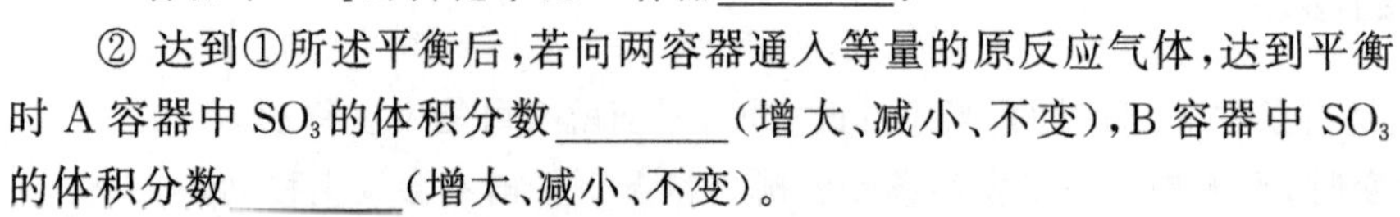

② 达到①所述平衡后，若向两容器通入等量的原反应气体，达到平衡时 A 容器中 SO_3 的体积分数________（增大、减小、不变），B 容器中 SO_3 的体积分数________（增大、减小、不变）。

③ 达到①平衡后，若向两容器通入数量不多等量氩气，A 容器中化学平衡向________移动，B 容器中化学平衡向________移动。

答案：(1)少；大；(2)向左；不；(3)不变；增大

例 6 对于一个气态反应体系，如下图所示，表示的是反应速率和时间关系，其中 t_1 为达到平衡所需时间，$t_2 \sim t_3$ 是改变条件后出现的情况，则该条件可能是（A）。

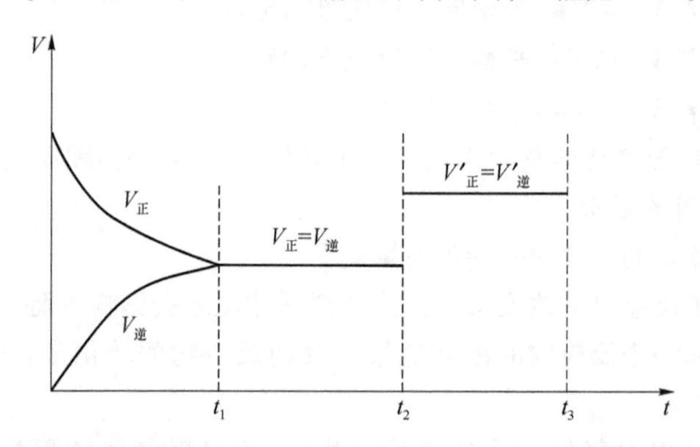

A. 加压　　B. 增大反应浓度　　C. 减压　　D. 加入催化剂

三、化学平衡计算——“四步法”

有关化学平衡问题的计算，可按下列步骤建立模式，确定关系进行计算。例如：可逆反应

$mA(g)+nB(g)\rightleftharpoons pC(g)+qD(g)$，假定反应物 A、B 起始加入量分别为 a mol、b mol，达到平衡时，设 A 物质转化的物质的量为 mx mol。

(1) 模式：$mA(g)+nB(g)\rightleftharpoons pC(g)+qD(g)$

起始量：　a　　b　　0　　0

变化量：　mx　　nx　　px　　qx

平衡量：　$a-mx$　　$b-nx$　　px　　qx

(2) 基本步骤

① 确定反应物或生成物的起始加入量。

② 确定反应过程的变化量。

③ 确定平衡量。

④ 依据题干中的条件建立等式关系进行解答。

(3) 关于转化率的计算。

(4) 关于某组分体积分数的计算。

四、合成氨适宜条件的选择

(1) 合成氨反应的特点

$N_2(g)+3H_2(g)\rightleftharpoons 2NH_3(g)$；$\Delta H=-92.4$ kJ/mol

正反应为气体体积缩小的放热反应。

(2) 合成氨适宜的条件

温度：500 ℃左右。

压强：20 MPa～50 MPa。

催化剂：铁触媒。

习题五

一、选择题

1. 相同温度下，下列化学反应进行得最快的是(　　)。

A. 1 g 石灰石粉放入 0.1 mol/L HCl 溶液中

B. 1 g 石灰石粉放入 0.1 mol/L CH_3COOH 溶液中

C. 1 g 石灰石块放入 0.1 mol/L HCl 溶液中

D. 1 g 石灰石粉放入 0.01 mol/L HCl 溶液中

2. 把下列金属分别投入 0.1 mol/L HCl 溶液中，发生反应，且反应最剧烈的是(　　)。

A. 铁　　B. 铝　　C. 镁　　D. 铜

3. 下列化学反应进行得最快的是(　　)。

A. 在 25 ℃的 0.1 mol/L HCl 溶液中加入 0.1 g 锌粒

B. 在 80 ℃的 0.01 mol/L HCl 溶液中加入 0.1 g 锌粒

C. 在 80 ℃的 0.1 mol/L HCl 溶液中加入 0.1 g 锌粒

D. 在 80 ℃的 0.1 mol/L CH_3COOH 溶液中加入 0.1 g 锌粒

4. 可逆反应达到平衡状态时，混合物中各组成成分的(　　)。

A. 含量相等

B. 含量不变

C. “物质的量”之比与化学方程式中化学计量数比一致

D. 浓度不断增加

5. 反应 $2SO_2(g)+O_2(g)\rightleftharpoons 2SO_3(g)$（正反应是放热反应）达到平衡时，要想使平衡向右移动，应采取的措施是(　　)。

A. 减小压强　　B. 升高温度

C. 增加 SO_2 的浓度　　D. 加入催化剂

6. 在一体积可变的密闭容器中，加入一定量的 X、Y，发生反应 $m\text{X(g)}n\text{Y(g)}$；$\Delta H=Q$ kJ/mol。反应达到平衡时，Y 的物质的量浓度与温度、气体体积的关系如下表所示。

300	1.30	1.00	0.70

下列说法正确的是(　　)。

A. $m>n$

B. $Q<0$

C. 温度不变，压强增大，Y 的质量分数减小

D. 体积不变，温度升高，平衡向逆反应方向移动

7. 可逆反应①$X(g)+2Y(g)\rightleftharpoons 2Z(g)$、②$2M(g)\rightleftharpoons N(g)+P(g)$分别在密闭容器的两个反应室中进行，反应室之间有无摩擦、可滑动的密封隔板。反应开始和达到平衡状态时有关物理量的变化如下图所示。

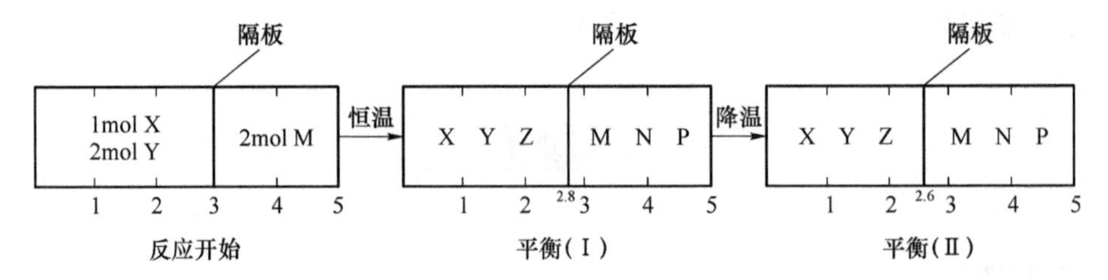

下列判断正确的是(　　)。

A. 反应①的正反应是吸热反应

B. 达平衡(Ⅰ)时体系的压强与反应开始时体系的压强之比为 14∶15

C. 达平衡(Ⅰ)时，X 的转化率为$\frac{5}{11}$

D. 在平衡(Ⅰ)和平衡(Ⅱ)中，M 的体积分数相等

8. 已知 $H_2(g)+I_2(g)\rightleftharpoons 2HI(g)$　$\Delta H<0$。有相同容积的定容密闭容器甲和乙，甲中加入 H_2 和 I_2 各 0.1 mol，乙中加入 HI 0.2 mol，相同温度下分别达到平衡。欲使甲中 HI 的平衡浓度大于乙中 HI 的平衡浓度，应采取的措施是(　　)。

A. 甲、乙提高相同温度

B. 甲中加入 0.1 mol He，乙不变

C. 甲降低温度，乙不变

D. 甲增加 0.1 mol H_2，乙增加 0.1 mol I_2

9. 在一个容积为 V L 的密闭容器中，放入 2L A(g)和 1L B(g)，在一定条件下发生下列反应：$3A(g)+B(g) \rightleftharpoons aC(g)+2D(g)$。达到平衡后，A 物质的量浓度减小$\frac{1}{2}$，混合气体的平均摩尔质量增大$\frac{1}{8}$，则该反应的化学方程式中 a 的值是(　　)

A. 1　　B. 2　　C. 3　　D. 4

10. 反应 $N_2O_4(g) \rightleftharpoons 2NO_2(g)$　$\Delta H=57\ kJ \cdot mol^{-1}$，在温度为 T_1、T_2 时，平衡体系中 NO_2 的体积分数随压强变化曲线如图所示。下列说法正确的是(　　)。

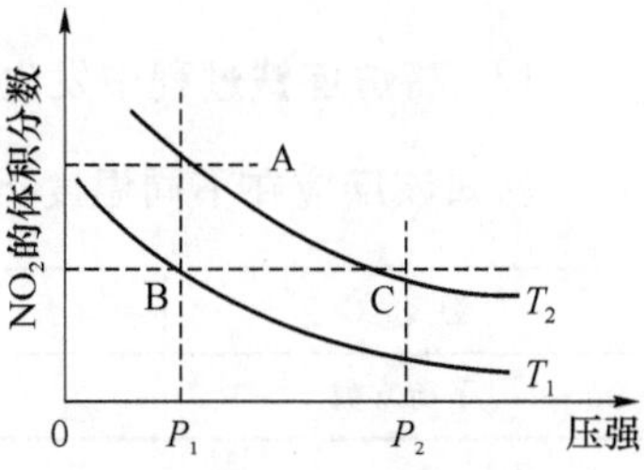

NO$_2$的体积分数
A
B
C
T_2
T_1
0
P_1
P_2
压强

A. A、C 两点的反应速率：$V_A > V_C$

B. B、C 两点的反应速率：$V_B = V_C$

C. A、C 两点混合气体的平均相对分子质量：$V_A > V_C$

D. 由状态 B 到状态 A，可以用加热的方法

二、非选择题

11. 填写下列空白。

(1) 化学反应速率通常用________来表示。

(2) 在同一条件下，既能向正反应方向进行，又能向逆反应方向进行的反应称为________。

(3) 化学平衡状态有________个主要特征，这些主要特征可以用________三个字来表示。

(4) 在高温下，反应 $C+H_2O \rightleftharpoons CO+H_2$(正反应是吸热反应)达到平衡，如果升高温度，因为________，所以平衡向________移动；如果增大压强，因为________，所以平衡向________移动。

(5) 在用氯酸钾为原料制取氧气时，通常要加入少量的________作为________，以增大产生氧气的速率。

(6) 氯化铁溶液和硫氰化钾溶液混合时是________色，达到平衡以后，再加入一些氯化铁溶液，溶液的颜色________。

12. 科学家利用太阳能分解水生成的氢气在催化剂作用下与二氧化碳反应生成甲醇，并开发出直接以甲醇为燃料的燃料电池。已知 $H_2(g)$、$CO(g)$和 $CH_3OH(l)$的燃烧热 ΔH 分别为$-285.8\ kJ \cdot mol^{-1}$、$-283.0\ kJ \cdot mol^{-1}$和$-726.5\ kJ \cdot mol^{-1}$。请回答下列问题：

(1) 用太阳能分解 10 mol 水消耗的能量是________kJ。

(2) 甲醇不完全燃烧生成一氧化碳和液态水的热化学方程式为________。

(3) 在容积为 2L 的密闭容器中，由 CO_2 和 H_2 合成甲醇，在其他条件不变的情况下，考查温度对反应的影响，实验结果如下图所示(注：T_1、T_2 均大于 300 ℃)；下列说法正确的是________(填序号)。

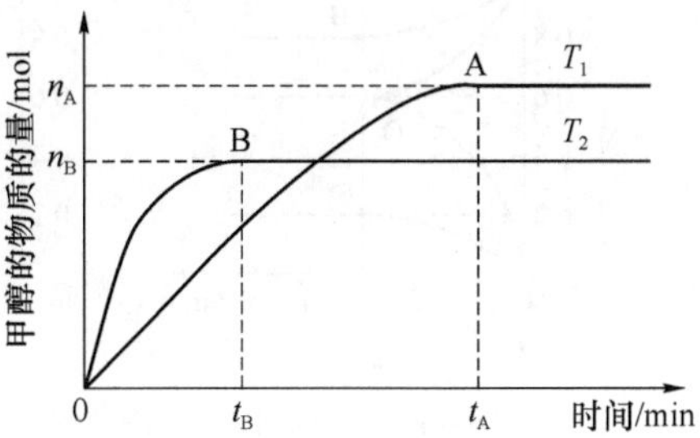

甲醇的物质的量/mol
n_A
n_B
A
B
T_1
T_2
0
t_B
t_A
时间/min

① 温度为 T_1 时，从反应开始到反应达到平衡，生成甲醇的平均速率为 $V(CH_3OH)=\frac{n_A}{t_A}$ mol/(L·min)

② 该反应在 T_1 时的平衡常数比 T_2 时的小

③ 该反应为放热反应

④ 处于 A 点的反应体系的温度从 T_1 变到 T_2，达到平衡时$\frac{nH_2}{nCH_3OH}$增大

(4) 在 T_1 温度时,将 1 mol CO_2 和 3 mol H_2 充入一密闭恒容容器中,充分反应达到平衡后,若 CO_2 的转化率为 α,则容器内的压强与起始压强之比为________。

(5) 在直接以甲醇为燃料的燃料电池中,电解质溶液为酸性,负极的反应式为________、正极的反应式为________。理想状态下,该燃料电池消耗 1 mol 甲醇所产生的最大电能为 702.1 kJ,则该燃料电池的理论效率为________(燃料电池的理论效率是指电池所产生的最大电能与燃料电池反应所能释放的全部能量之比)。

13. 高炉炼铁过程中发生的主要反应为 $\frac{1}{3}Fe_2O_3(s)+CO(g) \longrightarrow \frac{2}{3}Fe(s)+CO_2(g)$。

已知该反应在不同温度下的平衡常数如下:

温度/℃	1 000	1 150	1 300
平衡常数	4.0	3.7	3.5

请回答下列问题:

(1) 该反应的平衡常数表达式 K=________,ΔH ________ 0(填“>”“<”或“=”)。

(2) 在一个容积为 10 L 的密闭容器中,1 000 ℃时加入 Fe、Fe_2O_3、CO、CO_2 各 1.0 mol,反应经过 10 min 后达到平衡。求该时间范围内反应的平均反应速率 $v(CO_2)$=________、CO 的平衡转化率=________。

(3) 欲提高(2)中 CO 的平衡转化率,可采取的措施是________。

A. 减少 Fe 的量　　B. 增加 Fe_2O_3 的量

C. 移出部分 CO_2　　D. 提高反应温度

E. 减小容器的容积　　F. 加入合适的催化剂

14. 在某个容积为 2 L 的密闭容器中,在 T ℃时按下图 1 所示发生反应:$mA(g)+nB(g) \rightleftharpoons pD(g)+qE(s)$　$\Delta H>0$(m、n、p、q)为最简整数比。

(1) 图 1 所示,反应开始至达到平衡时,用 D 表示的平均反应速率为______ mol/(L·min)。

(2) T ℃时该反应的化学平衡常数 K 的数值为________。

(3) 反应达到平衡后,第 6 min 时:

① 若升高温度,D 的物质的量的变化曲线最可能是________(用图 2 中的 a~c 的编号作答);

② 若在 6 min 时仍为原平衡,此时将容器的容积压缩为原来的一半。请在图 3 中画出 6 min 后 B 浓度的变化曲线。

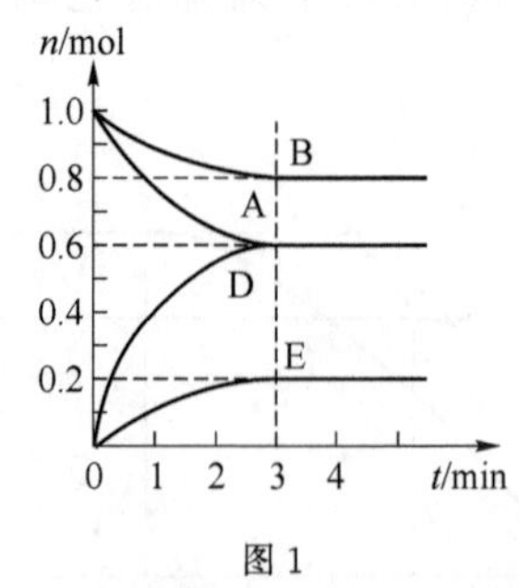

图 1

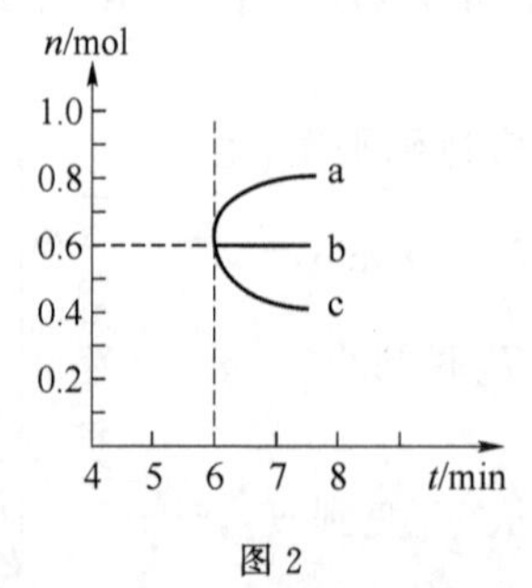

图 2

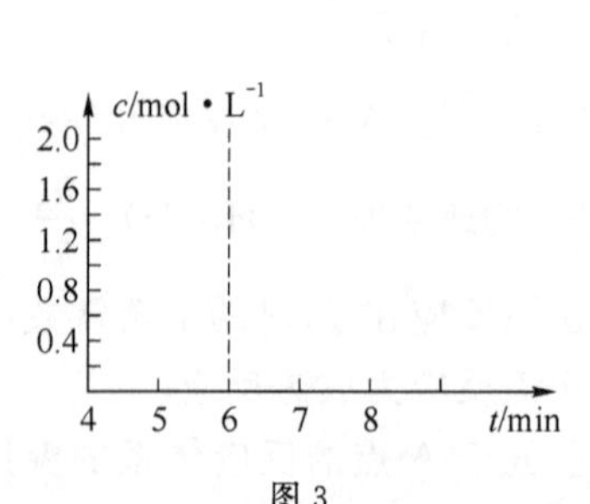

图 3

(4) 根据化学反应速率与化学平衡理论,联系化工生产实际,下列说法不正确的是________。

A. 化学反应速率理论可指导怎样在一定时间内快出产品

B. 有效碰撞理论可指导怎样提高原料的转化率

C. 勒夏特列原理可指导怎样使用有限原料多出产品

D. 催化剂的使用是提高产率的有效方法

E. 正确利用化学反应速率和化学反应限度都可以提高化工生产的综合经济效益

习题五　参考答案

一、选择题

1. A　2. C　3. C　4. B　5. C　6. C　7. C　8. C　9. A　10. D

第 6 题**解析**:温度不变时(假设 100 ℃条件下),体积是 1 L 时 Y 的物质的量为 1 mol,体积为 2 L 时,Y 的物质的量为 0.75 mol/L×2 L=1.5 mol,体积为 4 L 时,Y 的物质的量为 0.53 mol/L×4L=2.12 mol,说明体积越小,压强越大,Y 的物质的量越小,Y 的质量分数越小,平衡向生成 X 的方向进行,$m<n$,A 项错误,C 项正确;体积不变时,温度越高,Y 的物质的量浓度越大,说明升高温度,平衡向生成 Y 的方向移动,则 $Q>0$,B、D 项错误。**答案**:C。

第 7 题**解析**:根据平衡(Ⅰ)到平衡(Ⅱ),降低温度,反应①气体的总物质的量减小,即平衡向正反应方向移动,因此反应①的正反应是放热反应,A 错误;根据反应②在反应前后的体积变化,可以判断达平衡(Ⅰ)时体系的压强与反应开始时体系的压强之比为 2.2∶2=11∶10,B 错误;根据三段法不难求解 C 项正确;在平衡(Ⅰ)到平衡(Ⅱ)的过程中降低了反应体系的温度,平衡一定会发生移动,故在平衡(Ⅰ)和平衡(Ⅱ)中 M 的体积分数一定发生改变,D 项错误。**答案**:C。

第 8 题**解析**:在相同体积和温度的条件下,甲、乙两容器是等效体系,平衡时两容器中各组分的浓度相同;若提高相同的温度,甲、乙两体系平衡移动的情况相同;若向甲中加入一定量的 He,平衡不移动;若向甲中加 0.1 mol H_2 和向乙中加 0.1 mol I_2,则使平衡移动的效果相同;而降低甲的温度会使平衡向正向移动,$c(HI)$提高。**答案**:C。

第 9 题**解析**:混合气体的平均摩尔质量$=\frac{m_{总}}{n_{总}}$,在密闭容器中气体的质量不变,混合气体的平均摩尔质量增大,则 $n_{总}$ 值减小,故 a 值只能为 1,故选 A。

第 10 题**解析**:本题考查化学反应速率及化学平衡图像问题。由反应可知,该反应的正反应为体积增大的吸热反应。增大压强,正逆反应速率都增大,故 $C>A$,A 项错误;根据“定一议二”的原则,当压强一定,升高温度,平衡向吸热反应方向移动,NO_2 的体积分数增大,故由图像可知,$T_2>T_1$,温度越高,反应速率越大,故 $B<C$,B 项错误;根据 $\overline{M}=\frac{m}{n_{总}}$,增大压强,平衡向逆向移动,$NO_2$ 的体积分数减小,则 $n_{总}$ 减小,则平均相对分子质量:$C>A$,C 项错误;升温向吸热反应方向进行,若增大 NO_2 的体积分数,可采用加热的方法,D 项正确。**答案**:D

二、非选择题

11.(1) 单位时间内反应物浓度的减少或生成物浓度的增大。

(2) 可逆反应。(3) 三,动,定,变。

(4) 正反应是吸热反应,右,反应物的气体总体积小于生成物的气体总体积,左。

(5) 二氧化锰,催化剂。(6) 红,加深。

12. **解析**:(1)由 $H_2(g)$的燃烧热 ΔH 为$-285.8\ kJ \cdot mol^{-1}$知,1 mol $H_2(g)$完全燃烧生成 1 mol $H_2O(l)$放出热量 285.8 kJ,即分解 1 mol $H_2O(l)$为 1 mol $H_2(g)$消耗的能量为 285.8 kJ,分解 10 mol $H_2O(l)$消耗的能量为 2 858 kJ。

(2) 写出燃烧热的化学方程式:

$CO(g)+1/2O_2(g)=\!=\!=CO_2(g)\quad \Delta H=-283.0\ kJ \cdot mol^{-1}$

$CH_3OH(l)+3/2O_2(g)=\!=\!=CO_2(g)+2H_2O(l)$

$\Delta H=-726.5\ kJ \cdot mol^{-1}$

用②－①得:$CH_3OH(l)+O_2(g)=\!=\!=CO(g)+2H_2O(l)\quad \Delta H=-443.5\ kJ \cdot mol^{-1}$

(3) 据题给图像分析可知,T_2的反应速率大于 T_1,由温度升高反应速率增大可知 $T_2>T_1$,因温度升高,平衡时 CH_3OH 的物质的量减少,说明可逆反应 $CO_2+3H_2 \rightleftharpoons CH_3OH+H_2O$向逆反应方向移动,故正反应为放热反应,$T_1$时的平衡常数比 T_2时的大,③、④正确,②错误。①中反应速率应等于物质的量浓度除以时间,而不是物质的量除以时间,①错误;选③④。

(4) 利用化学平衡的三段模式法计算:

$CO_2(g)+3H_2(g)=\!=\!=CH_3OH(g)+H_2O(g)$

起始	1	3	0	0
变化	α	3α	α	α
平衡	$1-\alpha$	$3-3\alpha$	α	α

根据压强之比等于物质的量之比,则容器内的压强与起始压强之比为:$(4-2\alpha)/4=1-\alpha/2$

(5) 燃料电池是原电池的一种,负极失电子,发生氧化反应;正极得电子,发生还原反应,在酸性介质中,甲醇燃料电池的负极反应式为 $CH_3OH+H_2O-6e^-=\!=\!=CO_2+6H^+$,正极反应式为$\frac{3}{2}O_2+6H^++6e^-=\!=\!=3H_2O$。该电池的理论效率为消耗 1 mol 甲醇所能产生的最大电能与其燃烧热之比,为 $702.1/726.5\times100\%=96.6\%$。

答案:(1) 2858 (2) $CH_3OH(l)+O_2(g)=\!=\!=CO(g)+2H_2O(l)\quad \Delta H=-443.5\ kJ/mol$

(3) ③④ (4) $1-\alpha/2$

(5) $CH_3OH+H_2O=\!=\!=CO_2+6H^++6e^-\quad 3/2O_2+6H^++6e^-=\!=\!=3H_2O\quad 96.6\%$

13. **解析**:(1) 根据表中平衡常数与温度的关系,温度越高,平衡常数越小,说明该反应是放热反应,$\Delta H<0$;Fe_2O_3、Fe 都是固体,不出现在平衡常数表达式中,则 $K=\frac{cCO_2}{cCO}$。

(2) 设达平衡时转化的 CO 浓度为 $x\ mol \cdot L^{-1}$,

$\frac{1}{3}Fe_2O_3(s)+CO(g)\quad \frac{2}{3}Fe(s)+CO_2(g)$

起始浓度($mol \cdot L^{-1}$)	0.1	0.1
转化浓度($mol \cdot L^{-1}$)	x	x
平衡浓度($mol \cdot L^{-1}$)	$0.1-x$	$0.1+x$

$\frac{0.1+x}{0.1-x}=4.0$,

$x=0.06$

则 $V(CO_2)=\frac{\Delta cCO_2}{\Delta t}=\frac{0.06\ mol \cdot L^{-1}}{10\ min}=0.006\ mol \cdot L^{-1} \cdot min^{-1}$。

CO 的平衡转化率为$\frac{0.06}{0.1}\times100\%=60\%$。

(3) 对于题中反应，由于 Fe、Fe_2O_3是固体，改变其量不影响平衡；由于此反应是一个反应前后气体体积不变的反应，减小容器容积，对平衡没影响，催化剂不影响平衡；移出部分 CO_2，平衡右移，CO 平衡转化率增大；提高反应温度，平衡左移，CO 平衡转化率减小。

答案：(1) $\frac{cCO_2}{cCO}$　<

(2) 0.006 $mol \cdot L^{-1} \cdot min^{-1}$　60%

(3) C

14. **解析**：(1) $v(D)=0.6\ mol\div2\ L\div3\ min=0.1\ mol\cdot L^{-1}\cdot min^{-1}$

(2) 首先计算出平衡时各物质的物质的量浓度，再根据平衡常数表达式进行计算。

(3) ① 因 $\Delta H>0$，若升高温度，平衡右移，D 的物质的量增加，选 a。

② 根据图 1 可知，$m:n:p:q=2:1:3:1$，又因为 E 为固体，$\Delta V=0$，故增大压强对该反应平衡无影响，但体积缩小为原来的一半，浓度变为原来的 2 倍。

(4) 有效碰撞理论可指导怎样提高化学反应速率，但不能提高原料的转化率；催化剂的使用可大大提高化学反应速率，但不能提高产率。

答案：(1) 0.1　(2) 0.75

(3) ①a　②见图

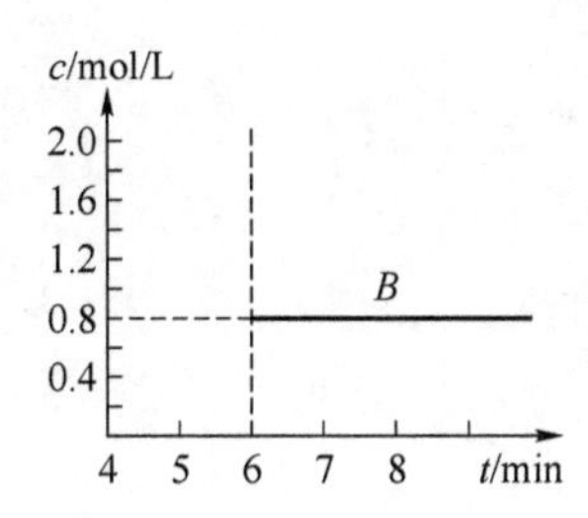

(4) B、D

第六章　溶液　电解质溶液

课题1　溶液

【教学目标】

掌握溶液的概念、成分;饱和溶液和不饱和溶液的区别;溶解度的概念及相关的计算;了解结晶、结晶水合物的概念。

【教学重点】

溶液的概念及溶解度曲线含义。

【教学难点】

溶解度曲线的含义及相关计算。

【知识回顾】

一、溶液的形成

1. 溶液

(1) 溶液的概念:一种或几种物质分散到另一种物质里形成的均一的、稳定的混合物,称为溶液。

能溶解其他物质的物质称为溶剂,被溶解的物质称为溶质。

(2) 溶液的基本特征:均一性、稳定性。

均一性:指溶液中任一部分的浓度和性质都相同。
稳定性:指外界条件(温度压强等)不变时,溶液长时间放置不会分层,也不会析出固体或放出气体。

注意:① 溶液是混合物;溶液不一定是液体。

② 溶液一般是透明的但不一定无色,如 $CuSO_4$ 溶液为蓝色,$FeSO_4$ 溶液为浅绿色,$Fe_2(SO_4)_3$溶液为黄色。

③ 溶质可以是固体、液体或气体;水是最常用的溶剂。

④ 溶液的质量=溶质的质量+溶剂的质量

溶液的体积 ≠ 溶质的体积＋溶剂的体积(分子间有间隔)

⑤ 溶质的质量是指分散到液体中的那部分物质的质量,未溶解的部分不能算在内。溶质可以是一种,也可以是两种或两种以上,但溶剂只能是一种。

⑥ 溶液的名称:溶质的溶剂溶液(如:碘酒——碘的酒精溶液)。

⑦ 不同的物质在水中的存在形式不同。一般来说,由分子构成的物质在水中以分子的形式存在,由离子构成的物质在水中以离子的形式存在。

例 1　下列与溶液有关的说法,不正确的是(　　)。

A. 溶液虽均一稳定,但未必无色

B. 液中各部分的性质是相同的

C. 如果温度不变,水不蒸发,食盐溶液久置也不会分离出食盐晶体

D. 一种溶液中只能含一种溶质

解析:溶液具有以下特征:(1)各部分的组成性质完全相同,外观看起来均匀、透明、澄清,这一特征为"均一性"。(2)只要不改变溶液的条件,如温度、压强等,不蒸发水分,溶液长期放置也不会有溶质分离析出,这一特征为"稳定性"。因此,对于题中有关溶液的叙述,很容易判断出 B、C 是正确的。溶液是均一、透明的,但不一定无色,如 $CuSO_4$ 溶液就是蓝色的,$FeCl_3$ 溶液是黄色的,由此可判断 A 也是正确的。一种溶液可同时溶解多种溶质,形成"混合溶液",故 D 的说法不正确。

答案:D。

例 2　生活中的洗涤问题大都与化学知识有关。下列有关说法不正确的是(　　)。

A. 厨房洗涤剂可使餐具上的油污乳化

B. 汽油可溶解衣服上的油渍

C. 食醋可用来除去热水瓶中的水垢

D. 自来水可溶解掉铁栅栏上的铁锈

解析:洗涤离不开溶剂、溶液、乳浊液,本题所考查的正是这些物质的应用是否恰当的问题。生活经验告诉我们,餐具上的油污是完全可以用厨房洗涤剂(乳餐洗净)来洗掉的,其道理就在于这些洗涤剂能使油污分散成细小的液滴(一种乳浊液),这些细小的液滴可随水流走;汽油作为一种有机溶剂,能溶解许多的有机物,衣服上的油渍就完全可以溶解在汽油中,之后随汽油的挥发而被除掉;食醋的主要成分是醋酸,能和热水瓶中的水垢(主要成分是碳酸钙)发生化学反应,从而形成能溶于水的物质而被除去;铁栅栏上的铁锈成分主要是氧化铁,由于它不溶于水,因此用自来水是不可能将铁锈溶解掉的,这样做,只能进一步加快铁栅栏的锈蚀。

答案:D。

【常见误区】

(1) 认为溶液一定是液态的物质。根据溶液的概念,清新的空气、有色玻璃等也属于溶液,因为它们都是由一种物质分散到另一种物质里所形成的均一的稳定的混合物。

(2) 认为一种溶液中只含有一种溶质。实际上,自然界、实验室里的不少的溶液都是混合溶液,即在溶剂里同时溶解了多种溶质。如例 2。

(3) 有的同学在分析由于溶质的溶解造成的溶液温度升降的时候,只强调扩散或水合两个过程的其中之一,为我所用,不能全面、客观的进行分析。如硝酸铵溶于水时溶液温度降低,就不能说是由于扩散而吸收了热量,而是因为扩散过程吸收的热量少于水合过程放出的热量,这才造成了溶液温度的降低。如例 1。

(4) 认为无色透明的、均一的、稳定的液体都是溶液。应注意:溶液不一定没有颜色,其类别一定属于混合物。

2. 溶液的用途

溶液在生产和科研中具有广泛的用途,与人们的生活息息相关。

(1) 化学反应在溶液中进行得快,制造某些产品的反应在溶液中进行,可以缩短生产周期。

(2) 溶液对动植物和人的生理活动都有着很重要的意义,植物吸收的养料必须以溶液形式存在,医疗上用的多种注射液也都是溶液。

3. 溶质和溶剂的判断 $\begin{cases}\text{名称:溶质在前,溶剂在后}\\ \text{固体、气体溶于液体,液体为溶剂}\end{cases}$

液体溶于液体 $\begin{cases}\text{有水,水为溶剂}\\ \text{无水,量多的为溶剂}\end{cases}$

4. 浊液分悬浊液和乳浊液

固体小颗粒悬浮于液体里形成的混合物称为悬浊液;小液滴分散到液体里形成的混合物称为乳浊液。

悬浊液和乳浊液振荡后都呈混浊状态,静置后都分为两层。

5. 乳化现象

(1) 乳化剂:人们把能促使两种互不相溶的液体形成稳定乳浊液的物质称为乳化剂,乳化剂所起的作用就称为乳化作用。乳化与溶解不同,乳化后形成的是乳浊液。

(2) 乳化原理:乳化剂分子一端具有亲水性,一端具有亲油性,把乳化剂放到油和水的混合物中,亲水的一端插入水中,亲油的一端插入油中。由于分子的运动,使得油和水混合在一起。生活中的牛奶稳定剂,洗衣粉,肥皂等都是利用了乳化原理。

注意:用汽油与用洗涤剂清洗衣服上的油污有本质的区别,用汽油清洗是利用汽油来溶解油脂,形成的是溶液;而用洗涤剂清洗是利用洗涤剂将油珠乳化变小,形成的是乳浊液。

6. 溶解时的吸热或放热现象

物质在溶解的过程中发生了两种变化:

(1) 扩散过程:溶质的分子或离子向水中扩散,吸收热量。

(2) 水合过程:溶质的分子或离子与水分子作用,生成水合分子或水合离子,放出热量。

① 扩散过程吸收的热量小于水合过程放出的热量,溶液温度升高,如氢氧化钠溶于水,浓 H_2SO_4 溶解时放出热量。

② 扩散过程吸收的热量大于水合过程放出的热量,溶液温度降低,如硝酸铵溶于水时吸收热量。

③ 扩散过程吸收的热量等于水合过程放出的热量,溶液温度不变,如氯化钠溶于水。

例 3 (1) 溶液是由________和________组成的。溶液的质量________溶质和溶剂的质量之和(填“等于”或“不等于”)。溶液的体积________溶质和溶剂的体积之和(填“等于”或“不等于”)。

(2) 所谓溶液的稳定性是指在溶剂________(填“蒸发”或“不蒸发”)、温度________(填“改变”或“不改变”)的条件下,不管放置多久,溶质和溶剂都不会分离。

(3) 食盐水中加入少量 $KMnO_4$ 晶体，溶质是________，溶剂是________。

答案：(1)溶质，溶剂，等于，不等于。(2)不蒸发，不改变。(3)氯化钠、高锰酸钾，水。

二、溶解度

(一) 饱和溶液、不饱和溶液

(1) 概念：在一定温度下(溶质为气体时，还需要指明压强)，向一定量的溶剂里加入某种溶质，当溶质不能继续溶解时，所得到的溶液称为饱和溶液，还能继续溶解的溶液称为不饱和溶液。

注意：

① 明确前提条件：一定温度，一定量的溶剂。因为改变溶剂量或温度，饱和溶液与不饱和溶液是可以相互转化的。

② 明确"某种溶质"的饱和溶液或不饱和溶液。

③ 饱和溶液与不饱和溶液不是固定不变的，一旦前提条件发生改变，则溶液的饱和或不饱和状态也会发生改变。

(2) 判断方法：继续加入该溶质，看能否溶解。

(3) 饱和溶液与不饱和溶液之间的转化(对大多数物质而言)

$$\text{不饱和溶液}\underset{\text{升温、加溶剂}}{\overset{\text{降温、蒸发溶剂、加溶质}}{\rightleftharpoons}}\text{饱和溶液}$$

注：①$Ca(OH)_2$和气体等除外，它的溶解度随温度升高而降低。②最可靠的方法是：加溶质、蒸发溶剂。

(4) 浓、稀溶液与饱和不饱和溶液之间的关系

在一定量的溶液里含溶质的量相对较多的是浓溶液，含溶质的量相对较少的是稀溶液。

① 饱和溶液不一定是浓溶液。

② 不饱和溶液不一定是稀溶液，如饱和的石灰水溶液就是稀溶液。

③ 在一定温度时，同一种溶质的饱和溶液要比它的不饱和溶液浓。

例 3　下列有关固态物质饱和溶液的说法正确的是(　　)。

A. 饱和溶液就是不能继续溶解溶质的溶液

B. 同一溶质的饱和溶液一定比不饱和溶液浓

C. 将热饱和溶液降温时，一定会析出晶体

D. 饱和溶液在一定条件下可转化为不饱和溶液

解析：此题主要考查"饱和溶液"的概念。在理解这个概念时，要注意(溶质为固态)如下几个关键：①一定温度、一定量的溶剂；②同种溶质溶解的量不能继续增加(但其他溶质可以继续溶解)。比较同种溶质的饱和溶液、不饱和溶液的浓稀，一定要在同温下进行比较。如 A 中未指明"一定温度""一定量的溶剂"，也未指明是不是同种溶质，故不正确。B 中未指明"相同温度"，也不正确。C 中因为并不是所有的物质的溶解度都是随温度的降低而减小的，有些溶质的溶解度(如氢氧化钙)是随温度升高而减小的，故 C 不正确。

答案：D。

（二）溶解度

1. 固体的溶解度

（1）溶解度的定义：在一定温度下，某固态物质在100 g溶剂里达到饱和状态时所溶解的质量。

四要素：①条件：一定温度。②标准：100 g溶剂。③状态：达到饱和。④质量：溶解度的单位：克。

（2）溶解度的含义：

20 ℃时NaCl的溶解度为36 g含义：

在20 ℃时，在100克水中最多能溶解36克NaCl或在20 ℃时，NaCl在100克水中达到饱和状态时所溶解的质量为36克。

注意：通过溶解度可得该温度下该物质的饱和溶液中，溶质、溶剂和溶液的质量比。假设某温度下，某溶质的溶解度为Sg，则溶质、溶剂和溶液之间的质量比为$S:100:(S+100)$。

$$S=\frac{m_{质}}{m_{剂}}\times 100\ \text{g}$$

（3）影响固体溶解度的因素：①溶质、溶剂的性质（种类）　②温度

大多数固体物质的溶解度随温度的升高而升高；如KNO_3。
少数固体物质的溶解度受温度的影响很小；如NaCl。
极少数固体物质溶解度随温度的升高而降低。如$Ca(OH)_2$。

（4）固体物质的溶解性与溶解度的关系

20 ℃时S：易溶　> 10 g，可溶　1～10 g，微溶0.01～1 g，难溶<0.01

溶解性：一种物质溶解在另一种物质里的能力。溶解性是物质溶解能力的定性表示，溶解度是物质溶解能力的定量表示。

例4　“20 ℃时食盐的溶解度是36 g”。根据这一条件及溶解度的含义，判断下列说法哪一种是正确的（　　）。

A. 100 g水溶解36 g食盐恰好能配成饱和溶液

B. 20 ℃时，100 g食盐饱和溶液里含有36 g食盐

C. 20 ℃时，把136 g食盐饱和溶液蒸干，可得到36 g食盐

D. 饱和食盐水溶液中溶质、溶剂、溶液的质量比为36∶100∶136

解析：本题重在考查大家对于溶解度概念的理解。溶解度这一概念有如下四个要点：一定的温度；100 g溶剂；达到饱和状态；质量单位（g）。根据溶解度的概念并结合题给条件可知，A的说法是不正确的，原因在于没有指明温度这一条件；按照溶解度的含义，在20 ℃时将36 g食盐溶于100 g水中恰好达到饱和状态，这时所得到的食盐饱和溶液的质量为136 g；相反，如果将这136 g的食盐饱和溶液蒸干，一定就能得到36 g食盐；同样，由于在136 g食盐饱和溶液里含有36 g食盐，那么，在100 g食盐饱和溶液里就不可能含有36 g食盐了（肯定比36 g要少）。至于饱和食盐水溶液中溶质、溶剂、溶液的质量之比，如果没有温度这一前提条件，就无法进行相应的求算。

答案：C。

2. 固体物质溶解度的表示方法

（1）列表法。

（2）曲线法：用横坐标表示温度，纵坐标表示溶解度，画出物质的溶解度随温度变化的曲线，这种曲线称为溶解度曲线。

(3) 溶解度曲线的意义

① 溶解度曲线表示某物质在不同的温度下的溶解度或溶解度随温度变化的情况。

② 溶解度曲线上的每一个点表示该溶质在某温度下的溶解度，此时的溶液必然是饱和溶液。

③ 两条曲线交叉点表示两种溶质在同一温度下具有相同的溶解度。

④ 在溶解度曲线下方的点，表示该溶液是不饱和溶液。

(4) 溶解度曲线的变化规律

① 大多数固体物质的溶解度随温度升高而增大，表现在曲线"坡度"比较"陡"，如硝酸钾。

② 少数固体物质的溶解度受温度的影响很小，表现在曲线"坡度"比较"平"，如 NaCl。

③ 极少数固体物质的溶解度随温度的升高而减小，表现在曲线"坡度"下降，如 $Ca(OH)_2$。

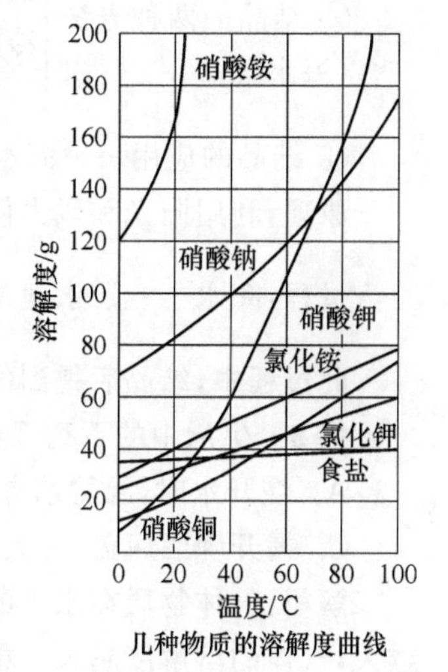

几种物质的溶解度曲线

(5) 溶解度曲线的应用

① 可以查出某种物质在某温度下的溶解度。

② 可以比较同一温度下，不同物质溶解度的大小。

③ 可以确定温度对溶解度的影响状况。

④ 根据溶解度曲线可以确定怎样制得某温度时该物质的饱和溶液。

例 5

(1) t_3℃时 A 的溶解度为<u>　80 g　</u>。

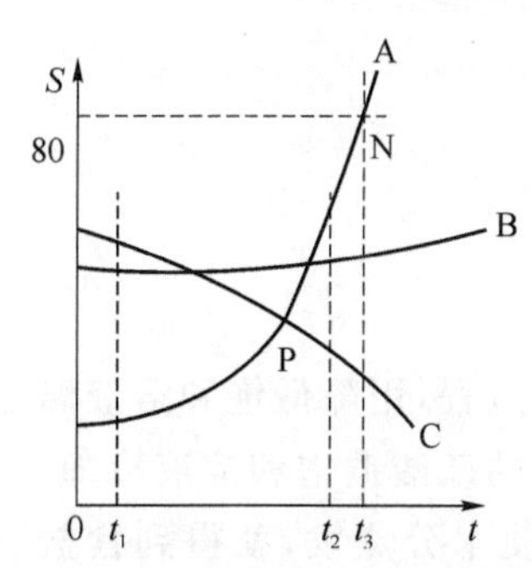

(2) P 点的含义<u>　在该温度时，A 和 C 的溶解度相同　</u>。

(3) N 点为t_3℃时 A 的不饱和溶液，可通过<u>加入 A 物质，降温，蒸发溶剂</u>的方法使它变为饱和。

(4) t_1℃时 A、B、C、溶解度由大到小的顺序：<u>C>B>A</u>。

(5) 从 A 溶液中获取 A 晶体可用<u>降温结晶</u>的方法获取晶体。

(6) 从 B 的溶液中获取晶体，适宜采用<u>蒸发结晶</u>的方法获取晶体。

(7) t_2℃ 时 A、B、C 的饱和溶液各 W 克，降温到 t_1℃会析出晶体的有<u>A 和 B</u>无晶体析出的有<u>　C　</u>，所得溶液中溶质的质量分数由小到大依次为<u>A<C<B</u>。

(8) 除去 A 中的泥沙用<u>　过滤　</u>法；分离 A 与 B(含量少)的混合物，用<u>结晶法</u>。

3. 气体的溶解度

(1) 气体溶解度的定义：在压强为<u>101 kPa 和一定温度时</u>，气体溶解在<u>1 体积水</u>里达到<u>饱和状态</u>时的<u>气体体积</u>。

(2) 影响因素：①气体的性质。②温度(温度越高，气体溶解度越小)。③压强(压强越大，气体溶解度越大)。

注意：单位是体积单位。

(3)用气体溶解度的知识来解释现象

① 夏天打开汽水瓶盖时，压强减小，气体的溶解度减小，会有大量气体涌出。

② 喝汽水后会打嗝，是因为汽水到胃中后，温度升高，气体的溶解度减小。

4. 混合物的分离

(1) 过滤法:分离可溶物+难溶物。

(2) 结晶法:分离几种可溶性物质。

① 概念:热的溶液冷却后,易溶解在溶液中的溶质从溶液中以晶体的形式析出,这一过程称为结晶。析出晶体后的溶液称为母液。

② 结晶的两种方法(海水晒盐)
- 蒸发溶剂结晶,一般适用于溶解度随温度变化不大的物质,如 NaCl
- 冷却热饱和溶液结晶(降低温度),一般适用于溶解度随温度变化较大的物质,如 KNO_3

③ 结晶的应用——海水晒盐。

原理:利用阳光和风力使水分蒸发,食盐结晶出来。

过程:海水——贮水池——蒸发池——结晶池
- 食盐——氯化钠
- 母液——多种化工产品

此过程中,结晶后得到的母液是食盐的饱和溶液,但不一定是其他化工产品的饱和溶液。

例 5 生活中的下列现象不能说明气体溶解度随温度升高而减小的是( )。

A. 烧开水时,沸腾前有气泡逸出　　B. 喝下汽水感到有气体冲出鼻腔

C. 揭开啤酒瓶盖,有大量的泡沫溢出　　D. 夏季黄昏,池塘里的鱼常浮出水面

解析:气体物质在水中的溶解度受温度及压强的影响,温度越高,气体的溶解度越小;压强越大,气体的溶解度越大。根据影响气体物质溶解度的因素,可以解释生活中的某些现象;反之,通过某些现象也可以说明外界条件对于气体溶解度的影响。对比四个选项不难知道,A、B、D 都说明了气体的溶解度是随着温度的升高而减小的,唯有 C 表明了在压强减小时,气体的溶解度也变小,与题干的要求不符,这正是本题的答案。

答案:C。

(三) 结晶、结晶水合物

1. 结晶

溶质从溶液中析出形成晶体的过程称为结晶。结晶是溶解的逆过程,用降低饱和溶液温度或蒸发溶剂的方法,都可以使溶质从溶液中结晶出来。例如,把热的硫酸铜饱和溶液冷却,可以得到硫酸铜晶体;又如,把海水引到盐滩上,利用日光和风力使水分蒸发,就得到食盐晶体。

2. 结晶水合物

许多物质在水溶液里析出形成晶体时,晶体里常常结合一定数目的水分子,这样的水分子称为结晶水。含有结晶水的物质称为结晶水合物。

结晶水合物很多,像胆矾(或称为蓝矾 $CuSO_4 \cdot 5H_2O$)、明矾十二水合硫酸铝钾($KAl(SO_4)_2 \cdot 12H_2O$)等,有的晶体不含有结晶水,像食盐、硝酸钾等晶体里通常是不含结晶水的。

3. 风化和潮解

有的结晶水合物比较稳定,有的不太稳定,在室温和干燥的空气中,结晶水合物失去一部分或全部结晶水现象称为风化;如实用碱块(碳酸钠晶体 $Na_2CO_3 \cdot 10H_2O$)是无色晶体,把它放在干燥空气中,会逐渐失去结晶水而成为白色粉末。

有些晶体能够吸收空气中的水蒸气，在晶体表面逐渐形成溶液，这个现象称为潮解。在空气中氯化镁容易潮解，所以含有氯化镁杂志的食盐易吸收空气中的水蒸气，表面变潮湿。

（四）溶液组成的表示

表示溶液组成的方法有很多，常用的有溶质的质量分数、物质的量浓度等。

1. 溶质的质量分数

用溶质的质量与全部溶液质量之比来表示溶液组成的物理量称为溶质的质量分数，符号为 w_B。

$$w=\frac{m(\text{溶质})}{m(\text{溶液})}\times 100\%$$

或

$$w=\frac{m(\text{溶质})}{m(\text{溶质})+m(\text{溶剂})}\times 100\%$$

例 6　氯化钾在 20 ℃时的溶解度是 34 g，计算 20 ℃时氯化钾饱和溶液中氯化钾的质量分数。

解：20 ℃时，100 g 水可溶解 34 g 氯化钾，溶液中氯化钾的质量分数为

$$w=\frac{m(\text{溶质})}{m(\text{溶质})+m(\text{溶剂})}\times 100\%=\frac{34\ \text{g}}{100\ \text{g}+34\ \text{g}}\times 100\%=25.4\%$$

答：20 ℃时，氯化钾饱和溶液中氯化钾的质量分数为 25.4%

例 7　要配制 40 g 20%的稀硫酸，需要用 98%的浓硫酸和水各多少？

解：根据稀释前后溶质质量不变的原则来进行计算

$m(H_2SO_4)\times 98\%=40\ \text{g}\times 20\%=8.16\ \text{g}$

水的用量为 $40\ \text{g}-8.16\ \text{g}=31.84\ \text{g}$

答：需用 98%的浓硫酸 8.16 g 和水 31.84 g。

2. 物质的量浓度

该内容在第四章课题 4 已经重点讲解。

以单位体积溶液里所含溶质 B 的物质的量来表示溶液组成的物理量称为溶质 B 的物质的量浓度，符号为 c_B，常用单位为 mol/L（或 $\text{mol}\cdot\text{L}^{-1}$）

$$c_B=\frac{n_B}{V}$$

课题 2　电解质溶液

【教学目标】

（1）掌握电离平衡；了解电解质和非电解质；熟悉强电解质和弱电解质。
（2）掌握水的离子积和溶液的 pH 值。
（3）了解盐类的水解。

【教学重点】

强电解质和弱电解质、水的离子积、盐类的水解。

【教学难点】

水的离子积、盐类的水解。

【知识回顾】

一、电离平衡

1. 电解质与非电解质

（1）概念

电解质：在熔融状态或溶液状态下能导电的化合物。

非电解质：在熔融状态和溶液状态下都不能导电的化合物。

讨论：① 如何用实验区分电解质与非电解质？

② 金属 Cu 常用作导线，NH_3的水溶液能导电，能否 Cu、NH_3说明是电解质？

③ 总结金属导电与电解质导电的区别。

（2）电解质溶液的导电其实质是电解质溶液的电解过程，其导电能力的大小取决于离子浓度的大小。

讨论：① 如何区别离子化合物和共价化合物？

② 在 0.1 mol/L$Ba(OH)_2$溶液中逐滴滴入 0.1 mol/LH_2SO_4溶液，溶液的导电能力将如何变化？试画出草图。

③ 强电解质溶液的导电能力是否一定比弱电解质溶液强？

2. 强电解质与弱电解质

（1）概念

	强电解质	弱电解质
电离程度	完全电离	部分电离
化合物类型	离子化合物、强极性键的共价化合物	某些弱极性键的共价化合物
电离过程	不可逆、不存在平衡	可逆、存在电离平衡
溶液中的微粒	阴、阳离子	阴、阳离子，电解质分子
实例	强酸、强碱、大多数盐	弱酸、弱碱、水等

（2）电离与电离方程式

电解质的电离过程可以用电离方程式来表示，书写电离方程式时应注意以下几点：

① 方程式左边写分子式，右边写离子符号；

② 阳离子的正电荷总数等于阴离子的负电荷总数；

③ 强电解质电离时用“$=\!=\!=$”，弱电解质电离时用“$\rightleftharpoons$”号；

④ 多元弱酸电离时要写分步电离方程式。

例 1　写出下列物质在水中发生电离的方程式。

NaCl、HCl、CH_3COOH、$NH_3 \cdot H_2O$、H_2CO_3

解答： $NaCl \rightleftharpoons Na^+ + Cl^-$

$HCl = H^+ + Cl^-$

$CH_3COOH \rightleftharpoons H^+ + CH_3COO^-$

$NH_3 \cdot H_2O \rightleftharpoons NH_4^+ + OH^-$

$H_2CO_3 \rightleftharpoons H^+ + HCO_3^-$　　　　$HCO_3^- \rightleftharpoons H^+ + CO_3^{2-}$

3. 弱电解质的电离—电离平衡

(1) 电离平衡

在一定条件下，当电解质分子电离成离子的速率和离子重新结合成分子的速率相等时，电离过程就达到了平衡状态，称为电离平衡。

(2) 影响电离平衡的因素

① 浓度：同一弱电解质，通常是溶液越稀，电离程度越大。

② 温度：升高温度，电解质的电离程度增大。

③ 外加试剂的影响。

例 2　对于 0.1 mol/L CH_3COOH 溶液，采用何种措施，能使醋酸的电离程度减小而溶液的 pH 值增大的是（　　）。

A. 加入一定体积的 0.1 mol/L 的 NaOH 溶液　B. 加入等体积的水

C. 加入少量固体醋酸钠　　　　　　　　D. 加热

答案：C。

二、水的电离、溶液的 pH 值

研究电解质溶液时往往涉及溶液的酸碱性，而溶液的酸碱性与水的电离有着密切的联系。

1. 水的电离、水的离子积

(1) 水是一个极弱的电解质。存在极弱的电离：

$H_2O \rightleftharpoons H^+ + OH^-$ 或 $H_2O + H_2O \rightleftharpoons H_3O^+ + OH^-$

其特点是自身作用下发生的极微弱的电离，类似的还有：$2NH_3 \rightleftharpoons NH_2^- + NH_4^+$

(2) 水的离子积

在 25 ℃时，纯水中的 $c(H^+) = c(OH^-) = 10^{-7}$ mol/L

① $K_w = c(H^+) \cdot c(OH^-) = 10^{-14}$。

② 水的离子积适用于所有稀的水溶液，而不论其是酸性、碱性或中性溶液。

③ 水的离子积随温度升高而增大。

讨论：1) 计算 25 ℃时，纯水中平均多少个水分子中有 1 个水分子发生电离。

2) 温度对水的离子积的影响如何？

3) 下列物质加入纯水中，如何影响水的离子积？如何影响水的电离？

①HCl　②NaOH　③$NaNO_3$　④NH_4Cl　⑤CH_3COONa

(3) 影响水的电离的因素

① 纯水中加入酸或碱，抑制水的电离，由水电离出的 H^+ 和 OH^- 等幅减小。

② 纯水中加入能水解的盐，促进水的电离，由水电离出的 H^+ 和 OH^- 等幅增大。

③ 任何电解质溶液中的 H^+ 和 OH^- 总是共存的，$c(H^+)$ 和 $c(OH^-)$ 此增彼减，但 $c(H^+) \cdot c(OH^-)$ 仍为常数。在 25 ℃时，$K_w = 10^{-14}$。

2. 溶液的酸碱性、pH 值

(1) 溶液的酸碱性。

(2) 溶液的 pH 值。

溶液的酸碱性	$c(H^+)$	$c(OH^-)$	$c(H^+)$与$c(OH^-)$比较	pH 值	$c(H^+)\cdot c(OH^-)$
酸性	$>10^{-7}$ mol/L	$<10^{-7}$ mol/L	$c(H^+)>c(OH^-)$	<7	1×10^{-14}
中性	$=10^{-7}$ mol/L	$=10^{-7}$ mol/L	$c(H^+)=c(OH^-)$	$=7$	1×10^{-14}
碱性	$<10^{-7}$ mol/L	$>10^{-7}$ mol/L	$c(H^+)<c(OH^-)$	>7	1×10^{-14}

小结：在酸性溶液中，$c(H^+)$越大，酸性越强，pH 值越小；在碱性溶液中，$c(OH^-)$越大，碱性越强，pH 值越大。

(3) pH 值试纸的使用方法

取一片干燥的 pH 值试纸于表面皿上，用干燥的玻璃棒蘸取待测溶液点在 pH 值试纸上，观察试纸的颜色，与比色卡对照。

(4) 酸碱指示剂

用于酸碱滴定的指示剂，称为酸碱指示剂。是一类结构较复杂的有机弱酸或有机弱碱，它们在溶液中能部分电离成指示剂的离子和氢离子(或氢氧根离子)，并且由于结构上的变化，它们的分子和离子具有不同的颜色，因而在 pH 值不同的溶液中呈现不同的颜色。

3. 溶液 pH 值的计算

(1) 强酸、强碱溶液

例 3 ① 求 0.05 mol/L H_2SO_4溶液的 pH 值；② 求 0.05 mol/L $Ba(OH)_2$溶液的 pH 值。

解：①0.05 mol/L H_2SO_4

$c(H^+)=2\times0.05=0.1$ mol/L

$pH=-\lg0.1=1$

解：② 0.05 mol/L $Ba(OH)_2$

$c(OH^-)=2\times0.05=0.1$ mol/L

$c(H^+)=K_w/0.1=1\times10^{-13}$

$pH=-\lg1\times1\times10^{-13}=13$

(2) 弱酸、弱碱溶液

例 4 已知常温下 0.1 mol/L 氨水，其电离度为 1%，则溶液，求 pH 值；

解：氨水是 0.1 mol/L，电离度为 1%，则它的OH^-浓度为 $0.1\times0.01=10^{-3}$ mol/L。水的离子积为 10^{-14} mol/L。故 $c(H^+)=10^{-14}/(10^{-3})=10^{-11}$ mol/L。因此 pH 值为$-\lg(c(H^+))=11$。

讨论：pH 值相同的一元强酸与一元弱酸的 $c(H^+)$关系如何？

溶液的物质的量浓度关系如何？

(3) 强酸、强碱溶液的稀释

例 5 将 0.1 mol/L 的盐酸稀释成原体积的 10 倍，求稀释后溶液的 pH 值；

解：盐酸稀释成原体积的 10 倍，氢离子的浓度为 0.01 mol/L，因此 pH 值为$-\lg(c(H^+))=2$。

讨论：pH 值相同的一元强酸与一元弱酸稀释相同的倍数，pH 值变化情况如何，为什么？

(4) 酸或碱混合溶液(忽略溶液体积的变化)

例 6 将 0.1 mol/L 的盐酸与 0.05 mol/L 的 H_2SO_4等体积混合，求混合后溶液的 pH 值。

解：0.1 mol/L 的盐酸与 0.05 mol/L 的 H_2SO_4 等体积混合中，氢离子的浓度为 0.1 mol/L，因此 pH 值为$-\lg(c(H^+))=1$。

(5) 酸和碱混合溶液(忽略溶液体积的变化)。

例 7　99 mL 0.1 mol/L HCL 溶液与 101 mL 0.050 mol/L $Ba(OH)_2$溶液混合，所得溶液的 pH 值是多少？

解：99 mL 0.1 mol/L HCL 溶液与 101 mL 0.050mol/L $Ba(OH)_2$溶液混合，所得溶液的 pH=10.3。

三、盐类的水解

我们知道，盐溶液不一定是中性的溶液，其原因是盐类的水解。

1. 盐类水解的实质

组成盐的弱碱阳离子(用 M^+ 表示)能水解显酸性，组成盐的弱酸阴离子(用 R^-表示)能水解显碱性。

$M^+ + H_2O \rightleftharpoons MOH + H^+$　显酸性 $R^- + H_2O \rightleftharpoons HR + OH^-$　显碱性

在溶液中盐电离出来的离子跟水电离出来的 H^+ 或 OH^-结合生成弱电解质的反应，称为盐的水解。

2. 各类盐水解的比较

盐类	举例	能否水解	对水的电离平衡的影响	$c(H^+)$与 $c(OH^-)$比较	酸碱性
强碱弱酸盐	CH_3COONa Na_2CO_3 Na_2S	能	促进	$c(H^+)<c(OH^-)$	碱
强酸弱碱盐	NH_4Cl $Al_2(SO_4)_3$	能	促进	$c(H^+)>c(OH^-)$	酸
强酸强碱盐	NaCl K_2SO_4	否	无影响	$c(H^+)=c(OH^-)$	中

3. 水解规律

(1) 强酸强碱盐　不水解　水溶液呈中性　如 NaCl、KNO_3

(2) 强碱弱酸盐　能水解　水溶液呈碱性　如 Na_2S、Na_2CO_3

(3) 强酸弱碱盐　能水解　水溶液呈酸性　如 NH_4NO_3

(4) 弱酸弱碱盐　能水解　谁强显谁性　　如 NH_4Ac 显中性、$(NH_4)_2S$ 显碱性

(写出上述所举盐的水解离子方程式)

(5) 两种离子同时水解

① 相同类型的离子同时水解。

② 阴阳离子同时水解。

③ 双水解。

(6) 酸式盐的水解

溶液的酸碱性决定于阴离子是以水解为主要过程还是以电离为主要过程。

① 阴离子是强酸根，如 $NaHSO_4$ 不水解

$NaHSO_4 = Na^+ + H^+ + SO_4^{2-}$　本身电离出 H^+，呈酸性。

② 阴离子以电离为主：如 $H_2PO_4^-$、HSO_3^-

$NaH_2PO_4 = Na^+ + H_2PO_4^-$

$H_2PO_4^- \rightleftharpoons H^+ + HPO_4^{2-}$（主要，大）呈酸性

$H_2PO_4^- + H_2O \rightleftharpoons H_3PO_4 + OH^-$（次要，小）

③ 阴离子以水解为主：HCO_3^-、HS^-、HPO_4^{2-}

$HCO_3^- + H_2O \rightleftharpoons H_2CO_3 + OH^-$（主要，大）呈碱性

$HCO_3^- \rightleftharpoons H^+ + CO_3^{2-}$（次要，小）

4. 注意事项

(1) 盐类水解使水的电离平衡发生了移动(促进)，并使溶液显酸性或碱性。

(2) 盐类水解是可逆反应，离子方程式用“$\rightleftharpoons$”符号。

(3) 多元酸盐的水解是分步进行的，以第一步水解为主。多元碱的盐也是分步水解的，由于中间过程复杂，可写成一步。

(4) 一般盐类水解的程度很小，水解产物很少，通常不生成沉淀或气体，也不发生分解，在书写离子方程式时，一般不标“↑”或“↓”，也不把生成物如“H_2CO_3、$NH_3 \cdot H_2O$”写成其分解产物的形式。

5. 影响水解的因素

(1) 内因

盐本身的性质，“越弱越水解”。

(2) 外因

① 温度：升高温度促进水解。

② 浓度：加水稀释，水解程度增大。

③ 溶液的 pH 值改变水解平衡中某种离子的浓度时，水解就向着能够减弱这种改变的方向移动。

6. 水解应用

(1) 利用硫酸铝、碳酸氢钠水解原理，制泡沫灭火器。

(2) 配制溶液时抑制水解：(浓度的影响)以 $FeCl_3$、$CuSO_4$ 为例加以说明。

(3) 热水碱溶液去油污(温度的影响)。

(4) 判断溶液的酸碱性或弱电解质的相对强弱。

(5) 比较溶液中离子浓度的大小。

7. 盐溶液中离子浓度大小的比较

电解质溶液中离子浓度大小的比较，涉及的知识点有电解质电离、弱电解质电离平衡、盐类的水解、离子间的相互作用等。在比较溶液中离子浓度大小时，应根据不同的类型进行分析、解答。同时还经常用到电解质溶液中的两个重要的平衡关系——“电荷守恒”和“物料平衡”。

“电荷守恒”：电解质溶液中所有阳离子所带的正电荷总数等于所有阴离子所带的负电荷总数。

原理：电解质溶液不显电性。所以正电荷总数＝负电荷总数。

“物料平衡”：某一分子或离子的原始浓度等于它在溶液中各种存在形式的浓度之和。

四、中和反应及中和滴定实验

(1) 中和反应的实质和中和反应的离子方程式

思考:① 中和反应的实质是什么?

② 中和反应能否都用 $H^{+}+OH^{-}$══H_2O 表示?强酸与强碱中和呢?

(2) 中和滴定的原理

(3) 滴定曲线与指示剂

0.1 mol/L NaOH 100 mL 溶液逐滴滴入 0.1 mol/L HCl 溶液中,溶液 pH 值与加入的 NaOH 溶液体积 V_{NaOH} 的关系图为

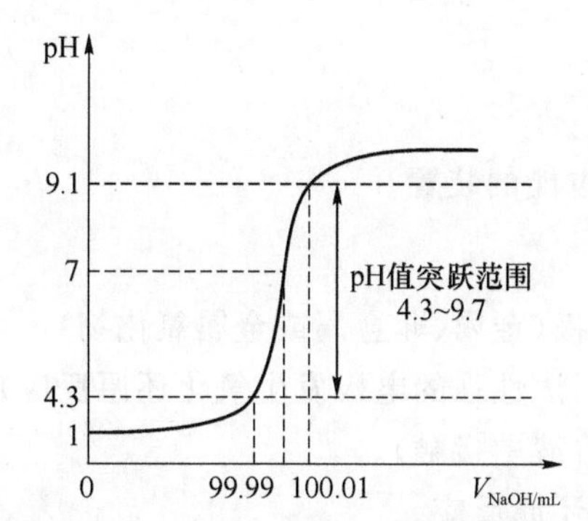

在接近终点时,溶液 pH 值由 4.3～9.7 的突跃范围内,氢氧化钠溶液的体积只相差了 0.02 mL,与正好反应的 100.00 mL 只相差 0.1 mL,误差为 1%,已满足滴定的误差要求。

思考:当用酚酞作指示剂时,终点时溶液颜色如何变化?能满足实验要求吗?

1. 滴定过程

(1) 滴定前的准备

① 滴定管:检漏→洗涤→润洗→注液→排气泡→调液面→读数→记录。

② 锥形瓶:水洗(不能用待测液润洗)。

③ 移液管:水洗→润洗。

(2) 滴定

左手操纵滴定管,右手振荡锥形瓶,眼睛注视锥形瓶中溶液颜色变化。

(3) 数据处理。

2. 误差分析

原理:$C_{待}=\dfrac{C_{标}\cdot V_{标}}{V_{待}}\cdot k$

(1) 读数　(2) 洗涤　(3) 气泡　(4) 杂质

课题 3　原电池　金属的腐蚀与防腐

【教学目标】

掌握原电池的原理,了解金属的腐蚀与防腐。

【教学重点】

原电池的原理。

【教学难点】

金属的保护。

【知识回顾】

一、原电池

1. 概念

原电池:把化学能转化为电能的装置。

2. 原电池的构成条件

(1) 两个活泼性不同的电极(金属、非金属或金属氧化物)。
(2) 电解质溶液(一般与活泼性强的电极发生氧化还原反应)。
(3) 形成闭合回路(或在溶液中接触)。
(4) 存在一个自发的氧化还原反应。

3. 电极、电极反应、总反应

一般活泼金属失电子,做为负极,发生氧化反应;另一电极为正极,溶液中的阳离子在其表面得电子或电极本身得电子,发生还原反应。

4. 化学电源

了解常见化学电源的构造、原理。

5. 金属腐蚀与防护

(1) 金属腐蚀是指金属或合金与周围接触到的气体或液体进行化学反应而腐蚀损耗的过程。

(2) 由于与金属接触的介质不同,发生腐蚀的情况也不同。一般可分为化学腐蚀和电化学腐蚀。

① 金属跟接触到的物质(如 O_2、Cl_2、SO_2 等)直接发生化学反应而引起的腐蚀称为化学腐蚀。

② 不纯的金属跟电解质溶液接触时,会发生原电池反应,比较活泼的金属失电子而被腐蚀。这种腐蚀称为电化学腐蚀。

(3) 钢铁的析氢腐蚀和吸氧腐蚀。
(4) 金属的防护。

二、电解和电镀

1. 电解概念

电解池:实现电能向化学能转化的装置。

(在外加电场的作用下,使电解质发生氧化还原反应)

其基本原理是:

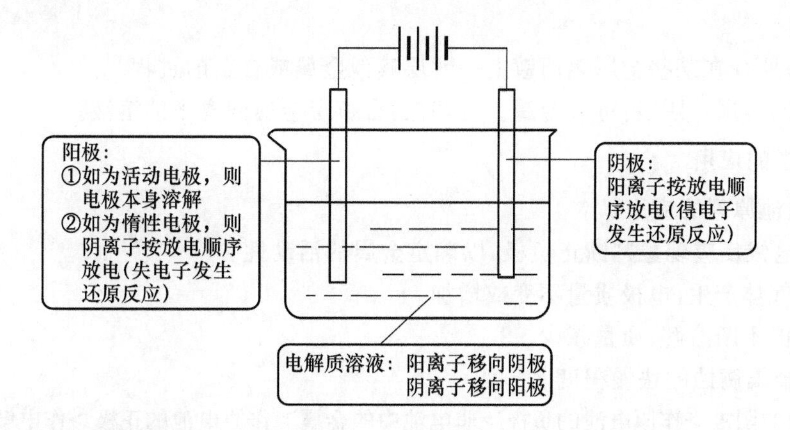

2. 电极、电极反应、总反应

(1) 电极:电解池中的电极由外接电源决定。

与电源正极相连的电极为阳极。

与电源负极相连的电极为阴极。

(2) 电极反应

阳极:① 如为活动电极(除 Pt、Au 外的金属电极),则电极本身溶解。

② 如为惰性电极(Pt、石墨),则阴离子按序放电。

$S^{2-}>I^{-}>Br^{-}>Cl^{-}>OH^{-}>$含氧酸根($SO_4^{2-}$等)$>F^{-}$

阴极:阳离子的放电顺序:(可依据金属活动顺序确定)

$\cdots>Ag^{+}>\cdots>Cu^{2+}>\cdots H^{+}>\cdots Mg^{2+}>Na^{+}>Ca^{2+}>K^{+}$

3. 电解规律

书写电极反应及总反应。

(1) 只电解水,如:KOH、H_2SO_4、$NaNO_3$。

(2) 只电解电解质,如:$CuCl_2$、HCl。

(3) 既电解水又电解电解质,如:$NaCl$、$CuSO_4$、K_2S。

(4) 熔盐的电解。

4. 电解原理的应用

(1) 电解饱和食盐水

实验现象:阳极,放出有刺激性气味的气体,该气体能使湿润的淀粉 KI 试纸变蓝;阴极,有无色无味的气体生成,阴极附近溶液变红。

电极反应、电极总反应。

(2) 氯碱工业

① 阳离子交换膜的特点;

② 离子交换膜电解槽的优点;

③ 如何由粗盐水精制食盐水。

(3) 铜的电解精炼

阳极:粗铜板。阴极:纯铜片。电解质溶液:$CuSO_4$(加少量 H_2SO_4)。

电极反应

分析电解法除去粗铜板中杂质金属(如 Zn、Fe、Ni、Ag、Au 等)的原理。

(4) 电镀

利用电解原理在某些金属表面镀上一薄层其他金属或合金的过程。

阳极:镀层金属。阴极:待镀金属。电解液:含镀层金属阳离子的溶液。

5. 电化学的应用

(1) 原电池原理的应用

① 根据电极反应现象判断正负极,以确定金属的活动性。

正极:有气体产生,电极质量不变或增加。

负极:电极不断溶解,质量减少。

② 分析金属腐蚀的快慢程度

作电解池的阳极＞作原电池的负极＞非电池中的金属＞作原电池的正极＞作电解池的阴极

(2) 电解规律的应用

① 判断电解液 pH 值的变化。

② 如何恢复电解质的浓度?

习题六

一、选择题

1. 配制溶液时最常用的溶剂是(　　)。

A. 汽油　　B. 水　　C. 酒精　　D. 苯

2. 在一定温度下,某种溶液达到饱和时(　　)。

A. 已溶解的溶质和未溶解的溶质的质量相等

B. 溶解和结晶都不再进行

C. 溶液的温度不变

D. 此溶液一定是浓溶液

3. 利用盐水晒盐时,阳光和风力的主要作用是(　　)。

A. 增大压强　　B. 降低温度　　C. 蒸发溶剂　　D. 风化

4. 下列说法错误的是(　　)。

A. 溶质从溶液中析出形成晶体的过程称为结晶

B. 氯化钠溶液中含有结晶水

C. 含有结晶水的物质称为结晶水化物

D. 晶体吸收空气中的水蒸气在表面逐渐形成溶液的现象称为潮解

5. 下列关于固体溶解度的说法中,正确的是(　　)。

A. 某物质在 100 g 水里所溶解的质量称为溶解度

B. 固体溶解度都随温度的升高而增大

C. 固体溶解度都随温度的升高而减小

D. 大多数固体的溶解度随温度的升高而增大

6. 把 25 ℃含有少量未溶硝酸钾的饱和溶液加热到 80℃，变成不饱和溶液，这时溶液中溶质的浓度(　　)。

A. 不变　　B. 增大　　C. 减小　　D. 和 25 ℃时无法比较

7. 下列溶液中微粒浓度关系一定正确的是(　　)。

A. 氨水与氯化铵的 pH=7 的混合溶液中：$Cl^- > NH_4^+$

B. pH=2 的一元酸和 pH=12 的一元强碱等体积混合：$OH^- = H^+$

C. 0.1 mol/L 的硫酸铵溶液中：$NH_4^+ > SO_4^{2-} > H^+$

D. 0.1 mol/L 的硫化钠溶液中：$OH^- = H^+ + HS^- + H_2S$

8. 25 ℃时，几种弱酸的电离常数如下：

弱酸的化学式	CH_3COOH	HCN	H_2S
电离常数(25 ℃)	1.8×10^{-5}	4.9×10^{-10}	$K_1=1.3\times10^{-7}$ $K_2=7.1\times10^{-15}$

25 ℃时，下列说法正确的是(　　)。

A. 等物质的量浓度的各溶液的 pH 值的关系为：$pH(CH_3COONa) > pH(Na_2S) > pH(NaCN)$

B. a mol/L HCN 溶液与 b mol/L NaOH 溶液等体积混合，所得溶液中 $c(Na^+) > c(CN^-)$，则 a 一定大于 b

C. NaHS 和 Na_2S 的混合溶液中，一定存在 $c(Na^+) + c(H^+) = c(OH^-) + c(HS^-) + 2c(S^{2-})$

D. 某浓度的 HCN 溶液的 pH=d，则其中 $c(OH^-) = 10^{-d}$ mol/L

9. 常温下 0.1 $mol \cdot L^{-1}$ 醋酸溶液的 pH=a，下列能使溶液 pH=$(a+1)$的措施是(　　)。

A. 将溶液稀释到原体积的 10 倍　　B. 加入适量的醋酸钠固体

C. 加入等体积 0.2 $mol \cdot L^{-1}$ 盐酸　　D. 提高溶液的温度

10. 已知某温度时 CH_3COOH 的电离平衡常数为 K。该温度下向 20 mL 0.1 $mol \cdot L^{-1}$ CH_3COOH 溶液中逐滴加入 0.1 $mol \cdot L^{-1}$ NaOH 溶液，其 pH 变化曲线如图所示(忽略温度变化)。下列说法中不正确的是(　　)。

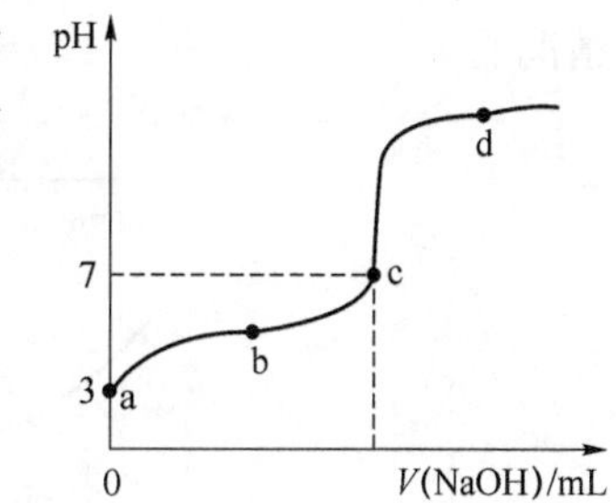

A. a 点表示的溶液中 $c(CH_3COO^-) = 10^{-3}$ mol/L

B. b 点表示的溶液中 $c(CH_3COO^-) > c(Na^+)$

C. c 点表示 CH_3COOH 和 NaOH 恰好反应完全

D. b、d 点表示的溶液中 $\frac{cCH_3COO^- \cdot cH^+}{cCH_3COOH}$ 均等于 K

二、非选择题

11. 填写下列空白。

(1) 在一定温度下，在一定量溶剂里不能再溶解某种溶质的溶液，称为这种溶质的________。

(2) 固体溶解度表示____。

(3) 要使一杯接近饱和的硝酸钾溶液转化为饱和溶液，可以采用的方法有________或________或________。

(4) 用某强碱溶液分别中和体积与 pH 值都相同的某弱酸和某强酸溶液，中和该弱酸所需的强碱溶液的体积________(填“大于”“等于”“小于”)它中和该强酸所需的体积。

(5) 原电池是一种把________能转化为________能的装置，其中相对比较活泼的金属作________极，较活泼的金属________电子，变成________进入溶液，发生________反应；溶液中的阳离子在________极获得________，发生________反应。

12. 已知水在 25 ℃和 100 ℃时，其电离平衡曲线如下图所示。

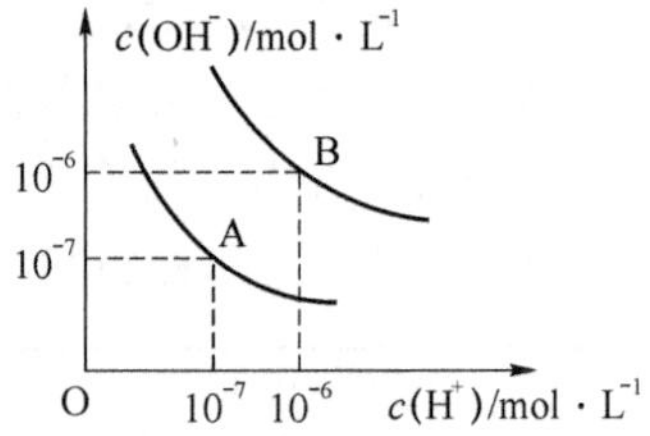

(1) 25 ℃时水的电离平衡曲线应为________(填“A”或“B”)，请说明理由：

____

____。

(2) 25 ℃时，将 pH＝9 的 NaOH 溶液与 pH＝4 的 H_2SO_4 溶液混合，若所得混合溶液的 pH＝7，则 NaOH 溶液与 H_2SO_4 溶液的体积比为________。

(3) 100 ℃时，若 100 体积 $pH_1=a$ 的某强酸溶液与 1 体积 $pH_2=b$ 的某强碱溶液混合后溶液呈中性，则混合前，该强酸的 pH_1 与强碱的 pH_2 之间应满足的关系是(用 a、b 表示)_____。

(4) 在曲线 B 对应温度下，pH＝2 的某 HA 溶液与 pH＝10 的 NaOH 溶液等体积混合后，混合溶液的 pH＝5。请分析其原因：____。

13. (1) 在 25 ℃下，将 a mol·L^{-1} 的氨水与 0.01 mol·L^{-1} 的盐酸等体积混合，反应平衡时溶液中 $c(NH_4^+)=c(Cl^-)$，则溶液显________性(填“酸”“碱”或“中”)；用含 a 的代数式表示 $NH_3 \cdot H_2O$ 的电离常数 K_b＝________。

(2) 常温常压下，空气中的 CO_2 溶于水，达到平衡时，溶液的 pH＝5.60，$c(H_2CO_3)=1.5\times10^{-5}$ mol·L^{-1}。若忽略水的电离及 H_2CO_3 的第二级电离，则 $H_2CO_3 \rightleftharpoons HCO_3^- + H^+$ 的平衡常数 K_1＝________(已知 $10^{-5.60}=2.5\times10^{-6}$)。

(3) 沉淀物并非绝对不溶，其在水及各种不同溶液中的溶解度有所不同，同离子效应、络合物的形成等都会使沉淀物的溶解度有所改变。下图是 AgCl 在 NaCl、$AgNO_3$ 溶液中的溶解情况。

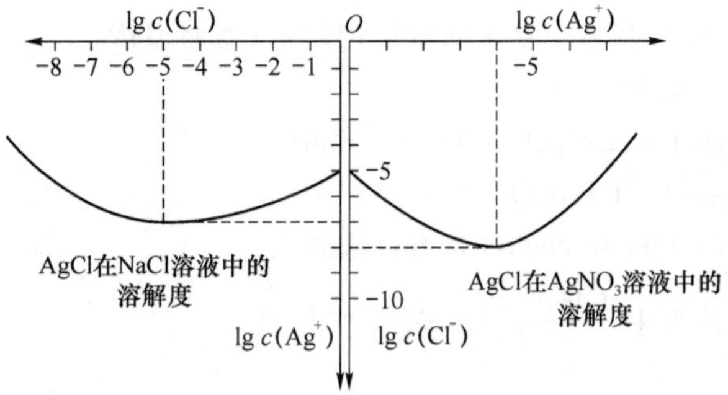

由以上信息可知：

① AgCl 的溶度积常数的表达式为____，

由图知 AgCl 的溶度积常数为____。

② 向 $BaCl_2$ 溶液中加入 $AgNO_3$ 和 KBr，当两种沉淀共存时，$c(Br^-)/c(Cl^-)$＝________。$K_{sp}(AgBr)=5.4\times10^{-13}$，$K_{sp}(AgCl)=2.0\times10^{-10}$

14. 不同金属离子在溶液中完全沉淀时，溶液的 pH 值不同。

溶液中被沉淀的离子	Fe^{3+}	Fe^{2+}	Cu^{2+}
完全生成氢氧化物沉淀时，溶液的 pH 值	≥3.7	≥6.4	≥4.4

(1) 实验室配制 $FeCl_2$ 溶液时，需加入少许盐酸和铁粉。

① 只加盐酸、不加铁粉，溶液中会发生什么变化，用离子方程式表示为________。

② 同时加入盐酸和铁粉后，溶液在放置过程中，哪些离子的浓度发生了明显的改变(不考虑溶液的挥发)，并指出是如何改变的：________。

(2) 氯化铜晶体($CuCl_2 \cdot 2H_2O$)中含 $FeCl_2$ 杂质，为制得纯净氯化铜晶体，首先将其制成水溶液，然后按下面所示的操作步骤进行提纯。

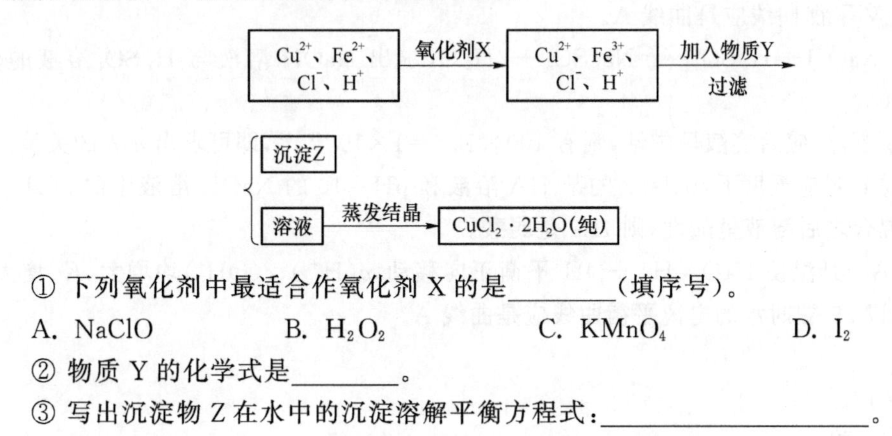

① 下列氧化剂中最适合作氧化剂 X 的是________(填序号)。

A. NaClO　　B. H_2O_2　　C. $KMnO_4$　　D. I_2

② 物质 Y 的化学式是________。

③ 写出沉淀物 Z 在水中的沉淀溶解平衡方程式：________。

习题六　参考答案

一、选择题

1. B　2. C　3. C　4. B　5. D　6. B　7. C　8. C　9. B　10. C

第 7 题**解析**：据电荷守恒：$NH_4^+ + H^+ = OH^- + Cl^-$，因 pH＝7，$H^+ = OH^-$，故 $Cl^- = NH_4^+$，A 错；B 选项只有酸碱都是强酸、强碱才符合；Na_2S 溶液中的质子守恒关系为：$OH^- \!=\!=\! H^+ + HS^- + 2H_2S$，故 D 错。**答案**：C。

第 8 题**解析**：A 项，电离常数越大，酸越强，则其强碱盐所对应溶液的 pH 越小，故不正确；B 项，若 $a=b$，两者恰好完全反应生成 NaCN，由于 CN^- 水解使得溶液中 $c(Na^+)>c(CN^-)$，故不正确；C 项，所列关系式为电荷守恒式，正确；D 项，某浓度的 HCN 溶液的 pH＝d，则 $c(OH^-)=10^{d-14}$ mol/L，不正确。**答案**：C。

第 9 题**解析**：将溶液稀释 10 倍，会促进醋酸的电离，使得 $a<pH<(a+1)$，A 项错误；加入适量的醋酸钠固体，由于醋酸钠水解，显碱性，会使得 pH 值增大，可以满足题目要求，B 项正确；加入等体积 0.2 mol/L 盐酸，会抑制醋酸的电离，不能满足题目要求，C 项错误；提高溶液的温度，会促进醋酸的电离，使得酸性增大，pH 值减小，D 项错误。**答案**：B。

第 10 题**解析**：a 点表示的溶液的 pH＝3，$c(H^+)=c(CH_3COO^-)=10^{-3}$ mol/L，A 对。b 点

表示的溶液呈酸性，$c(H^+)>c(OH^-)$，由电中性可得 $c(CH_3COO^-)>c(Na^+)$，B 对。电离平衡常数 K 与溶液浓度、酸碱性均无关，所以 b、d 点表示的溶液中$\frac{cCH_3COO^- \cdot cH^+}{cCH_3COOH}$均等于 K，D 对。c 点表示的是过量 CH_3COOH 和 NaOH 反应所得溶液，C 错。**答案**：C。

二、非选择题

11. (1) 饱和溶液。

(2) 在一定温度下，某种物质在 100g 溶剂里达到饱和时所溶解的质量。

(3) 再加入硝酸钾晶体，降温，减少溶剂。

(4) 大于。

(5) 化学，电，负，失去，阳离子，氧化，正，电子，还原。

12. **解析**：(1) 水的电离是吸热的，升温使 $c(H^+)$、$c(OH^-)$ 均增大，$10^{-12}>10^{-14}$，所以 25 ℃ 时水的电离平衡曲线应是曲线 A。

(2) 根据 $2NaOH+H_2SO_4 = Na_2SO_4+2H_2O$，求出 NaOH 溶液与 H_2SO_4 溶液的体积比。

(3) 根据题意，反应后溶液呈中性，则有 $100\times10^{-a}=1\times10^{-(12-b)}$，即可求出 a、b 的关系。

(4) 在曲线 B 对应温度下，pH=2 的某 HA 溶液和 pH=10 的 NaOH 溶液中的 $c(H^+)$、$c(OH^-)$ 相等，混合之后溶液呈酸性，则 HA 是弱酸。

答案：(1) A　升温使 $H_2O \rightleftharpoons H^+ + OH^-$ 平衡正向移动，$c(H^+)$、$c(OH^-)$ 均增大，K_w 增大，$10^{-12}>10^{-14}$，所以 25 ℃时水的电离平衡曲线应是曲线 A。

(2) 10∶1。

(3) $a+b=16$。

(4) HA 为弱酸。

13. **解析**：(1) 由溶液的电荷守恒可得：$c(H^+)+c(NH_4^+)=c(Cl^-)+c(OH^-)$，已知 $c(NH_4^+)=c(Cl^-)$，则有 $c(H^+)=c(OH^-)$，溶液显中性；电离常数只与温度有关，则此时 $NH_3 \cdot H_2O$ 的电离常数 $K_b=\frac{cNH_4^+ \cdot cOH^-}{cNH_3 \cdot H_2O}=\frac{0.01\ mol \cdot L^{-1}\times10^{-7}\ mol \cdot L^{-1}}{a\ mol \cdot L^{-1}-0.01\ mol \cdot L^{-1}}=\frac{10^{-9}}{a-0.01}\ mol \cdot L^{-1}$。

(2) 根据电离平衡常数公式可知：$K_1=\frac{cH^+ \cdot cHCO_3^-}{cH_2CO_3}=\frac{10^{-5.60}\ mol \cdot L^{-1}\times10^{-5.60}\ mol \cdot L^{-1}}{1.5\times10^{-5}\ mol \cdot L^{-1}}=4.2\times10^{-7}\ mol \cdot L^{-1}$。

(3) 难溶电解质在水溶液中存在溶解平衡，原理类似于化学平衡。

① $AgCl(s) \rightleftharpoons Ag^+(aq)+Cl^-(aq)$，$K_{sp}=c(Ag^+)$，$c(Cl^-)$；由图可知，AgCl 的溶度积常数 $K_{sp}=c(Ag^+) \cdot c(Cl^-)=10^{-12}$。

② 向 $BaCl_2$ 溶液中加入 $AgNO_3$ 和 KBr，当两种沉淀共存时，两种沉淀的平衡体系中银离子浓度是一样的，所以，$\frac{cBr^-}{cCl^-}=\frac{K_{sp}AgBr}{K_{sp}AgCl}=2.7\times10^{-3}$。

答案：(1) 中 $K_b=\frac{10^{-9}}{a-0.01}\ mol \cdot L^{-1}$

(2) $4.2\times10^{-7} mol \cdot L^{-1}$

(3) ① $K_{sp}=c(Ag^+) \cdot c(Cl^-)$　1×10^{-12}

② 2.7×10^{-3}

14. **解析**:(1) Fe^{2+}在空气中易被氧化,故加入 Fe;为了抑制其水解加入 HCl。

(2) 在加入氧化剂 X 的前后除了 Fe^{2+} 转化为 Fe^{3+},其他离子均没有变化,可使用的氧化剂为 H_2O_2。在酸性条件下沉淀 Fe^{3+},为了不引入其他杂质,选择铜的碱性化合物,如 CuO、$Cu(OH)_2$、$CuCO_3$等。沉淀 Z 为 $Fe(OH)_3$。

答案:(1) ① $4Fe^{2+}+O_2+4H^+ = 4Fe^{3+}+2H_2O$

② 放置过程中,$c(Fe^{2+})$增大,$c(H^+)$减小

(2) ① B　② CuO 或 $Cu(OH)_2$或 $CuCO_3$

③ $Fe(OH)_3(s) \quad Fe^{3+}(aq)+3OH^-(aq)$

第七章　非金属元素及其重要的化合物

课题1　元素概述

【教学目标】

熟悉元素的分布、分类及存在状态。

【教学重点】

元素的分布、分类及存在状态。

【教学难点】

元素的分布、分类及存在状态。

【知识回顾】

人类在文明的形成、发展过程中，随着对自然的认识、改造，同时也经历了对化学元素的发现、认识和利用的漫长而曲折的过程。从古代人们懂得使用金、银、铜、铁、锡、铅、锑、汞、碳10种元素开始，迄今为止发现的包括天然和人造元素共计112种，其中地球上天然存在的元素有90多种。这些元素组成的化合物成千上万，元素化学就是研究有关这些元素所组成的单质和化合物的制备、性质及其变化的规律。

一、元素的分类

112种元素按其性质可以分为金属元素和非金属元素，其中金属元素90种，非金属元素22种，金属元素占元素总数的4/5。它们在长式周期表中的位置可以通过硼—硅—砷—碲—砹和铝—锗—锑—钋之间的对角线来划分。位于这条对角线左下方的单质都是金属；右上方的都是非金属。所谓准金属是指性质介于金属和非金属之间的单质。准金属大多数可作半导体。

在化学上将元素分为普通元素和稀有元素。所谓稀有元素一般指在自然界中含量少或分布稀散；被人们发现较晚；难从矿物中提取的或在工业上制备和应用较晚的元素。例如钛元素，由于冶炼技术要求较高，难以制备，长期以来，人们对它的性质了解得很少，被列为稀有元素，但它在地壳中的含量排第十位；而有些元素贮量并不多但矿物比较集中，如硼、金等已早被人们熟悉，被列为普通元素。因此，普通元素和稀有元素的划分不是绝对的。

二、元素在自然界中的存在形态

元素在自然界中物种的存在形态主要有单质(游离态)和化合物(化合态)。

1. 单质

在自然界中以单质存在的元素比较少,大致有三种情况。

(1) 气态非金属单质,如 N_2、O_2、H_2,稀有气体(He、Ne、Ar、Kr、Xe)等。

(2) 固态非金属单质,如碳、硫等。

(3) 金属单质,如 Hg、Ag、Au 及铂系元素(Ru、Rh、Pd、Os、Ir、Pt)单质,还有由陨石引进的天然铜和铁。

2. 化合物

大多数元素以化合态(氧化物、硫化物、氯化物、碳酸盐、磷酸盐、硫酸盐、硅酸盐、硼酸盐等)存在。广泛存在于矿物及海水中,例如:

(1) 活泼金属元素(IA 族和ⅡA 族中 Mg 元素)与ⅦA 族(卤素)形成的离子型卤化物,存在于海水、盐湖水、地下卤水、气井水及岩盐矿中。例如,钠盐(NaCl)、钾盐(KCl)、光卤石($KCl \cdot MgCl_2 \cdot 6H_2O$)等。

(2) ⅡA 族元素还常以难溶碳酸盐形式存在于矿物中,如石灰石($CaCO_3$)、菱镁矿($MgCO_3$);以硫酸盐形式存在的有石膏($CaSO_4 \cdot 2H_2O$)、重晶石($BaSO_4$)、芒硝($Na_2SO_4 \cdot 10H_2O$)等。

(3) 准金属元素(除 B 外)以及ⅠB、ⅡB 族元素常以难溶硫化物形式存在。例如,辉锑矿(Sb_2S_3),辉铜矿(Cu_2S)、闪锌矿(ZnS)、辰砂矿(HgS)等。

(4) ⅢB—ⅧB 族过渡元素主要以稳定的氧化物形式存在,如软锰矿(MnO_2)、磁铁矿(Fe_3O_4)、赤铁矿(Fe_2O_3)等。

从存在的物理形态来说,在常温常压下元素的单质以气态存在的有 11 种,即 N_2、O_2、H_2、Cl_2、F_2和 He、Ne、Ar、Kr、Xe、R_n;以液态存在的有两种——Hg 和 Br_2;其余元素的单质呈固态。

课题 2　卤素

【教学目标】

掌握氯及其化合物的主要性质;了解氯、溴、碘的特性。

【教学重点】

氯及其化合物的主要性质。

【教学难点】

氯及其化合物的主要性质。

【知识回顾】

卤素及其化合物

卤素是指元素周期表中 ⅦA 族的元素，它们包括氟(F)、氯(Cl)、溴(Br)、碘(I)、砹(At)等5种元素。卤素是非金属元素，其中氟是所有元素中非金属性最强的，碘具有微弱的金属性，砹是放射性元素。卤素及其化合物用途非常广泛，我们最熟悉、最常用的食盐(主要成分NaCl)，就是一种由氯与钠元素组成的盐。氟(F)、溴(Br)、碘(I)等分别与金属元素形成许多盐，如氟化钠、溴化银、碘化钾等，在人们的日常生活中也有重要的用途。

卤素除与金属元素之间形成盐外，还能与非金属元素形成许多种化合物。卤素和含卤素的化合物还可用于制取很多工业产品，如聚四氟乙烯塑料、聚氯乙烯塑料、漂白剂、溴钨灯、碘钨灯、碘酒等等。

卤素的一般性质列于表 7-1 中。

表 7-1　卤素的一般性质

元素名称	氟	氯	溴	碘
元素符号	F	Cl	Br	I
单质	F_2	Cl_2	Br_2	I_2
原子序数	9	17	35	53
共价半径/pm	64	99	114	133
物态(298 K,100 kPa)	气体	气体	液体	固体
单质颜色	淡黄绿色	黄绿色	红棕色	紫黑色
熔点/℃	-219.62	-100.98	-7.2	113.5
沸点/℃	-118.14	-34.6	58.78	184.35
溶解度(100 g 水中)(293 K)	与水剧烈反应生成 $HF+O_2\uparrow$	0.639 g	3.36 g	0.033 g

1. 卤素的性质

(1) 物理性质

卤素单质均为双原子分子。随着相对分子质量的增大，卤素单质的一些物理性质呈现出规律性变化。如单质的密度、熔点、沸点，由 F_2 至 I_2 依次增高。常温下，氟为浅黄绿色气体，氯为黄绿色气体，溴为红棕色液体，碘为紫黑色固体(易升华)。

在常温常压下，氟和氯是气体，溴是液体，碘是固体。卤素单质都有颜色，由浅黄绿色至紫黑色逐渐加深，它们的溶解性符合“相似相溶”原则。除氟与水剧烈反应外，其他卤素在水中的溶解度较小，而易溶于有机溶剂，并呈现特殊颜色。溴可溶于乙醇、氯仿等中。碘难溶于水，但易溶于碘化物溶液(如 KI)。盐的浓度越大，溶解的碘越多，溶液的颜色越深。这是由于 I_2 与 I^- 形成了易溶于水的 I_3^-：

$$I_2 + I^- \rightleftharpoons I_3^-$$

卤素单质蒸气均有刺激性气味，强烈刺激眼、鼻、气管等黏膜组织，吸入较多时，会发生严重中毒，甚至造成死亡，使用时应十分小心。预防溴的灼伤可用苯或甘油洗涤伤口，吸入氯气时，可吸入氨水或酒精和乙醚混合物处理。

(2) 化学性质

卤素是很活泼的非金属元素，单质最突出的化学性质是氧化性。其氧化性强弱顺序是：

$$F_2 > Cl_2 > Br_2 > I_2$$

① 与金属、非金属作用。氟的化学活泼性极高，除氮、氧、氖、氩以外，能与几乎所有的金属或非金属直接化合，而且反应十分激烈，氟与氢在低温暗处即能化合，并放出大量热甚至引起爆炸。

氯也是活泼的非金属元素，其活泼性较氟稍差，氯能与所有金属及大多数非金属(除氮、氧、碳和稀有气体除外)直接化合，但反应不如氟剧烈。例如：

红热的铜丝能在氯气里燃烧生成棕黄色的氯化铜晶体颗粒。

$$Cu + Cl_2 \xlongequal{\triangle} CuCl_2$$

加热时，铁能跟氯气反应生成三氯化铁。

$$2Fe + 3Cl_2 \xlongequal{\triangle} 2FeCl_3$$

点燃时，氯气能跟氢气发生化学反应。

$$Cl_2 + H_2 \xlongequal{\text{点燃}} 2HCl$$

溴、碘的活泼性与氯相比更差，溴、碘只能与活泼金属化合，与非金属的反应性更弱。溴与氢化合剧烈程度远不如氯。碘与氢在高温下才能化合。

② 卤素间的置换反应。卤素单质在水溶液中的氧化性也同样按 $F_2 > Cl_2 > Br_2 > I_2$ 的次序递变。因此，位于前面的卤素单质可以氧化后面卤素的阴离子，即位于前面的卤素单质可从后面的卤化物中置换出卤素单质。

例如：

$$Cl_2 + 2Br^- = 2Cl^- + Br_2$$

$$Br_2 + 2I^- = 2Br^- + I_2$$

③ 卤素与水、碱的反应。卤素和水的反应应分为两种方式，氟的氧化性极强，遇水后立即发生下述反应：

$$2F_2 + 2H_2O = 4HF + O_2\uparrow$$

氯次之，与水生成 HCl 和 HClO，在光照条件下放出 O_2：

$$Cl_2 + H_2O = HCl + HClO$$

$$2HClO \xlongequal{\text{光照}} 2HCl + O_2\uparrow$$

次氯酸是一种强氧化剂，能杀死水里的病菌，所以自来水常用氯气来杀菌消毒(1 L 水里约通入 0.002 g 氯气)，次氯酸的强氧化性还能使染料和有机色质褪色，可用作棉、麻和纸张等的漂白剂。

溴与水反应缓慢，碘几乎与水不反应。

当溶液的 pH 值增大时，常温下卤素在碱性溶液中易发生如下化学反应：

$$2NaOH + Cl_2 = \underset{\text{次氯酸钠}}{NaClO} + NaCl + H_2O$$

由于次氯酸盐比次氯酸稳定，容易保存，并且很容易转化成次氯酸，市售的漂粉精、漂白粉等的有效成分就是次氯酸钙。在工业上，漂粉精是通过氯气与石灰乳作用制成的：

$$2Ca(OH)_2 + 2Cl_2 = \underset{\text{次氯酸钙}}{Ca(ClO)_2} + CaCl_2 + 2H_2O$$

在潮湿的空气里，次氯酸钙跟空气里的二氧化碳和水蒸气反应，生成次氯酸：

$$Ca(ClO)_2+CO_2+H_2O \xlongequal{} CaCO_3\downarrow+2HClO$$

漂粉精、漂白粉可用来漂白植物性纤维，如棉、麻、纸浆等。还可用来杀死微生物，以及对游泳池、污水坑和厕所等进行消毒。

④ 特殊性。碘除了具有上述卤素的一般性质外，还有一种特殊的化学性质，即跟淀粉的反应。

碘遇淀粉溶液呈现特殊的蓝色。碘的这一特性可以用来检验、鉴定碘的存在。

2. 卤素的重要化合物

(1) 卤化氢和氢卤酸

卤素和氢的化合物统称为卤化氢。它们的水溶液显酸性，统称为氢卤酸，其中氢氯酸常用其俗名盐酸。

纯的氢卤酸都是无色液体，具有挥发性。氢卤酸的酸性按 HF＜HCl＜HBr＜HI 的顺序依次增强。其中除氢氟酸为弱酸外，其他的氢卤酸都是强酸。氢氟酸虽是弱酸，但它能与 SiO_2 或硅酸盐反应，而其他氢卤酸则不能。

卤化氢及氢卤酸都是有毒的，特别是氢氟酸毒性更大。浓氢氟酸会把皮肤灼伤，难以痊愈。

盐酸是最重要的强酸之一。纯盐酸为无色溶液，有氯化氢的气味。一般浓盐酸的浓度约为 37%，工业用的盐酸浓度约为 30%，由于含有杂质而带黄色。

盐酸是重要的化工生产原料，常用来制备金属氯化物、苯胺和染料等产品。盐酸在冶金工业、石油工业、印染工业、皮革工业、食品工业以及轧钢、焊接、电镀、搪瓷、医药等部门也有广泛的应用。

氟化氢和氢氟酸都能与二氧化硅作用，生成挥发性的四氟化硅和水。

$$SiO_2+4HF \xlongequal{} SiF_4\uparrow+2H_2O$$

二氧化硅是玻璃的主要成分，氢氟酸能腐蚀玻璃。因此，通常用塑料容器来贮存氢氟酸，而不能用玻璃容器贮存。根据氢氟酸的这一特殊性质，可以用它来刻蚀玻璃或溶解各种硅酸盐。

(2) 卤素的含氧酸及其盐

氟不形成含氧酸及其盐。氯、溴、碘能形成多种含氧酸及其盐。卤素的含氧化合物中以氯的含氧化合物最为重要。氯能形成次氯酸 HClO、亚氯酸 $HClO_2$、氯酸 $HClO_3$ 和高氯酸 $HClO_4$。

卤素含氧酸及其盐最突出的性质是氧化性。含氧酸的氧化性强于其盐。

次氯酸作氧化剂时，本身被还原为 Cl^-，具有很强的氧化性。当 HClO 见光分解后，产生原子状态的氧具有强烈的氧化、漂白和杀菌的能力。次氯酸盐具有氧化性和漂白作用。

氯酸是强酸，其强度接近于盐酸和硝酸，也是一种强氧化剂，但其氧化性不如 HClO。

高氯酸是无机酸中最强的酸，具有强氧化性。

(3) 卤素的几种化合物

氯化钠　俗名食盐，它是人类生活中不可缺少的物质，日常生活中可用食盐调味或作防腐剂等。医疗上用的生理盐水就是 0.9% 的氯化钠溶液。食盐还可用作化工原料，用于制取金属钠、氯气、氢氧化钠、纯碱等化工产品。

利用蒸发、浓缩的方法，用海水晒盐或从盐井获得卤水煮盐，即可得到粗盐。粗盐经过再结晶得到精盐。

溴化银和碘化银　$AgNO_3$溶液分别跟 NaBr、KI 起反应，可分别生成 AgBr 和 AgI。AgBr 和 AgI 都不溶于稀硝酸。

$$NaBr + AgNO_3 \xlongequal{} AgBr\downarrow(浅黄) + NaNO_3$$

$$KI + AgNO_3 \xlongequal{} AgI\downarrow(黄色) + KNO_3$$

溴化银和碘化银有感光性，在光照射下起分解反应。例如：

$$2AgBr \xlongequal{光照} 2Ag + Br_2$$

课题 3　氧和硫

【教学目标】

(1) 掌握臭氧、过氧化氢性质。

(2) 掌握硫的氧化物、含氧酸及其盐的一般性质及用途。

【教学重点】

(1) 臭氧、过氧化氢的性质。

(2) 硫的含氧酸及其盐的性质。

【教学难点】

(1) 臭氧、过氧化氢的性质。

(2) 硫的含氧酸及其盐的性质。

【知识回顾】

氧(O)、硫(S)是周期表ⅥA 族的氧族元素。其中氧是地壳中分布最广的元素。在自然界中氧和硫能以单质存在，由于很多金属在地壳中以氧化物和硫化物的形式存在，故这两种元素称为成矿元素。

1. 氧、臭氧、过氧化氢

(1) 氧　O_2是无色、无臭的气体。常温下在 1L 水中只能溶解 49mL 氧气，这是水中各种生物赖以生存的重要条件。因此，防止水的污染，维持水中正常含氧量，形成良好的生态环境，正日益为人们所重视。

常温下，氧的性质很不活泼，仅能使一些还原性强的物质，如 NO，$SnCl_2$、KI、H_2SO_3等氧化，加热条件下，除卤素、少数贵金属(Au、Pt)以及稀有气体，氧几乎与所有的元素直接化合成相应的氧化物。

工业上通过液态空气的分离来制取氧气，用电解的方法也可以制得氧气。实验室常利用氯酸钾的热分解制备氧气。

(2) 臭氧　臭氧 O_3是氧气 O_2的同素异形体。臭氧在地面附近的大气层中含量极少，而在大气层的最上层形成了一层臭氧层。臭氧层能吸收太阳光的紫外辐射，成为保护地球上的生命免受太阳强辐射的天然屏障。对臭氧层的保护已成为全球性的任务。

臭氧分子比氧气易溶于水。

与氧气相反，臭氧是非常不稳定的，在常温下缓慢分解。纯的臭氧容易爆炸。臭氧的氧化性比O_2强。利用臭氧的氧化性以及不容易导致二次污染这一优点，可用臭氧来净化废气和废水。臭氧可用作杀菌剂，用臭氧代替氯气作为饮用水消毒剂，其优点是杀菌快而且消毒后无味。臭氧又是一种高能燃料的氧化剂。

(3) 过氧化氢　过氧化氢H_2O_2俗称双氧水，沸点比水高，H_2O_2与水能以任意比例相混溶。

过氧化氢是一种极弱的酸，既有氧化性，又有还原性，H_2O_2无论是在酸性还是在碱性溶液中都是强氧化剂。

例如：

$$2I^- + H_2O_2 + 2H^+ = I_2 + 2H_2O$$

H_2O_2的还原性较弱，只有当H_2O_2与强氧化剂作用时，才能被氧化而放出O_2。

例如：$2KMnO_4 + 5H_2O_2 + 3H_2SO_4 = 2MnSO_4 + 5O_2\uparrow + K_2SO_4 + 8H_2O$

过氧化氢的主要用途是作为氧化剂使用，其优点是产物为H_2O，不会给反应系统引入其他杂质。工业上使用H_2O_2作漂白剂，医药上用稀H_2O_2作为消毒杀菌剂。纯H_2O_2可作为火箭燃料的氧化剂。

2. 硫及其化合物

(1) 硫　硫在地壳中是一种分布较广的元素。它在自然界以两种形式出现——单质硫及化合态的硫。天然硫化合物包括硫化物和硫酸盐两大类，如黄铁矿FeS_2，石膏$CaSO_4 \cdot 2H_2O$和芒硝$Na_2SO_4 \cdot 10H_2O$。

物理性质　硫通常是一种淡黄色的晶体，俗称硫黄，硫很脆，容易研成粉末，不溶于水，微溶于酒精，易溶于二硫化碳，把硫的蒸汽急剧冷却，不经液化直接凝成粉状固体，这种粉末状固体称为硫华。

化学性质　硫的结构与氧相似，化学性质也较活泼，能与许多金属直接化合生成相应的硫化物，也能与氢、氧等直接作用生成相应的化合物。例如：

硫跟铁反应生成黑色的硫化亚铁，跟铜反应生成黑色的硫化亚铜。

$$Fe + S \xlongequal{\triangle} FeS$$

$$2Cu + S \xlongequal{\triangle} Cu_2S$$

硫的蒸汽能跟氢气直接化合生成硫化氢气体。

$$S + H_2 \xlongequal{\triangle} H_2S$$

硫主要用来制硫酸，还可用于制造黑火药、烟 火、火柴、农药和硫黄软膏，等等。

(2) 硫化氢和氢硫酸　硫化氢(H_2S)是无色、臭鸡蛋味的气体，微溶于水，有毒，吸入后引起头痛、恶心、眩晕，严重中毒可致死亡，空气中允许最大浓为 0.01 mg/L。

实验室中常用硫化亚铁与稀盐酸反应来制备H_2S：

$$FeS + 2HCl = FeCl_2 + H_2S\uparrow$$

硫化氢溶于水后生成氢硫酸，氢硫酸是一种二元弱酸。

硫化氢具有还原性，例如：

$$2H_2S + O_2 = 2H_2O + 2S\downarrow$$

$$2Fe^{3+} + H_2S \longequal 2Fe^{2+} + 2H^+ + S\downarrow$$

$$Cl_2 + H_2S \longequal 2HCl + S\downarrow$$

(3) 二氧化硫　二氧化硫是没有颜色而有刺激性气味的有毒气体，二氧化硫是酸性氧化物，易溶于水生成亚硫酸(H_2SO_3)。

$$SO_2 + H_2O \longequal H_2SO_3$$

亚硫酸不稳定，容易分解生成水和二氧化硫。

$$H_2SO_3 \longequal H_2O + SO_2\uparrow$$

在二氧化硫中，硫呈+4 价，既有氧化型，又具有还原型。

$$SO_2 + 2H_2S \longequal 3S\downarrow + 2H_2O$$

在适当温度并有催化剂存在的条件下，二氧化硫可以被氧气氧化，生成三氧化硫。三氧化硫也可以分解生成二氧化硫和氧气。在此反应中，二氧化硫是还原剂。

$$2SO_2 + O_2 \underset{\text{加热}}{\overset{\text{催化剂}}{\rightleftharpoons}} 2SO_3$$

二氧化硫具有漂白性，能漂白某些有色物质。工业上常用二氧化硫来漂白纸浆、毛、丝、草帽辫等。二氧化硫的漂白作用是由于它能跟某些有色物质化合而生成不稳定的无色物质。这种无色物质容易分解而使有色物质恢复原来的颜色。用二氧化硫漂白过的草帽辫日久渐渐变成黄色，就是因为这个缘故。

(4) 硫酸

物理性质　硫酸是无色油状液体，易溶于水，能以任意比与水混溶。浓硫酸溶于水时放出大量的热，稀释浓硫酸时必须在不断搅拌的情况下，将浓硫酸缓慢倒入水中。

化学性质

酸性　硫酸在水溶液里容易电离生成氢离子。

$$H_2SO_4 \longequal 2H^+ + SO_4^{2-}$$

硫酸是一种难挥发的强酸，具有酸的通性。

浓硫酸的吸水性、脱水性和氧化性是它的三大特性。

浓硫酸有吸水性　浓硫酸能吸收空气中的水分。因此，在实验室中常用浓硫酸来干燥不与它起反应的气体。

浓硫酸有脱水性　浓硫酸能按水的组成比脱去纸屑、棉花、锯末等有机物中的氢、氧元素，使这些有机物发生变化，生成黑色的碳。浓硫酸对有机物有强烈的腐蚀性，如果皮肤沾上浓硫酸，会引起严重的灼烧。所以，当不慎在皮肤上沾上浓硫酸时，不能先用水冲洗，而要用干布迅速拭去，再用大量水冲洗。

浓硫酸具有氧化性　浓硫酸能与铜在加热时能发生反应，放出二氧化硫气体。反应后生成物的水溶液显蓝色，说明铜与浓硫酸反应时被氧化成了 Cu^{2+}。

$$2H_2SO_4(\text{浓}) + Cu \overset{\triangle}{=\!=\!=} CuSO_4 + 2H_2O + SO_2\uparrow$$

在常温下，浓硫酸与某些金属，如铁、铝等接触时，能使金属表面生成一薄层致密的氧化物薄膜，从而阻止内部的金属继续跟硫酸发生反应(这种现象称为钝化)。因此，冷的浓硫酸可以用铁或铝的容器贮存。但是，在受热的情况下，浓硫酸不仅能够跟铁、铝起反应，还能够跟大多数金属起反应。

浓硫酸还能跟一些非金属发生氧化还原反应，例如：

$$2H_2SO_4(\text{浓}) + C \overset{\triangle}{=\!=\!=} CO_2\uparrow + 2H_2O + 2SO_2\uparrow$$

(5) 硫酸根离子的检验　检验溶液中是否含有 SO_4^{2-} 时常常先用盐酸(或稀硝酸)把溶液酸化,以排除 CO_3^{2-} 等可能造成的干扰,再加入 $BaCl_2$ 或 $Ba(NO_3)_2$ 溶液,如果有白色沉淀出现,则说明原溶液中有 SO_4^{2-} 存在。

$$SO_4^{2-}+Ba^{2+}=BaSO_4\downarrow(\text{白色})$$

课题4　氮

【教学目标】

掌握氮及其化合物的性质。

【教学重点】

氮的化合物的性质。

【教学难点】

氮的化合物的性质。

【知识回顾】

元素周期表中第VA族元素,称为氮族元素,氮族元素包括氮(N)、磷(P)、砷(As)、锑(Sb)、铋(Bi)五种元素。

1. 氮及其化合物

(1) 氮

氮主要以单质存在于大气中,约占空气体积的78%。工业上以空气为原料大量生产氮气。除了土壤中含有一些铵盐、硝酸盐,氮以无机化合物的形式存在于自然界很少。而氮普遍存在于有机体中,是组成动植物体蛋白质和核酸的重要元素。

在常温常压下,氮气的化学性质很不活泼,跟大多数物质不起反应,氮气常用来隔离周围空气,保护那些暴露于空气中易被氧化的物质和挥发性易燃烧的液体,做化学反应的介质气体,农用氮气充填粮仓可达到安全长期保管粮食的目的。但在高温、高压或放电条件下,氮气能跟氢气、氧气或某些金属发生化学反应。

氮气跟氢气反应

$$N_2+3H_2\underset{\text{高温高压}}{\overset{\text{催化剂}}{\rightleftharpoons}}2NH_3$$

工业上氨的制备是用氮气和氢气在高温高压和催化剂存在下合成的。

氮气跟氧气反应

$$N_2+O_2\overset{\text{放电}}{=}2NO$$

生成的NO在常温下易跟空气中的氧气化合,生成红棕色且有刺激性气味的 NO_2. NO_2 易溶于水生成硝酸和NO。

$$2NO+O_2=2NO_2$$

$$3NO_2+H_2O=\!=\!=2HNO_3+NO$$

因此，工业上利用这个反应原理来制取 HNO_3.雷雨时大气中常有 HNO_3随雨水淋洒到地上，跟土壤中的矿物作用，生成能被植物吸收的硝酸盐类，这样就使土壤从空气中得到氮肥，促进植物的生长。

(2) 氨

在实验室常用铵盐和碱共热来制备：

$$(NH_4)_2SO_4+2NaOH\xlongequal{\triangle}2NH_3\uparrow+Na_2SO_4+2H_2O$$

氨在常温下是一种无色有刺激性气味的气体，极易溶于水。其水溶液称为氨水，氨水呈弱碱性。氨可作制冷剂。

氨跟水反应　NH_3溶于水中，大部分跟水结合成一水合氨($NH_3\cdot H_2O$)，$NH_3\cdot H_2O$可以部分电离成 NH_4^+和 OH^-，所以氨水显弱碱性。

$NH_3\cdot H_2O$不稳定，受热分解生成氨和水。

$$NH_3\cdot H_2O\xlongequal{\triangle}NH_3\uparrow+H_2O$$

氨跟酸反应　当浓氨水遇到浓盐酸时，即有大量白烟产生，这是氨水里挥发出的氨跟盐酸里挥发出的氯化氢化合生成微小的 NH_4Cl 晶体。

$$NH_3+HCl=\!=\!=NH_4Cl$$

NH_3也能跟 HNO_3或 H_2SO_4化合生成硝酸铵或硫酸铵。

$$NH_3+HNO_3=\!=\!=NH_4NO_3$$

$$2NH_3+H_2SO_4=\!=\!=(NH_4)_2SO_4$$

氨跟氧气反应　在催化剂(如铂 、氧化铁等)存在下，氨能跟氧气反应生成一氧化氮和水。

(3) 铵盐

铵盐是氨与酸进行化合反应得到的产物，铵盐中均含有 NH_4^+。铵盐一般为无色晶体，是强电解质，易溶于水，加热易分解。

$$NH_4Cl\xlongequal{\triangle}NH_3\uparrow+HCl\uparrow$$

$$NH_4HCO_3\xlongequal{\triangle}NH_3\uparrow+CO_2\uparrow+H_2O\uparrow$$

(4) 氮的含氧酸及其盐

硝酸(HNO_3)是重要的无机酸之一，在工农业生产中有极重要的作用。硝酸可通过氨的催化氧化制得。

$$4NH_3+5O_2\xlongequal[700\sim900\ ℃]{Rt-Rh}4NO+6H_2O$$

$$2NO+O_2=\!=\!=2NO_2$$

$$3NO_2+H_2O=\!=\!=2HNO_3+NO$$

硝酸是无色液体，沸点较低(86 ℃)，易挥发，和水可以任意比例互溶，86%以上的硝酸有发烟现象，称为发烟硝酸。

不稳定性　受热易分解产生 NO_2而呈黄色，宜在棕色瓶中避光贮存。

$$4HNO\xlongequal{\triangle或光照}2H_2O+4NO_2+O_2\uparrow$$

氧化性　硝酸是强酸，具有强氧化性，且根据酸的浓度不同，氧化性不同。活泼金属同硝酸作用生成一层致密的氧化膜，阻止继续氧化，因此可用铁器盛装。浓硝酸与浓盐酸的混合物

(体积比 1∶3)称为王水,可溶解 Au,Pt 等贵金属。

$$3Cu+8HNO_3(稀)\xlongequal{\triangle}3Cu(NO_3)_2+2NO\uparrow+4H_2O$$

$$Cu+4HNO_3(浓)=Cu(NO_3)_2+2NO_2\uparrow+2H_2O$$

硝酸盐一般是硝酸作用于相应金属氧化物而制得,大多数是无色的晶体,易溶于水。硝酸盐分解,因金属离子不同而有差异,规律为:活泼金属(金属活动顺序表包括 Mg 以前金属元素)硝酸盐分解产生亚硝酸盐和氧气。

$$2NaNO_3=2NaNO_2+O_2\uparrow$$

较活泼金属(Mg 后包括 Cu 前金属)硝酸盐分解为金属氧化物,二氧化氮、氧气。

$$2Pb(NO_3)_2=2PbO+4NO_2\uparrow+O_2\uparrow$$

不活泼的金属(Cu 后金属)硝酸盐分解为金属单质、二氧化氮、氧气。

$$2AgNO_3=2Ag+2NO_2\uparrow+O_2\uparrow$$

课题 5　碳和硅

【教学目标】

掌握碳、硅及其化合物的性质。

【教学重点】

碳、硅及其化合物的性质。

【教学难点】

碳、硅及其化合物的性质。

【知识回顾】

1. 碳及其化合物

在自然界以单质状态存在的碳是金刚石和石墨,以化合物形式存在的碳有煤、石油、天然气、碳酸盐、二氧化碳等,动植物体内也含有碳。

金刚石和石墨是碳的最常见的两种同素异形体。

常温下碳不活泼,但加热时可与氢、氧、硫、酸、碱以及其他若干金属化合。碳在空气中加热时生成 CO_2 并放出大量热,空气不足时生成 CO。

$$C+O_2\xlongequal{\triangle}CO_2$$

(1) 二氧化碳

二氧化碳是无色、无臭和不助燃的气体,比空气重。二氧化碳在常温下不活泼,遇水可生成弱酸。

$$CO_2+H_2O\rightleftharpoons H_2CO_3$$

CO_2 用作冷冻剂、灭火剂,也是生产小苏打、纯碱和肥料(碳酸氢铵和尿素)的原料,在生产科研中 CO_2 常用作惰性介质。

(2) 碳酸及碳酸盐

二氧化碳溶于水形成碳酸。碳酸是二元弱酸。碳酸可成两种类型的盐:碳酸盐和碳酸氢盐。碱金属(锂除外)和铵的碳酸盐易溶于水,其他金属的碳酸盐难溶于水。

碳酸盐热稳定性较差,高温时分解:

$$CaCO_3 \xlongequal{\triangle} CaO + CO_2\uparrow$$

$$2NaHCO_3 \xlongequal{\triangle} Na_2CO_3 + CO_2\uparrow + H_2O$$

2. 硅及其化合物

(1) 硅

硅在地壳中含量仅次于氧,分布很广,主要以二氧化硅和硅酸盐形态存在。高纯的单晶硅是重要的半导体材料。

硅在常温下不活泼(与 F_2 的反应除外)。高温下硅的反应活性增强,它与氧反应生成 SiO_2;与卤素、N、C、S 等非金属作用,生成相应的二元化合物。硅能与强碱、氟反应生成相应的化合物 Na_2SiO_3,SiF_4。

$$Si + 2NaOH + H_2O \xlongequal{\triangle} Na_2SiO_3 + 2H_2\uparrow$$

$$Si + 2F_2(\text{气体}) \xlongequal{} SiF_4\uparrow$$

硅不溶于盐酸、硫酸、硝酸和王水,但可与氢氟酸缓慢作用。

(2) 硅的含氧化物

硅的正常氧化物是二氧化硅 SiO_2。SiO_2 的化学性质很不活泼,氢氟酸是唯一可以使其溶解的酸,形成四氟化硅或氟硅酸:

$$SiO_2 + 4HF \xlongequal{} SiF_4 + 2H_2O$$

$$SiF_4 + 2HF \xlongequal{} H_2SiF_6$$

SiO_2 不溶于水,但与碱共熔转化为硅酸盐:

$$SiO_2 + 2NaOH \xlongequal{} Na_2SiO_3 + H_2O$$

与 Na_2CO_3 共熔也得到硅酸盐:

$$SiO_2 + Na_2CO_3 \xlongequal{\triangle} Na_2SiO_3 + CO_2\uparrow$$

(3) 硅酸

可溶性硅酸盐与酸作用生成硅酸:

$$SiO_3^{2-} + 2H^+ \xlongequal{} H_2SiO_3$$

硅酸不溶于水,有多种组成,习惯上把 H_2SiO_3 称为硅酸。硅酸是二元弱酸,其酸性比碳酸弱得多。

习题七

一、选择题

1. 下列物质中属于纯净物的是(　　)。

A. 氯水　　B. 液氯　　C. 漂白粉　　D. 盐酸

2. 下列物质中不能起漂白作用的是（　　）。

A. Cl_2　　B. $CaCl_2$　　C. HClO　　D. $Ca(ClO)_2$

3. 用氯酸钾制取氧气时，二氧化锰的作用是（　　）。

A. 氧化剂　　B. 还原剂

C. 催化剂　　D. 既不是氧化剂，又不是还原剂

4. 下列酸中能腐蚀玻璃的是（　　）

A. 氢氟酸　　B. 盐酸　　C. 硫酸　　D. 硝酸

5. 下列关于 Cl、Br、I 性质的比较，不正确的是（　　）。

A. 它们的核外电子层数依次增多

B. 被其他卤素单质从卤化物中置换出来的可能性依次增强

C. 它们的氢化物的稳定性依次增强

D. 它们的单质的颜色依次加深

6. 下列物质中，能使淀粉碘化钾溶液变蓝的是（　）。

A. 溴水　　B. KCl　　C. KBr　　D. KI

7. 下列物质中，同时含有氯分子、氯离子和氯的含氧化合物的是（　　）。

A. 氯水　　B. 液氯　　C. 次氯酸　　D. 次氯酸钙

8. 下列说法中，不正确的是（　　）。

A. 硫既可作为氧化剂，也可作为还原剂

B. 三氧化硫只有氧化性，二氧化硫只有还原性

C. 可用铁罐贮运冷的浓硫酸

D. 稀硫酸不与铁反应

9. 要得到相同质量的 $Cu(NO_3)_2$，下列反应消耗 HNO_3 的物质的量最大的是（　　）。

A. 铜和浓硝酸反应　　B. 铜和稀硝酸反应

C. 氧化铜和硝酸反应　　D. 氢氧化铜和硝酸反应

10. 使已变暗的古油画恢复原来的白色，使用的方法为（　　）。

A. 用稀 H_2O_2 水溶液擦洗　　B. 用清水小心擦洗

C. 用钛白粉细心涂描　　D. 用 SO_2 漂白

11. 在下列单质中，属于半导体的是（　　）。

A. O_2　　B. S　　C. Se　　D. Te

12. 在常温下，下列物质可盛放在铁制或铝制容器中的是（　　）。

A. 浓硫酸　　B. 稀硫酸　　C. 稀盐酸　　D. 溶液

13. 浓硫酸能与 C、S 等非金属反应，是因为它是（　　）。

A. 强酸　　B. 强氧化剂　　C. 脱水剂　　D. 吸水剂

14. 下列变化中可以说明 SO_2 具有漂白性的是（　　）。

A. SO_2 通入高锰酸钾酸性溶液中红色褪去

B. SO_2 通入品红溶液中红色褪去

C. SO_2 通入溴水溶液中红棕色褪去

D. SO_2 通入氢氧化钠与酚酞的混合溶液中红色褪去

15. 下列变化过程属于物理变化的是（　　）。

A. 活性炭使红墨水褪色　　B. 生石灰与水混合

C. 自然固氮　　D. 人工固氮

16. 下列气体中，既能用浓硫酸干燥，又能用氢氧化钠干燥的是（　　）。

A. H_2S　　B. N_2　　C. SO_2　　D. NH_3

17. 在某溶液中先滴加稀硝酸，再滴加氯化钡溶液，有白色沉淀产生，该溶液中（　　）。

A. 一定含有 SO_4^{2-}　　B. 一定含有 Ag^+

C. 一定含有 Ag^+ 和 SO_4^{2-}　　D. 可能含有 Ag^+ 和 SO_4^{2-}

18. 下列气体中，不会造成空气污染的是（　　）。

A. N_2　　B. NO　　C. NO_2　　D. CO

19. 硝酸应避光保存是因为它具有（　　）。

A. 强酸性　　B. 强氧化性　　C. 挥发性　　D. 不稳定性

20. 将 H_2O_2 加到 H_2SO_4 酸化的 $KMnO_4$ 溶液中，放出氧气，H_2O_2 的作用是（　　）。

A. 氧化 $KMnO_4$　　B. 氧化 H_2SO_4

C. 还原 $KMnO_4$　　D. 还原 H_2SO_4

21. 下列关于 NO 的说法正确的是（　　）。

A. NO 是红棕色气体　　B. 常温下氮气与氧气反应可生成 NO

C. NO 溶于水可以生成硝酸　　D. NO 是汽车尾气的有害成分之一

22. 关于氨的下列叙述中，错误的是（　　）。

A. 氨是一种制冷剂　　B. 氨是红棕色气体

C. 氨极易溶于水　　D. 氨水是弱碱

23. 氮分子的结构很稳定的原因是（　　）。

A. 氮分子是双原子分子

B. 在常温、常压下，氮分子是气体

C. 氮是分子晶体

D. 氮分子中有三个共价键，其键能大于一般的双原子分子

24. 下列反应中硝酸既表现出了强氧化性又表现了酸性的是（　　）。

A. 氧化铁与硝酸反应　　B. 氢氧化铝与硝酸反应

C. 木炭粉与浓硝酸反应　　D. 铜与硝酸反应

25. 下面有关硅的叙述中，正确的是（　　）。

A. 硅原子既容易失去电子又容易得到电子，主要形成四价的化合物

B. 硅是构成矿物和岩石的主要元素，硅在地壳中的含量在所有的元素中居第一位

C. 硅的化学性质不活泼，在自然界中可以以游离态存在

D. 硅在电子工业中，是最重要的半导体材料

二、填空题

1. 氧的同素异形体是________和________，其中________比________氧化能力更强。

2. 硫单质是________色晶体，它不溶于________，微溶于________，易溶于________。

3. 浓硫酸可以干燥二氧化碳、氢气、氧气、氯化氢等气体，是利用了浓硫酸的________性；浓硫酸“炭化”蔗糖时，表现了________性。

4. 硝酸的稳定性________。常温下，浓硝酸见光或受热能________，所以它应盛放在________瓶中，储放在________而且________的地方。

三、判断题

1. 在氯水、液氯和含氯的空气中，都含有氯单质。 (　　)
2. 盐酸就是液态氯化氢。 (　　)
3. 氯气不能使干燥的有色布条褪色，液氯能使干燥的有色布条褪色。 (　　)
4. 浓 H_2SO_3 与 H_2O_2 两物质能够共存。 (　　)
5. 实验室内不能长久保存 H_2S、Na_2S 和 Na_2SO_3 溶液。 (　　)
6. 蔗糖中加入浓硫酸，变成多孔的炭，这是由于浓硫酸具有强吸水性。 (　　)
7. HNO_3 在放置过程中会分解：$4HNO_3 = 2H_2O + 4NO_2\uparrow + O_2\uparrow$。 (　　)
8. SO_2 和 Cl_2 的漂白机理不相同。 (　　)
9. 能用氢氟酸清除钢件的沙粒，即可发生：$4HF + SiO_2 \longrightarrow SiF_4\uparrow + H_2O$。 (　　)
10. 干燥 H_2S 气体，通常选用 NaOH 作干燥剂。 (　　)

四、按要求回答问题

1. 一艘专门装运浓 H_2SO_4 的铁贮罐船，常年使用难免有酸的滴漏，工人往往用水冲洗。一次船体检修，把酸罐吊起，对被腐蚀的铁板进行切割、焊接，刚一点火，立即发生爆炸，为什么？

2. I_2 难溶于纯水，却易溶于 KI 溶液。为什么？

3. 润湿的 KI—淀粉试纸遇到 Cl_2 显蓝紫色，但该试纸继续与 Cl_2 接触，蓝紫色又会褪去，用相关的反应式解释上述现象。

4. 用漂白粉漂白物件时，常采用以下操作：

(1) 将物件放入漂白粉溶液，然后取出暴露在空气中；(2) 将物件浸在盐酸中；试说明每步处理的作用，并写出相应的反应方程式。

习题七　参考答案

一、选择题

1. B　2. B　3. C　4. A　5. C　6. A　7. A　8. B　9. B　10. D
11. D　12. A　13. B　14. B　15. A　16. B　17. D　18. A　19. D　20. C
21. D　22. B　23. D　24. D　25. D

二、填空题

1. O_2、O_3、O_3、O_2
2. 淡黄、水、酒精、二硫化碳
3. 吸水性、脱水性
4. 弱、分解、棕色、黑暗、阴凉

三、判断题

1. √　2. ×　3. ×　4. ×　5. √　6. ×　7. √　8. √　9. √　10. ×

四、按要求回答问题

1. 答:浓 H_2SO_4 用水冲洗成为稀 H_2SO_4,与铁反应生成 H_2,遇明火发生爆炸。

2. 答:碘难溶于水,但易溶于碘化物溶液(如 KI)。盐的浓度越大,溶解的碘越多,溶液的颜色越深。这是由于 I_2 与 I^- 形成了易溶于水的 I_3^-:

$$I_2 + I^- \rightleftharpoons I_3^-$$

3. 答:Cl_2 置换润湿的 KI 生成 I_2,使湿润的 KI—淀粉试纸变蓝,该试纸继续与 Cl_2 接触,Cl_2 与水生成次氯酸,次氯酸的漂白作用所以蓝紫色又会褪去。

4. 答:(1) $Ca(ClO)_2 + CO_2 + H_2O = CaCO_3 \downarrow + 2HClO$

(2) $CaCO_3 + 2HCl = CaCl_2 + CO_2 \uparrow + H_2O$

第八章　几种重要的金属及其化合物

课题1　金属的通性

【教学目标】

1. 了解金属的物理通性。
2. 掌握金属的化学性质。

【教学重点】

金属的化学性质。

【教学难点】

金属的化学性质。

【知识回顾】

一、金属的通性

已经发现的112种元素中，非金属有22种，金属有90种，约占整个元素的五分之四。金属元素的分类：①冶金工业分类法：黑色金属：铁、铬、锰三种；有色金属：铁、铬、锰以外的全部金属。②根据密度分类法：轻金属（密度小于4.5 g/cm^3）：钾、钠、钙、镁、铝等；重金属（密度大于4.5 g/cm^3）：锌、铁、锡、铅、铜等。③还可以把金属分为：常见金属：如铁、铝、铜、锌等；稀有金属：如锆、铪、铌、钽等。

1. 金属的物理通性

由于金属单质都属于金属晶体，因此决定某些相同的物理性质。

① 颜色：大多数为金属光泽——银白色，少数有特殊色[铯、钡：略带微金色光泽；铅：蓝白；铋：银白色或微显红色；铜：紫红色（或红色）；金为黄色，锗为灰白色]，块状金属有金属光泽，有些粉末状金属呈黑色或暗灰色（银屑为黑色）。

② 状态：常温下为固体（汞除外）。

③ 硬度：一般较大，但差别较大，最硬的是铬，除汞液态外，最软的金属是铯，碱金属均可用小刀切割开。

④ 密度:除锂、钠、钾较水轻外,其余密度均较大,最轻的是锂,最重的是铂、金。

⑤ 熔点:一般均较高,但差异较大,最难熔的金属是钨,熔点最低是汞。

⑥ 特性:具有良好的导热导电性,导电性最好是银、铜、铝;大多数有延性和展性,延性最好的是铂,展性最好的是金。

⑦ 金属的焰色反应　碱金属和碱土金属及铜等金属单质或其化合物在火焰上灼烧时,会使火焰呈现特殊的颜色,这种现象称为焰色反应。根据焰色反应呈现的特殊颜色,可鉴定某种金属或金属离子的存在。

2. 金属的化学性质

(1) 金属与氧气的反应

金属	条件	现象	化学方程式或结论
镁	常温下(空气中)	在空气中表面逐渐变暗,生成白色固体	$2Mg+O_2 = 2MgO$
	点燃时(空气中)	剧烈燃烧,发出耀眼白光,生成白色固体	$2Mg+O_2 \xlongequal{点燃} 2MgO$
铝	常温下(空气中)	在空气中表面逐渐变暗,生成致密的氧化膜	$4Al+3O_2 = 2Al_2O_3$
	点燃(氧气中)	火星四射,放出大量的热,生成白色固体	$4Al+3O_2 \xlongequal{点燃} 2Al_2O_3$
铁	常温(干燥空气)	无明显现象	很难与 O_2 反应
	常温(潮湿空气)	铁和空气中的氧气、水共同作用生成比较疏松的暗红色物质——铁锈	铁锈主要成分 $Fe_2O_3 \cdot xH_2O$
	点燃(氧气中)	剧烈燃烧,火星四射,生成黑色固体,放出大量的热	$3Fe+2O_2 \xlongequal{点燃} Fe_3O_4$
铜	常温(干燥空气)	无明显现象	几乎不与氧气反应
	加热(空气中)	红色固体逐渐变成黑色	$2Cu+O_2 \xlongequal{\triangle} 2CuO$
	常温(潮湿空气)	铜和空气中的氧气、水、二氧化碳反应生成一种绿色物质	碱式碳酸铜(俗称铜绿):$Cu_2(OH)_2CO_3$
金	高温	无明显现象	不与氧气反应
结论	大多数金属都能与氧气发生反应,但反应的难易和剧烈程度不同		

注意:铝、锌虽然化学性质比较活泼,但是它们在空气中与氧气反应表面生成致密的氧化膜,阻止内部的金属进一步与氧气反应。因此,铝、锌具有很好的抗腐蚀性能。

(2) 金属与酸的反应:金属活动顺序表中,位于氢前面的金属才能和稀盐酸、稀硫酸反应,放出氢气,但反应的剧烈程度不同。越左边的金属与酸反应速率越快,铜和以后的金属不能置换出酸中的氢。

金属+酸$\longrightarrow$盐$+H_2\uparrow$(注意化合价和配平)

$Mg+2HCl = MgCl_2+H_2\uparrow$　　$Mg+H_2SO_4 = MgSO_4+H_2\uparrow$

$2Al+6HCl = 2AlCl_3+3H_2\uparrow$　　$2Al+3H_2SO_4 = Al_2(SO_4)_3+3H_2\uparrow$

$Zn+2HCl = ZnCl_2+H_2\uparrow$　　$Zn+H_2SO_4 = ZnSO_4+H_2\uparrow$(实验室制取氢气)

$Fe+2HCl = FeCl_2+H_2\uparrow$(铁锅有利身体健康)(注意 Fe 化合价变化:$0\longrightarrow+2$)

$Fe+H_2SO_4 = FeSO_4+H_2\uparrow$（注意 Fe 化合价变化：$0\longrightarrow+2$）

注意：在描述现象时要注意回答这几点：金属逐渐溶解；有（大量）气泡产生；溶液的颜色变化。

(3) 金属与盐溶液的反应：金属活动顺序表中，前面的金属能将后面的金属从它的盐溶液中置换出来。（钾钙钠除外）

金属＋盐⟶新金属＋新盐

$Fe+CuSO_4 = Cu+FeSO_4$（铁表面被红色物质覆盖，溶液由蓝色逐渐变成浅绿色）

（注意 Fe 化合价变化：$0\rightarrow+2$） 不能用铁制器皿盛放波尔多液，湿法炼铜的原理

$Cu+2AgNO_3 = 2Ag+Cu(NO_3)_2$（铜表面被银白色物质覆盖，溶液由无色逐渐变成蓝色）

$Fe+2AgNO_3 = 2Ag+Fe(NO_3)_2$（铁粉除去硝酸银的污染，同时回收银）（注意 Fe 化合价变化：$0\longrightarrow+2$）

现象的分析：固体有什么变化，溶液颜色有什么变化。

(4) 置换反应：一种单质和一种化合物反应，生成另一种单质和另一种化合物的反应。

单质＋化合物⟶新单质＋新化合物　$A+BC\longrightarrow B+AC$

初中常见的置换反应：

① 活泼金属与酸反应：如 $Zn+H_2SO_4 = ZnSO_4+H_2\uparrow$

② 金属和盐溶液反应：如 $Fe+CuSO_4 = Cu+FeSO_4$

③ 氢气、碳还原金属氧化物：如 $H_2+CuO \overset{\triangle}{=} Cu+H_2O$　$C+2CuO \overset{高温}{=} 2Cu+CO_2\uparrow$

④ 金属活动顺序表

$$\underrightarrow{\text{K Ca Na Mg Al Zn Fe Sn Pb(H) Cu Hg Ag Pt Au}}$$

金属活动性由强到弱

应用：

(1) 在金属活动顺序表中，金属位置越靠前（即左边），金属的活动性越强。（即越靠近左边，金属单质越活泼，对应阳离子越稳定；越靠近右边，金属单质越稳定，对应阳离子越活泼。）

(2) 在金属活动顺序表中，位于氢前面的金属能将酸中的氢置换出来，氢以后不能置换出酸中的氢。

注意：

① 浓硫酸、硝酸除外，因为它们与金属反应得不到氢气。

② 铁和酸反应化合价变化：由 0 价→+2 价。

3. 在金属活动顺序表中，前面的金属能将后面的金属从它的盐溶液中置换出来。【可以理解为弱肉强食，弱的占位置（离子或化合物的位置）占不稳，被强的赶走；强的占位置占得稳，弱的不能将它赶走！】

注意：① K、Ca、Na 除外，因为它们太活泼，先和水反应。如 $2Na+2H_2O = 2NaOH+H_2\uparrow$

② 变价金属 Fe、Cu、Hg 发生这种置换反应，化合价变化：由 0 价→+2 价。

【例题解析】

例 1　Mg、Al 与足量的酸反应产生的氢气质量相等，则 Mg、Al 的质量比为（　　）。

分析：$Mg \sim H_2$　　　$\frac{2}{3}Al \sim H_2$

$24 \quad\quad 2$　　　$\frac{2}{3}\times27=18 \quad 2$

所以，Mg、Al 质量比为 24∶18=4∶3(即与转化为 2 价的金属相对原子质量成正比)。

例 2　相同质量的 Mg、Al 与足量的酸反应产生的氢气质量比为(　　)。

解析：令金属的质量为单位 1，则由关系式可得

Mg	～	H_2	$\frac{2}{3}$Al	～	H_2
24		2	$\frac{2}{3}\times27=18$		2
1		$x=2\times\frac{1}{24}$	1		$y=2\times\frac{1}{18}$

所以，产生氢气质量比为$\frac{1}{24}$∶$\frac{1}{18}$=3∶4(即与转化为 2 价的金属相对原子质量成反比)。

例 3　室温下，等质量的镁片和铝片分别与足量的稀硫酸反应，产生氢气的质量(m)与时间(t)的关系图正确的是(　　)。

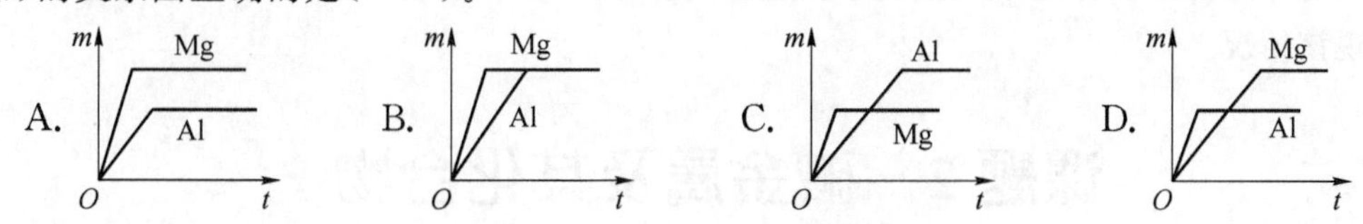

解析：由金属活泼性可得，Mg＞Al，所以镁比铝图像要陡；

Mg	～	H_2	$\frac{2}{3}$Al	～	H_2
24		2	18		2

所以，成反比 Al 产生氢气多，故选 C。

例 4　由两种金属组成的混合物共 20 g，与足量的稀盐酸充分反应后，共放出氢气 1 g，则原混合物可能是(　　)。

A. Zn 和 Cu　　B. Zn 和 Fe　　C. Zn 和 Mg　　D. Mg 和 Al

解析：选 C。

方法 1：极值法　假设 20g 全部是一种金属，应该放出氢气的质量如下：

Zn	～	H_2	Cu 产生氢气为 0	Fe	～	H_2	Mg	～	H_2	$\frac{2}{3}$Al	～	H_2
65		2		56		2	24		2	18		2
20 g	≤	1 g		20 g		≤1 g	20 g		≥1 g	20 g		≥1 g

方法 2：极值法　假设 1 g 氢气全部是一种金属产生的，应该需要的金属质量如下：

Zn	～	H_2	不论多少铜都	Fe	～	H_2	Mg	～	H_2	$\frac{2}{3}$Al	～	H_2
65		2	不能产生 1 g 氢气	56		2	24		2	18		2
$\underline{32.5}$ g		1 g	铜＞20 g	$\underline{28}$ g		1 g	$\underline{12}$ g		1 g	$\underline{9}$ g		1 g

例 5　在 $AgNO_3$ 和 $Cu(NO_3)_2$ 的混合溶液中加入一定量的铁粉，充分反应后，过滤，下列情况不可能成立的是(　　)。

A. 滤液成分为 Fe^{2+}、Ag^{+} 和 Cu^{2+}，滤渣成分为 Ag

B. 滤液成分为 Fe^{2+} 和 Cu^{2+}，滤渣成分为 Ag 和 Cu

C. 滤液成分为 Fe^{2+} 和 Cu^{2+}，滤渣成分为 Ag、Cu 和 Fe

D. 滤液成分为 Fe^{2+} 和 Cu^{2+}，滤渣成分为 Ag

解析：发生两个反应先后顺序为：$Fe+2AgNO_3 = 2Ag+Fe(NO_3)_2$ ①

$Fe+Cu(NO_3)_2 = Cu+Fe(NO_3)_2$ ②

可能出现的情况：

(1) ①中 Fe 不足，②不发生。滤液：Fe^{2+}、Ag^{+}和Cu^{2+}。滤渣：Ag。

(2) ①恰好完全反应，②不发生。滤液：Fe^{2+}和Cu^{2+}。滤渣：Ag。

(3) ①反应后，②中 Fe 不足。滤液：Fe^{2+}和Cu^{2+}。滤渣：Ag、Cu。

(4) ①反应后，②恰好完全反应。滤液：Fe^{2+}。滤渣：Ag、Cu。

(5) ①②反应后，Fe 过量。滤液：Fe^{2+}。滤渣：Ag、Cu、Fe。

【小结】

分析反应后的成分问题，我们应该考虑生成什么，剩余什么？

这种类型的题目，我们首先写出化学方程式，第一个反应一定发生，一定有 Ag 和Fe^{2+}，其余成分只需考虑滤液和滤渣不发生化学反应即可。本题中 C 选项 Fe 能和Cu^{2+}反应，所以不可能出现该情况。

课题 2　碱金属及其化合物

【教学目标】

(1) 了解碱金属及其化合物的物理性质。

(2) 掌握碱金属及其化合物的化学性质。

【教学重点】

碱金属及其化合物的化学性质。

【教学难点】

碱金属及其化合物的化学性质。

【知识回顾】

一、碱金属

碱金属是元素周期表中第 IA 族元素锂、钠、钾、铷、铯、钫六种金属元素的统称，也是它们对应单质的统称。（钫因为是放射性元素所以通常不予考虑）因它们的氢氧化物都易溶于水（除 LiOH 溶解度稍小外），且呈强碱性，故此命名为碱金属。

碱金属都是银白色的（铯略带金黄色），比较软的金属，密度比较小，熔点和沸点都比较低。他们生成化合物时都是正一价阳离子，碱金属原子失去电子变为离子时最外层一般是 8 个电子，但锂离子最外层只有 2 个电子，碱金属都能和水发生激烈的反应，生成强碱性的氢氧化物。

1. 钠

(1) 钠的物理性质：钠是银白色金属，密度小（$0.97\ g/cm^3$），熔点低（97 ℃），硬度小，质软，可用刀切割。钠通常保存在煤油中。是电和热的良导体。

(2) 钠的化学性质：从原子结构可知钠是活泼的金属单质。

① 钠与非金属单质反应：

常温：$4Na+O_2 = 2Na_2O$，加热：$2Na+O_2 = Na_2O_2$；

$2Na+Cl_2 = 2NaCl$；$2Na+S = Na_2S$ 等。

② 钠与水反应：$2Na+2H_2O = 2NaOH+H_2\uparrow$；

实验现象：钠浮在水面上，熔成小球，在水面上游动，有哧哧的声音，最后消失，在反应后的溶液中滴加酚酞，溶液变红。

注意：钠在空气中的变化：银白色的钠变暗(生成了氧化钠)、变白(生成氢氧化钠)、潮解，变成白色固体(生成碳酸钠)。

③ 钠与酸反应：如 $2Na+2HCl = 2NaCl+H_2\uparrow$，Na 放入稀盐酸中，是先与酸反应，酸不足再与水反应。因此 Na 放入到酸溶液中 Na 是不可能过量的。同时 Na 与 H_2 的物质的量比始终是 2∶1。当然反应要比钠与水的反应剧烈多。

④ 钠与盐的溶液反应：钠不能置换出溶液中的金属，钠是直接与水反应。反应后的碱再与溶液中的其他物质反应。如钠投入到硫酸铜溶液的反应式：$2Na+CuSO_4+2H_2O = Cu(OH)_2\downarrow+Na_2SO_4+H_2\uparrow$。

⑤ 钠与氢气的反应：$2Na+H_2 = 2NaH$。$NaH+H_2O = NaOH+H_2\uparrow$；NaH 是强的还原剂。

(3) 工业制钠：电解熔融的 NaCl，$2NaCl(熔融) = 2Na+Cl_2\uparrow$。

(4) 钠的用途：①在熔融的条件下钠可以制取一些金属，如钛、锆、铌、钽等；②钠钾合金是快中子反应堆的热交换剂；③钠蒸气可作高压钠灯，发出黄光，射程远，透雾能力强。

2. 钠的重要化合物

氧化钠和过氧化钠

(1) Na_2O：白色固体，是碱性氧化物，具有碱性氧化物的通性：

$Na_2O+H_2O = 2NaOH$，$Na_2O+CO_2 = Na_2CO_3$，

$Na_2O+2HCl = 2NaCl+H_2O$。另外：加热时，$2Na_2O+O_2 = 2Na_2O_2$。

(2) Na_2O_2：淡黄色固体是复杂氧化物，易与水、二氧化碳反应放出氧气。

$2Na_2O_2+2H_2O = 4NaOH+O_2\uparrow$，$2Na_2O_2+2CO_2 = 2Na_2CO_3+O_2\uparrow$(作供氧剂)。

因此 Na_2O_2 常做生氧剂，同时，Na_2O_2 还具有强氧化性，有漂白作用。如实验：Na_2O_2 和水反应后的溶液中滴加酚酞，变红后又褪色，实验研究表明是有：$Na_2O_2+H_2O = 2NaOH+H_2O_2$，$2H_2O_2 = 2H_2O+O_2$ 反应发生。因为 H_2O_2 也具有漂白作用。当然过氧化钠也可以直接漂白的。

(3) 碳酸钠和碳酸氢钠

1) 溶液中相互转化 Na_2CO_3 溶液能吸收 CO_2 转化为 $NaHCO_3$

$$Na_2CO_3+H_2O+CO_2 = 2NaHCO_3$$

除 CO_2 中的 HCl 杂质是用饱和的 $NaHCO_3$ 溶液，而不用 Na_2CO_3 溶液。用在玻璃、肥皂、合成洗涤剂、造纸、纺织、石油、冶金等工业中。发酵粉的主要成分之一；制胃酸过多等。

2) 注意几个实验的问题：

① 向饱和的 Na_2CO_3 溶液中通足量的 CO_2 有晶体 $NaHCO_3$ 析出。

② Na_2CO_3 溶液与稀 HCl 的反应。

3) 向 Na_2CO_3 溶液中滴加稀 HCl，先无气体，后有气体，如果 $n(HCl)$ 小于 $n(Na_2CO_3)$ 时

反应无气体放出。发生的反应：先①Na_2CO_3 + HCl ══ NaCl + $NaHCO_3$，后②$NaHCO_3$ + HCl ══ NaCl + H_2O + CO_2。

4）向稀 HCl 中滴加 Na_2CO_3溶液，先有气体，反应是：Na_2CO_3 + 2HCl ══ 2NaCl + H_2O + CO_2。如果用 2 mol 的 Na_2CO_3和 2.4 mol 的稀 HCl 反应，采用①方法放出 CO_2是 0.4 mol；采用②方法放出 CO_2为 1.2 mol。希望同学们在解题时要留意。

5）Na_2CO_3溶液和 $NaHCO_3$溶液的鉴别：取两种试液少量，分别滴加 $CaCl_2$或 $BaCl_2$溶液，有白色沉淀的原取溶液为 Na_2CO_3，另一无明显现象的原取溶液为 $NaHCO_3$。

3. 钠及其重要化合物的相互转化关系

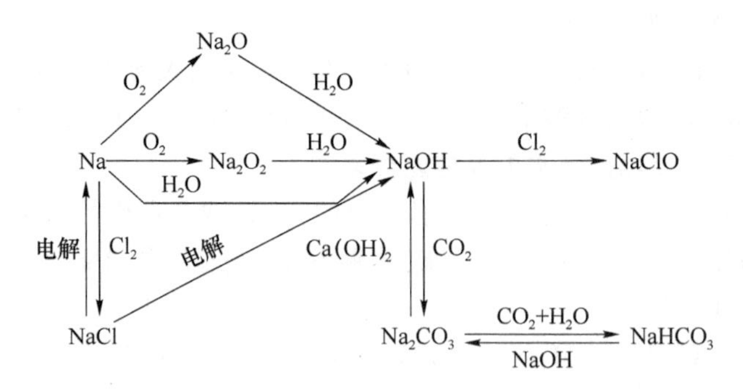

【例题解析】

例 1　金属钠在空气里燃烧，产物为（　　）。

A. 白色粉末 Na_2O　　B. 淡黄色粉末　　C. Na_2CO_3　　D. NaOH

解析：钠在空气里燃烧，除了氧气和钠反应，生成生成淡黄色的过氧化钠外，还有氮气也要和钠反应，生成氮化物，但是却没有碳酸钠和氢氧化钠生成。所以答案为 B。

例 2　关于 Na^+的叙述正确的是（　　）。

A. 导热性好　　B. 与水剧烈反应

C. 具有金属光泽　　D. 具有很弱的氧化性

解析：金属钠的性质和 Na^+的性质是不同的，金属钠由于其原子最外层只有一个电子，很容易失去，所以具有很强的还原性，所以能与水剧烈反应，由于是金属单质，所以具有金属光泽，并且由于金属中存在自由电子，所以是良导体，导热，导电性好，但当最外层电子失去后形成了 Na^+，就没有还原性了，只具有很微弱的氧化性，所以答案应该是 D。

例 3　Na 与水反应的现象，与钠的下列性质无关的是（　　）。

A. 熔点低　　B. 密度比水小

C. 很软　　D. 具有很强的还原性

解析：钠与水反应的现象是：浮在水面上，说明钠的密度比水小。在水面上游动，说明有气体生成。发出"嗞嗞"的响声，说明反应剧烈，钠具有很强的还原性。融化成一个小球，说明钠与水反应是一个放热过程，并且钠的熔点很低。放有酚酞的水变成红色，说明生成了碱。根据上面，所以无关的是 C。

例 4　下列说法正确的是（　　）。

A. 钠在空气中燃烧生成氧化钠

B. Na_2O 和 Na_2O_2都能与水反应放出氧气

C. 钠与硫能剧烈反应

D. 1 个钠离子与 1 个水分子含有相同数目的质子数和电子数

解析：钠在空气中燃烧生成的是过氧化物，所以A不对。Na_2O和Na_2O_2都能与水反应，但Na_2O不放出氧气。钠具有很强的还原性，硫具有氧化性，所以能剧烈反应。钠离子的质子数大于电子数，但水分子中质子数与电子数相等，所以D也不对。答案应该是C。

例5　过氧化钠与水反应，下列说法正确的是(　　)。

A. Na_2O_2是氧化剂，水是还原剂

B. Na_2O_2与水反应生成NaOH，所以Na_2O_2是碱性氧化物

C. 每摩尔Na_2O_2转移电子数为2 mol

D. Na_2O_2中氧是-1价，既得电子又失电子

解析：Na_2O_2中钠是+1价，氧是-1价，与水反应时，一个氧原子失去一个电子，一个氧原子得到一个电子，所以水既不是氧化剂又不是还原剂，每摩尔Na_2O_2转移了1 mol电子。虽然与水反应生成了碱，但同时还有O_2生成，所以Na_2O_2是不成盐氧化物，答案是D。

例6　下列物质长期放置于空气中易变质，但不属于氧化还原反应的是(　　)。

A. Na_2O　　B. Na_2O_2　　C. Na_2SO_3　　D. Na

解析：这些物质放置于空气中都易变质，Na_2O易与空气中的水蒸气、CO_2反应，生成NaOH、Na_2CO_3，但都属于复分解反应，不是氧化还原；Na_2O_2与空气中的水蒸气和CO_2反应，生成NaOH、Na_2CO_3和O_2，属于氧化还原反应；Na_2SO_3易被空气中的O_2氧化成Na_2SO_4，是氧化还原反应；Na与空气中的O_2反应，生成Na_2O，是氧化还原反应，所以答案为A。

例7　Na、Mg、Al各0.1 mol，分别投入到1 mol/L稀盐酸50 ml，充分反应后，放出的氢气(　　)。

A. 钠最多　　B. 铝最多　　C. 镁、铝一样多　　D. 三者一样多

解析：钠在常温下要和水反应，而镁、铝在常温下与水不反应，而金属都为0.1 mol，盐酸是0.05 mol，所以镁、铝与盐酸反应盐酸不足量，所以生成的氢气镁、铝一样多，但钠还要与水反应，所以钠产生的氢气最多。答案为A。

例8　已知煤油的密度为0.8 g/cm^3，试根据金属钠的保存方法和与水反应的现象，推测金属的密度为(　　)。

A 大于1.0 g/cm^3　　B. 小于0.8 g/cm^3

C. 介于0.8～1.0 g/cm^3　　D. 无法推测

解析：用煤油保存金属钠时，钠在煤油的下面，说明钠比煤油重，密度大于0.8 g/cm^3，与水反应时钠浮在水面上，说明比水轻，所以钠的密度应该介于0.8～1.0 g/cm^3。答案为B。

课题3　镁铝及其化合物

【教学目标】

(1) 了解镁铝及其化合物的物理性质。

(2) 掌握镁铝及其化合物的化学性质。

【教学重点】

镁铝及其化合物的化学性质。

【教学难点】

镁铝及其化合物的化学性质。

【知识回顾】

一、镁及其化合物

1. 镁的性质

(1) 物理性质:镁是银白色金属,质较软,密度 1.74 g/cm^3,是轻金属,硬度小。

(2) 化学性质:镁是较活泼金属。

① 与非金属反应:$2Mg+O_2 = 2MgO$,$Mg+Cl_2$,$MgCl_2$,$3Mg+N_2$,Mg_3N_2等。

② 与沸水反应:$Mg+2H_2O$(沸水)$= Mg(OH)_2+H_2\uparrow$。

③ 与酸反应:与非强氧化性酸反应:是酸中的 H+与 Mg 反应,有 H_2放出。与强氧化性酸反应:如浓 H_2SO_4、HNO_3,反应比较复杂,但是没有 H_2放出。

④ 与某些盐溶液反应:如 $CuSO_4$溶液、$FeCl_2$溶液、$FeCl_3$溶液等。$Mg+2FeCl_3 = 2FeCl_2+MgCl_2$,$Mg+FeCl_2 = Fe+MgCl_2$。

2. 镁的提取

海水中含有大量的 $MgCl_2$,因此,工业上主要是从分离了 NaCl 的海水中来提取 $MgCl_2$。流程:海水中加入 CaO 或 $Ca(OH)_2$ $Mg(OH)_2$沉淀、过滤、洗涤沉淀,用稀 HCl 溶解 $MgCl_2$溶液,蒸发结晶 $MgCl_2 \cdot 6H_2O$ 晶体,在 HCl 气体环境中加热 $MgCl_2$固体,电解熔融的 $MgCl_2$ $Mg+Cl_2\uparrow$。

主要反应:$MgCl_2+Ca(OH)_2 = Mg(OH)_2\downarrow+CaCl_2$,$Mg(OH)_2+2HCl = MgCl_2+2H_2O$,$MgCl_2 \cdot 6H_2O = MgCl_2+6H_2O$,MgCl2(熔融)$= Mg+Cl_2\uparrow$。

3. 镁的用途

镁主要是广泛用于制造合金。制造的合金硬度和强度都较大。因此镁合金被大量用火箭、导弹、飞机等制造业中。

4. 氧化镁(MgO)

白色固体,熔点高(2800 ℃),是优质的耐高温材料(耐火材料)。是碱性氧化物。

$MgO+H_2O = Mg(OH)_2$,$MgO+2HCl = MgCl_2+H_2O$。

二、铝及其化合物

1. 铝的性质

(1) 物理性质:铝是银白色金属,质较软,但比镁要硬,熔点比镁高。有良好的导电、导热性和延展性。

(2) 化学性质:铝是较活泼的金属。

① 通常与氧气易反应,生成致密的氧化物起保护作用。$4Al+3O_2 = 2Al_2O_3$。同时也容易与 Cl_2、S 等非金属单质反应。

② 与酸反应：强氧化性酸，如浓硫酸和浓硝酸在常温下，使铝发生钝化现象；加热时，能反应，但无氢气放出；非强氧化性酸反应时放出氢气。

③ 与强碱溶液反应：$2Al+2NaOH+2H_2O = 2NaAlO_2+3H_2\uparrow$。

④ 与某些盐溶液反应：如能置换出 $CuSO_4$、$AgNO_3$ 等溶液中的金属。

⑤ 铝热反应：$2Al+Fe_2O_3 = Al_2O_3+2Fe$。该反应放热大，能使置换出的铁成液态，适用性强。在实验室中演示时要加入引燃剂，如浓硫酸和蔗糖或镁条和氯酸钾等。

2. 铝的重要化合物

(1) 氧化铝(Al_2O_3)：白色固体，熔点高(2054 ℃)，沸点 2980 ℃，常作为耐火材料；是两性氧化物。人们常见到的宝石的主要成分是氧化铝。有各种不同颜色的原因是在宝石中含有一些金属氧化物的表现。如红宝石因含有少量的铬元素而显红色，蓝宝石因含有少量的铁和钛元素而显蓝色。工业生产中的矿石刚玉主要成分是 α－氧化铝，硬度仅次于金刚石，用途广泛。

两性氧化物：既能与强酸反应又能与强碱反应生成盐和水的氧化物。

$$Al_2O_3+6HCl = 2AlCl_3+3H_2O$$

$$Al_2O_3+2NaOH = 2NaAlO_2+H_2O$$

Al_2O_3是工业冶炼铝的原料，由于氧化铝的熔点高，电解时，难熔化，因此铝的冶炼直到 1886 年美国科学家霍尔发现在氧化铝中加入冰晶石(Na_3AlF_6)，使氧化铝的熔点降至 1 000 ℃左右，铝的冶炼才快速发展起来，铝及其合金才被广泛的应用。$2Al_2O_3 = 4Al+3O_2\uparrow$。

(2) 氢氧化铝($Al(OH)_3$)：白色难溶于水的胶状沉淀，是两性氢氧化物。热易分解。两性氢氧化物：既能与强酸又能与强碱反应生成盐和水的氢氧化物。

$$Al(OH)_3+3HCl = AlCl_3+3H_2O$$

$$Al(OH)_3+NaOH = NaAlO_2+2H_2O$$

$$2Al(OH)_3 \overset{\triangle}{=} Al_2O_3+H_2O$$

(3) 铝的冶炼：铝是地壳中含量最多的金属元素，自然界中主要是以氧化铝的形式存在。工业生产的流程：铝土矿(主要成分是氧化铝) 用氢氧化钠溶解过滤，向滤液中通入二氧化碳酸化，过滤氢氧化铝、氧化铝、铝。主要反应：$Al_2O_3+2NaOH = 2NaAlO_2+H_2O$，$CO_2+3H_2O+2NaAlO_2 = 2Al(OH)_3\downarrow+Na_2CO_3$，$2Al(OH)_3 = Al_2O_3+3H_2O$，$2Al_2O_3 = 4Al+3O_2\uparrow$。

(4) 铝的用途：铝有良好的导电、导热性和延展性，主要用于导线、炊具等，铝的最大用途是制合金，铝合金强度高，密度小，易成型，有较好的耐腐蚀性。迅速风靡建筑业。也是飞机制造业的主要原料。

(5) 明矾的净水：化学式：$KAl(SO_4)_2\cdot 12H_2O$，它在水中能电离：$KAl(SO_4)_2 = K^++Al^{3+}+2SO_4^{2-}$。铝离子与水反应，生成氢氧化铝胶体，具有很强的吸附能力，吸附水中的悬浮物，使之沉降已达净水目的。$Al^{3+}+3H_2O = Al(OH)_3$(胶体)$+3H^+$。

知识整理：

① ($Al(OH)_3$)的制备：在氯化铝溶液中加足量氨水。$AlCl_3+3NH_3\cdot H_2O = Al(OH)_3\downarrow+3NH_4Cl$。

② 实验：A. 向氯化铝溶液中滴加氢氧化钠溶液，现象是先有沉淀，后溶解。反应式：先 $Al^{3+}+3OH^- = Al(OH)_3\downarrow$，后 $Al^{3+}+4OH^- = AlO_2^-+2H_2O$。B. 向氢氧化钠溶液中滴

加氯化铝溶液,现象是开始无沉淀,后来有沉淀,且不溶解。反应式:先 $Al^{3+}+4OH^{-}$ ══ $AlO_2^{-}+2H_2O$,后 $Al^{3+}+3AlO_2^{-}+6H_2O$ ══ $4Al(OH)3\downarrow$。

③ 实验:向偏铝酸钠溶液中通二氧化碳,有沉淀出现。$CO_2+3H_2O+2NaAlO_2$ ══ $2Al(OH)_3\downarrow+Na_2CO_3$。

④ 将氯化铝溶液和偏铝酸钠溶液混合有沉淀出现。$Al^{3+}+3AlO_2^{-}+6H_2O$ ══ $4Al(OH)_3\downarrow$。

⑤实验:

• 向偏铝酸钠溶液中滴加稀盐酸,先有沉淀,后溶解。反应的离子方程式:

$AlO_2^{-}+H^{+}+H_2O$ ══ $Al(OH)_3$,$Al(OH)^{3+}3H^{+}$ ══ $Al_3^{+}+2H_2O$ 。

• 向稀盐酸中滴加偏铝酸钠溶液,先无沉淀,后有沉淀且不溶解。反应的离子方程式:$AlO_2^{-}+4H^{+}$ ══ $Al^{3+}+2H_2O$,$3AlO_2^{-}+Al^{3+}+6H_2O$ ══ $4Al(OH)_3\downarrow$。

3. 铝及其重要化合物间的关系

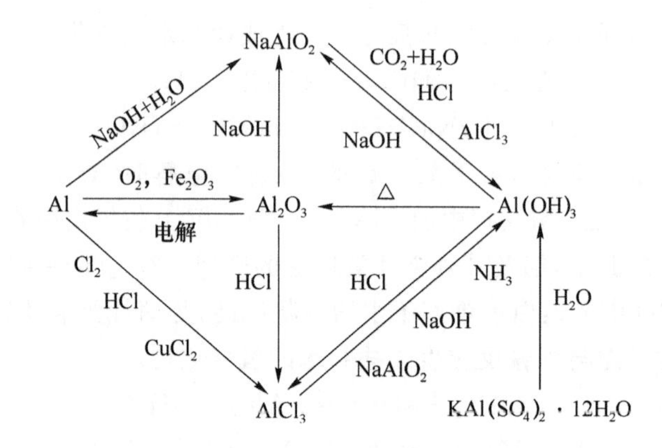

【例题解析】

例 1 下列有关厨房中铝制品使用合理的是(   )。

A. 盛放食醋　　B. 烧煮开水

C. 用碱水洗涤　　D. 用金属丝擦洗表面的污垢

解析:A. 铝能与酸反应,故 A 错误;

B. 铝与热水不反应,故 B 正确;

C. 金属铝能和碱反应,故 C 错误;

D. 铝制品表面有一层致密的氧化薄膜,可以起到保护作用,若用金属丝擦表面的污垢,会破坏保护膜,不可取,故 D 错误。

故选 B。

例 2 已知 A 为金属单质,在以下各步反应的最后生成物是白色沉淀。

(1) 试确定 A、B、C、D、E 各为何物,写出其化学式。

(2) 写出各步反应的化学方程式(或离子方程式)。

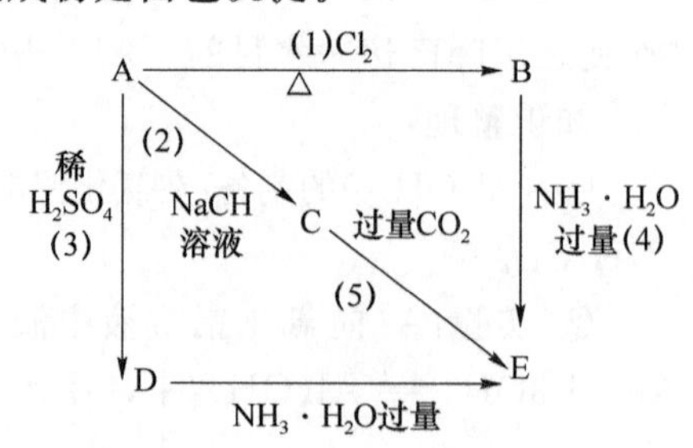

解析:(1) A:Al　B:$AlCl_3$　C:$NaAlO_2$　D:$Al_2(SO_4)_3$　E:$Al(OH)_3$

(2) ① $2Al+3Cl_2 \stackrel{\triangle}{=\!=} 2AlCl_3$

② $2Al+2OH^{-}+2H_2O$ ══ $2AlO_2^{-}+3H_2\uparrow$

③ $2Al+6H^+ \xlongequal{} 2Al^{3+}+3H_2\uparrow$　④ $Al^{3+}+3NH_3\cdot H_2O \xlongequal{} Al(OH)_3\downarrow+3NH_4^+$

⑤ $AlO_2^-+CO_2+2H_2O \xlongequal{} Al(OH)_3\downarrow+HCO_3^-$

例3　硫酸铝溶液与氢氧化钠溶液互滴现象各是什么？

解析：本题涉及的滴定顺序问题，其实本质是滴定浓度问题。

(1) 若硫酸铝向氢氧化钠中滴定，则硫酸铝开始量少，氢氧化钠过量，此时生成的氢氧化铝会被强碱氢氧化钠溶解，故开始没有明显的现象，即使有，也是白色沉淀产生并且迅速溶解的现象，之后随着硫酸铝的增加，沉淀慢慢产生，直至不再增加为止。

(2) 若氢氧化钠向硫酸铝中滴定，则硫酸铝开始过量，氢氧化钠少量，此时生成白色氢氧化铝沉淀，随着氢氧化钠的滴加，氢氧化铝白色沉淀生成量到最大时，即硫酸铝反应完全，继续滴加氢氧化钠，则会溶解氢氧化铝沉淀，此时，白色沉淀会溶解，直至消失为止。

总结现象：若硫酸铝向氢氧化钠中滴定——开始无明显现象，随着滴定继续，慢慢产生白色沉淀，直至沉淀不再增加为止；若氢氧化钠向硫酸铝中滴定——开始立即产生白色沉淀，随着滴定继续，产生的白色沉淀达到最大量后，会慢慢溶解，直至沉淀消失为止。方程式如下：

(1) 若硫酸铝向氢氧化钠中滴定

$$Al_2(SO_4)_3+6NaOH \xlongequal{} 2Al(OH)_3\downarrow+3Na_2SO_4$$

$$Al(OH)_3+NaOH \xlongequal{} NaAlO_2+2H_2O$$

$$6NaAlO_2+Al_2(SO_4)_3+12H_2O \xlongequal{} 3Na_2SO_4+8Al(OH)_3\downarrow$$

(2) 若氢氧化钠向硫酸铝中滴定

$$Al_2(SO_4)_3+6NaOH \xlongequal{} 2Al(OH)_3\downarrow+3Na_2SO_4$$

$$Al(OH)_3+NaOH \xlongequal{} NaAlO_2+2H_2O$$

课题4　铁及其化合物

【教学目标】

(1) 了解铁及其化合物的物理性质。

(2) 掌握铁及其化合物的化学性质。

【教学重点】

铁及其化合物的化学性质。

【教学难点】

铁及其化合物的化学性质。

【知识回顾】

一、铁

1. 铁的物理性质

(1) 纯铁具有银白色金属光泽。

(2) 有良好的延展性,导电、导热性能。

(3) 密度为 7.86 g/cm^3。

(4) 熔点为 1 535 ℃,沸点为 2 750 ℃。

2. 铁的单质化学性质

铁是比较活泼的金属,当铁跟弱氧化剂反应时:$Fe-2e^- = Fe^{2+}$;当跟强氧化剂反应时:$Fe-3e^- = Fe^{3+}$。

(1) 铁跟氧气等其他非金属单质的反应:

$$3Fe+2O_2 \xlongequal{点燃} Fe_3O_4 \text{(一定要注意产物)}$$

$$2Fe+3Cl_2 \xlongequal{点燃} 2FeCl_3 \quad 2Fe+3Br_2 = 2FeBr_3$$

$$Fe+I_2 = FeI_2 \quad Fe+S \xlongequal{\triangle} FeS \quad 3Fe+C \xlongequal{高温} Fe_3C$$

(2) 铁跟水的反应:$2Fe+4H_2O \xlongequal{高温} Fe_3O_4+4H_2\uparrow$(注意产物也是 Fe_3O_4)

在此也可以有意识地总结金属与水反应的基本规律。

(3) 铁跟酸的反应:

① 与非氧化性酸:$Fe+2H^+ = Fe^{2+}+H_2\uparrow$

② 与强氧化性酸:$Fe+4HNO_3$(稀)$= Fe(NO_3)_3+NO\uparrow+2H_2O$

铁和冷浓硝酸、冷浓 H_2SO_4 发生钝化,但在加热条件下,钝化作用立即遭到破坏:

$$Fe+6HNO_3\text{(浓)} \xlongequal{\triangle} Fe(NO_3)_3+3NO_2\uparrow+3H_2O$$

$$Fe+6H_2SO_4\text{(浓)} \xlongequal{\triangle} Fe_2(SO_4)_3+3SO_2\uparrow+3H_2O$$

(4) 铁和某些盐溶液的作用:

$$Fe+Cu^{2+} = Fe^{2+}+Cu \quad Fe+2Fe^{3+} = 3Fe^{2+}$$

这些反应在除杂、鉴别等方面都有一定作用,要理论联系实际,领会和理解反应实质。

二、铁的重要化合物

1. 铁的氧化物

铁的氧化物	FeO	Fe_3O_4	Fe_2O_3
铁的化合价	+2 价	+2 价(1/3),+3 价(2/3)	+3 价
俗称	—	磁性氧化铁	铁红
状态和颜色	黑色固体	黑色晶体	红棕色固体
与 H_2O 的关系	不反应,不溶解		
与非氧化性酸的反应	$FeO+2H^+ = Fe^{2+}+H_2O$　$Fe_3O_4+8H^+ = Fe^{2+}+2Fe^{3+}+4H_2O$　$Fe_2O_3+6H^+ = 2Fe^{3+}+3H_2O$		
氧化性	高温下被 CO、H_2、Al、C、Si 等还原		
还原性	被热空气氧化成 Fe_3O_4 等	可被氧化性酸、盐等氧化	一般不再被氧化
主要用途	—	炼铁	炼铁、作热剂、颜料
说明	Fe_3O_4 可以看作由 FeO、Fe_2O_3 所组成的化合物,其中 $\frac{1}{3}$ 是 Fe^{2+},$\frac{2}{3}$ 是 Fe^{3+}		

2. 铁的氢氧化物

① $Fe(OH)_2$可由易溶性的亚铁盐跟碱溶液起反应制得。$Fe(OH)_2$为白色絮状沉淀，易被空气中 O_2迅速氧化成 $Fe(OH)_3$。因此，白色絮状沉淀能迅速变成灰绿色，最终变成红褐色。

$$Fe^{2+}+2OH^-=Fe(OH)_2\downarrow, 4Fe(OH)_2+O_2+2H_2O=4Fe(OH)_3$$

制备时：

• 要将滴管口插入硫酸亚铁液面下，再滴入 NaOH 溶液。

• 配液时可用加热的方法尽可能除去溶解氧。

• 可在液面加少许汽油或苯等有机溶剂，以隔绝空气。

② $Fe(OH)_3$可由易溶性的铁盐跟碱溶液起反应制得。$Fe(OH)_3$为红褐色沉淀，可溶于强酸，受热易分解。

$Fe^{3+}+3OH^-=Fe(OH)_3\downarrow$，$Fe(OH)_3+3H^+=Fe^{3+}+3H_2O$，

$2Fe(OH)_3\overset{\triangle}{=}Fe_2O_3+3H_2O$

3. "铁三角"关系

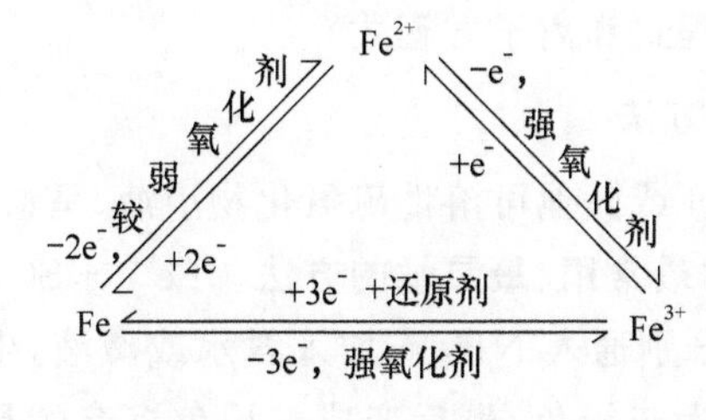

(1) 这三种转化是在有氧化剂的条件下进行的 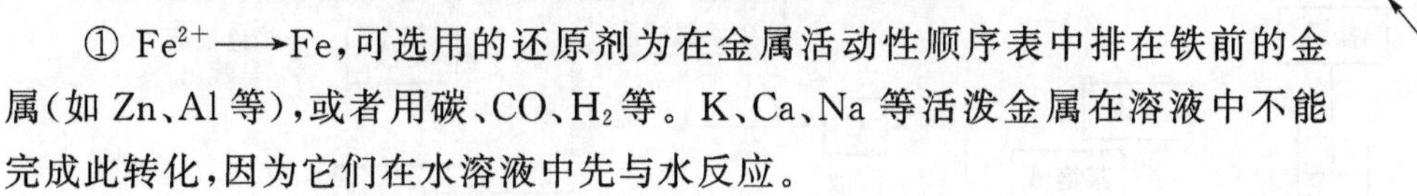。

① $Fe\longrightarrow Fe^{2+}$需要较弱的氧化剂，如 S、$Cu^{2+}$、$Fe^{3+}$、$H^+$（稀 H_2SO_4、盐酸）等。

② $Fe\longrightarrow Fe^{3+}$和 $Fe^{2+}\longrightarrow Fe^{3+}$需要强的氧化剂：

实现 $Fe\longrightarrow Fe^{3+}$，可选用 Cl_2、Br_2、浓 H_2SO_4（足量）、HNO_3（足量）、$KMnO_4$等强氧化剂。

注意：在用浓 H_2SO_4或浓 HNO_3反应时，需加热，否则 Fe 钝化。

实现 $Fe^{2+}\longrightarrow Fe^{3+}$可选用 O_2、Cl_2、Br_2、HNO_3、浓 H_2SO_4、$KMnO_4(H^+)$溶液等。（注意：Cl_2与 $FeBr_2$溶液反应情况：①若 Cl_2通入 $FeBr_2$溶液，Cl_2不足时，$2Fe^{2+}+Cl_2=2Fe^{3+}+2Cl^-$；②$Cl_2$足量时，$2Fe^{2+}+4Br^-+3Cl_2=2Fe^{3+}+2Br_2+6Cl^-$。）

(2) 这三种转化是在有还原剂存在的条件下进行的。

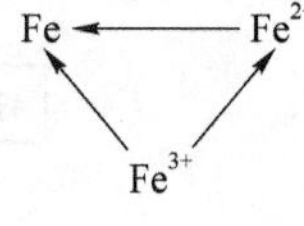

① $Fe^{2+}\longrightarrow Fe$，可选用的还原剂为在金属活动性顺序表中排在铁前的金属（如 Zn、Al 等），或者用碳、CO、H_2等。K、Ca、Na 等活泼金属在溶液中不能完成此转化，因为它们在水溶液中先与水反应。

② $Fe^{3+}\longrightarrow Fe$，需用 H_2、CO、Al 等强还原剂。如炼铁：$Fe_2O_3+3CO\overset{高温}{=}2Fe+3CO_2$，铝热反应：$Fe_2O_3+2Al\overset{高温}{=}Al_2O_3+2Fe$。

③ $Fe^{3+}\longrightarrow Fe^{2+}$，实现此转化可选用的还原剂如 Zn、Fe、Al、Cu、H_2S（或 S^{2-}）、I^-、SO_3^{2-}等。

$Fe+2Fe^{3+}$ ══ $3Fe^{2+}$，$2Fe^{3+}+Cu$ ══ $Cu^{2+}+2Fe^{2+}$（铁盐腐蚀印刷电路板），$2Fe^{3+}+H_2S$ ══ $2Fe^{2+}+S\downarrow+2H^+$，$2Fe^{3+}+2I^-$ ══ I_2+2Fe^{2+}。

注意：

$$Fe^{3+}\xrightarrow{H_2S}S\downarrow，Fe^{2+}\xrightarrow{过量\ H_2S}无变化。$$

4. 重点化学实验现象

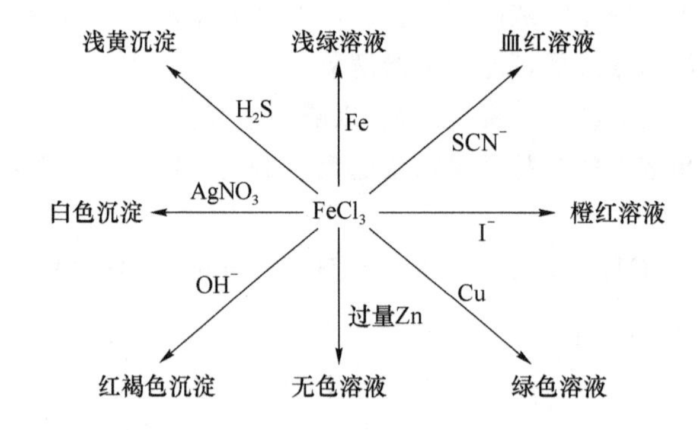

（注意这些反应的化学方程式和离子方程式）

5. Fe^{2+}、Fe^{3+}的鉴别常用方法

(1) KSCN 法：加入 KSCN 或其他可溶性硫氰化物溶液，呈血红色的是 Fe^{3+} 溶液，而 Fe^{2+} 的溶液无此现象。这是鉴别时最常用、最灵敏的方法。$Fe^{3+}+SCN^-$ ══ $Fe(SCN)^{2+}$。

(2) 碱液法：取两种溶液分别通入 NH_3 或加入氨水或碱液，生成红褐色沉淀的是 Fe^{3+} 的溶液，生成白色沉淀并迅速变为灰绿色，最后变成红褐色沉淀的是 Fe^{2+} 的溶液。沉淀颜色变化原因为：$4Fe(OH)_2+O_2+2H_2O$ ══ $4Fe(OH)_3$。

(3) H_2S 法：通入 H_2S 气体或加入氢硫酸，有浅黄沉淀析出的是 Fe^{3+} 溶液，而 Fe^{2+} 溶液不反应。

(4) 淀粉 KI 试纸法：能使淀粉 KI 试纸变蓝的是 Fe^{3+} 溶液，Fe^{2+} 溶液无此现象。

(5) $KMnO_4$ 法：分别加入少量 $KMnO_4$（H^+）溶液，振荡，能使 $KMnO_4$ 溶液褪色的是 Fe^{2+} 溶液，不褪色的是 Fe^{3+} 溶液。

【例题解析】

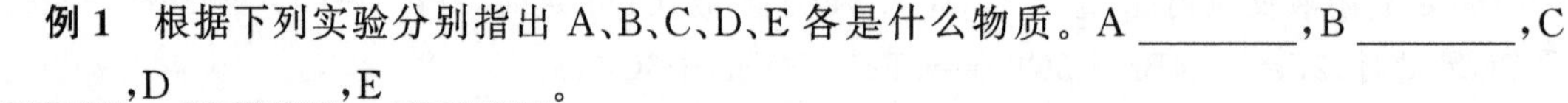

例 1 根据下列实验分别指出 A、B、C、D、E 各是什么物质。A ________，B ________，C ________，D ________，E ________。

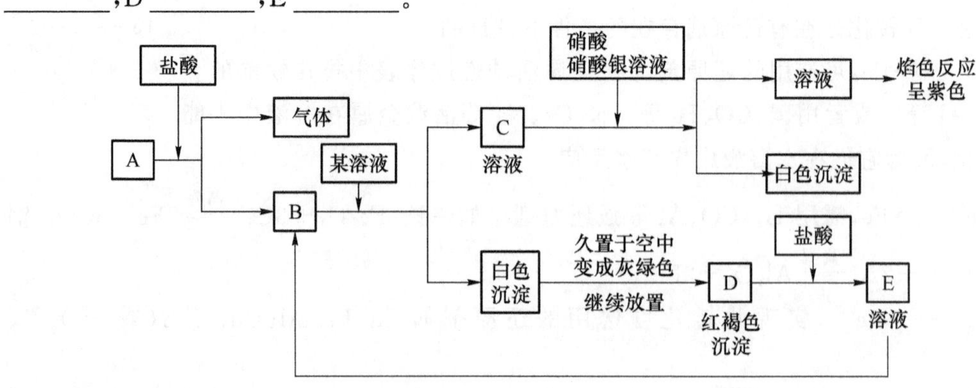

解析：

本题突破口是白色沉淀久置于空气中逐渐变成灰绿色，最后变成红褐色，这是铁的化合物的性质。理清铁及其化合物的下列转变关系：

$$Fe \xrightarrow{H^+} Fe^{2+} \xrightarrow{OH^-} Fe(OH)_2 \xrightarrow{O_2} Fe(OH)_3 \xrightarrow{H^+} Fe^{3+}$$

$$Fe^{3+} \xrightarrow{Fe} Fe^{2+}$$

A. Fe　　B. $FeCl_2$　　C. KCl　　D. $Fe(OH)_3$　　E. $FeCl_3$

例 2　某晶体的水溶液中加入 Fe^{2+} 的溶液，再加稀硝酸溶液立即变红；另取该晶体，加入 NaOH 溶液共热产生一种能使湿润红色石蕊试纸变蓝的气体，则这种晶体是(　　)。

A. KSCN　　B. NH_4SCN　　C. NH_4Cl　　D. $FeCl_3$

解析：Fe^{2+} 被稀硝酸氧化为 Fe^{3+}，Fe^{3+} 与 SCN^- 结合立即变红；加入 NaOH 溶液共热产生 NH_3 证明含 NH_4^+。

答案：B。

例 3　下列反应的离子方程式正确的是(　　)。

A. 硫酸铁溶液与氢氧化钡溶液反应：$Fe^{3+} + 3OH^- = Fe(OH)_3 \downarrow$

B. 硫化钠溶液与氯化铁溶液反应：$2Fe^{3+} + 3S^{2-} = Fe_2S_3$

C. 过量的铁与稀硝酸溶液反应：$3Fe + 8H^+ + 2NO_3^- = 3Fe^{2+} + 2NO \uparrow + 4H_2O$

D. 硫化氢气体通入氯化亚铁溶液：$H_2S + Fe^{2+} = FeS \downarrow + 2H^+$

解析：

A 项中缺少 SO_4^{2-} 与 Ba^{2+} 起反应的离子方程式。

B 项中 Fe^{3+} 与 S^{2-} 发生氧化还原反应，离子方程式为 $2Fe^{3+} + S^{2-} = 2Fe^{2+} + S \downarrow$。

C 项中铁和足量稀硝酸，$Fe + 4HNO_3 = Fe(NO_3)_3 + NO \uparrow + 2H_2O$，过量的铁和稀硝酸，$3Fe + 8HNO_3 = 3Fe(NO_3)_2 + 2NO \uparrow + 4H_2O$ 过量铁将生成的三价铁离子还原为二价铁离子。在浓硝酸中会钝化，常温不反应。

D 项中由于盐酸比 H_2S 酸性强，且 HCl 能溶解 FeS，故 D 项反应不能发生。

答案：C。

习题八

一、选择题

1. 下列关于铁的叙述不正确的是(　　)。

A. 纯铁为银白色金属　　B. 纯铁有良好的延展性

C. 铁丝在氧气中可以燃烧　　D. 铁跟稀硫酸反应生成硫酸铁

2. 下列关于金属的说法错误的是(　　)。

A. 生铁和钢都是铁的合金　　B. 铁在潮湿的空气中不会生锈

C. 铝表面有氧化保护膜　　D. 在铁表面刷上油漆，可防止铁生锈

3. 从金属利用的历史来看，先是青铜器时代，而后是铁器时代，铝的利用是近百年的事。这个先后顺序跟下列有关的是(　　)。

① 地壳中的金属元素的含量；② 金属活动性顺序；③ 金属的导电性；④ 金属冶炼的难易程度；⑤ 金属的延展性。

A. ①③　　B. ②⑤　　C. ③⑤　　D. ②④

4. 钢材可以用作桥梁的结构材料是因为它(　　)。

A. 有良好的导热性　　B. 有一定的机械强度

C. 不易受空气和水的作用　　D. 有良好的导电性

5. 以下四种金属中属于有色金属的是(　　)。

A. 铁　　B. 铬　　C. 锰　　D. 铜

6. 下列物质容易形成碳酸盐，并有漂白作用的是(　　)。

A. 氢氧化钠　　B. 硫酸钠　　C. 亚硫酸钠　　D. 次氯酸钠

7. 下列物质受热不易分解，遇盐酸放出气体的是(　　)。

A. 碳酸钾　　B. 硫酸钾　　C. 碳酸铵　　D. 碳酸氢钠

8. 下列反应中，Na_2O_2只表现强氧化性的是(　　)。

A. $2Na_2O_2+2H_2O=\!=\!=4NaOH+O_2\uparrow$

B. $Na2O_2+MnO_2=\!=\!=Na_2MnO_4$

C. $2Na_2O_2+H_2SO_4=\!=\!=2Na_2SO_4+2H_2O+O_2\uparrow$

D. $5Na_2O_2+2KMnO_4+8H_2SO_4=\!=\!=5Na_2SO_4+K_2SO_4+2MnSO_4+5O_2\uparrow+8H_2O$

9. 把 1.15 g Na 投入 9 g 水中，则溶液中水分子和 Na^+ 的物质的量之比是(　　)。

A. 1∶9　　B. 9∶1　　C. 10∶1　　D. 100∶1

10. 把 0.3 g 下列金属分别放入 100 mL、0.1 mol/L 的盐酸中，产生 H_2 量最多的是(　　)。

A. 钠　　B. 镁　　C. 铝　　D. 锌

11. 相同质量的两份铝粉，分别跟足量的稀 H_2SO_4 和 NaOH 溶液反应，生成的气体体积之比为(　　)。

A. 3∶2　　B. 3∶1　　C. 1∶1　　D. 1∶3

12. 下列溶液，能用铝槽车来运送的(　　)。

A. 浓盐酸　　B. 浓硫酸　　C. 稀硫酸　　D. 稀硝酸

13. 常温下，下列物质可以用铝制容器盛装的是(　　)。

A. 氢氧化钠溶液　　B. 稀硫酸　　C. 盐酸　　D. 浓硝酸

14. 一定质量的铝铁合金溶于足量的 NaOH 溶液中，完全反应后产生 3.36 L(标准状况下)气体；用同样质量的铝铁合金完全溶于足量的盐酸中，在标准状况下产生 5.6 L 的气体，则该合金中铝、铁的物质的量之比为(　　)。

A. 1∶1　　B. 2∶5　　C. 3∶2　　D. 3∶5

15. *W* g 铁和铝的混合物，跟足量稀硫酸反应产生 H_2的体积是相同条件下等质量该混合物跟足量烧碱溶液反应产生 H_2 体积的 4 倍(相同状况)，则原混合物中铁和铝的质量比为(　　)。

A. 28∶3　　B. 14∶3　　C. 9∶2　　D. 5∶4

16. 将洁净的铁丝浸入含有 $Ag(NO_3)_2$ 和 $Zn(NO_3)_2$ 和电镀废水中，一段时间后取出，铁丝表面覆盖了一层物质，这层物质是(　　)。

A. Ag、Zn　　B. Ag　　C. Zn　　D. Ag、Fe

17. 金属材料已得到越来越广泛的应用。下列性质属于金属共性的是(　　)。

A. 硬度很大、熔点很高　　B. 有良好的导电性、传热性

C. 是银白色的固体　　D. 易与酸反应产生氢气

18. 向氧化铜和铁粉混合物中加入一定量的稀硫酸,分反应后过滤,以下判断错误的是(　　)。

A. 滤纸上可能含有铜　　B. 滤液中可能含有硫酸亚铁

C. 滤液中可能含有硫酸铜　　D. 滤纸上可能含有氧化铜

19. 关于金属物品的使用正确的是(　　)。

A. 铝合金门窗变旧变暗后用砂纸或钢丝球打磨

B. 铁桶中加入硫酸铜溶液和石灰乳配制杀菌剂波尔多液

C. 铝壶内的水垢用质量分数为18%的热盐酸长时间浸泡

D. 校内用钢架制作的自行车防雨棚应定期喷涂油漆防锈

20. 下列说法正确的是(　　)。

A. 铁在潮湿的空气中容易生锈　　B. 金属的活动性:Zn>Ag>Cu

C. 合金属于纯净物　　D. 铝是地壳中含量最多的元素

二、非选择题

21. 炼铁的主要原料有________、________和________;主要反应原理________________。炼铁的主要设备是________。钢铁都是________的合金,与钢相比,生铁含________元素较多,生铁的硬度较________,韧性较________。

22. (1) 鉴别 KCl 溶液和 K_2CO_3 的试剂是________,离子方程式为________________。

(2) 除去混入 NaCl 溶液中少量 $NaHCO_3$ 杂质的试剂是________,离子方程式为________________________。

(3) 除去 Na_2CO_3 粉末中混入的 $NaHCO_3$ 杂质用________方法,化学方程式为________________________。

23. 人体中胃酸的主要成分是盐酸。胃酸可帮助消化食物,但胃酸过多会使人感到不适,服用适量的小苏打可使症状明显减轻。

(1) 写出小苏打和盐酸反应的离子方程式________________________;

(2) $Mg(OH)_2$ 也是一种胃酸中和剂,写出 $Mg(OH)_2$ 中和胃酸的离子方程式________;

(3) 如果你是内科医生,给胃酸过多的胃溃疡病人(其症状之一是胃壁受损伤而变薄)开药方时,最好选用小苏打和氢氧化镁中的________,理由是________________________。

24. 在 $CuCl_2$ 和 $MgCl_2$ 的混合溶液中,加入过量的铁粉,充分反应后过滤,所得固体为________。

25. 铝制品在空气中有较强的抗腐蚀性,原因是________________________;铁制品易生锈,防止铁制品锈蚀的一种方法是________________________;工业上常用稀硫酸除铁锈,反应的化学方程式为________________________。

26. 有X、Y、Z三种金属,如果把X和Y分别放入稀硫酸中,X溶解并产生氢气,Y不反应;把Y和Z分别放入硝酸银溶液中,过一会儿,在Y表面有银析出,而Z没有变化。根据以上实验事实,回答下列问题:

(1) X、Y和Z的金属活动性由强到弱的顺序为________________________;

(2) 举出符合上述金属活动性顺序的三种常见金属(写化学式)____________________，并写出在 Y 表面有银析出反应的化学方程式____。

27. A 是地壳中含量最多的金属元素，A 能和空气中的 B 反应生成一层致密的薄膜 C，把 A 单质放在稀硫酸当中产生气体 D，A 单质与氯化铜溶液反应生成红色金属 E。

(1) 写出 B 单质的化学式________；E 的化学符号__________。

(2) 写出有关化学方程式

A ⟶C：____。

A ⟶D：____。

A ⟶E：____。

习题八　参考答案

一、选择题

1. D　2. B　3. D　4. B　5. D　6. D　7. A　8. B　9. B　10. A

11. C　12. B　13. D　14. A　15. A　16. B　17. B　18. B　19. D　20. A

二、非选择题

21. 铁矿石、石灰石、焦炭 $Fe_xO_y + yCO \xlongequal{\text{高温}} xFe + yCO_2$　高炉、铁碳、碳、大、差

22. (1) 盐酸，$2H^+ + CO_3^{2-} = CO_2\uparrow + H_2O$

(2) 盐酸，$H^+ + HCO_3^- = CO_2\uparrow + H_2O$

(3) 加热，$2NaHCO_3 \xlongequal{\triangle} Na_2CO_3 + CO_2\uparrow + H_2O$

23. 解：

(1) 碳酸氢钠与盐酸反应生成氯化钠和水和二氧化碳，则离子反应为

$H^+ + HCO_3^- = CO_2\uparrow + H_2O$，故答案为 $H^+ + HCO_3^- = CO_2\uparrow + H_2O$；

(2) $Mg(OH)_2$ 可与盐酸发生中和反应生成盐 $MgCl_2$ 和水，

$Mg(OH)_2 + 2H^+ = Mg^{2+} + 2H_2O$，故答案为 $Mg(OH)_2 + 2H^+ = Mg^{2+} + 2H_2O$；

(3) 如果病人同时患胃溃疡，为防止胃壁穿孔，不能服用小苏打来治疗，因为反应产生的气体会造成胃部气胀，加重病情，故答案为氢氧化镁；小苏打与胃酸反应产生二氧化碳气体易使胃壁穿孔。

24. 解：在金属活动性顺序中，镁＞铁＞铜，在 $CuCl_2$ 和 $MgCl_2$ 的混合溶液中，加入过量的铁粉，反应后有铁剩余，铁不与氯化镁反应，故所得固体中不含有镁，铁能与氯化铜反应生成铜，所得固体中含有铜，所以本题答案为铁和铜。

25. 铝能与空气中氧气反应在其表面生成一层致密的氧化铝薄膜，保护内部的铝进一步被氧化　在铁制品表面涂油(或喷漆、镀其他金属等)　$Fe_2O_3 + 3H_2SO_4 = Fe_2(SO_4)_3 + 3H_2O$

26. (1) X＞Y＞Z　(2) Fe(Zn)＞Cu＞Au(Pt)　$Cu + 2AgNO_3 = Cu(NO_3)_2 + 2Ag$

27. (1) Al　Cu

(2) $4Al + 3O_2 = 2Al_2O_3$

$2Al + 3H_2SO_4 = Al2(SO_4)_3 + 3H_2\uparrow$　$2Al + 3CuCl_2 = 2AlCl_3 + 3Cu$

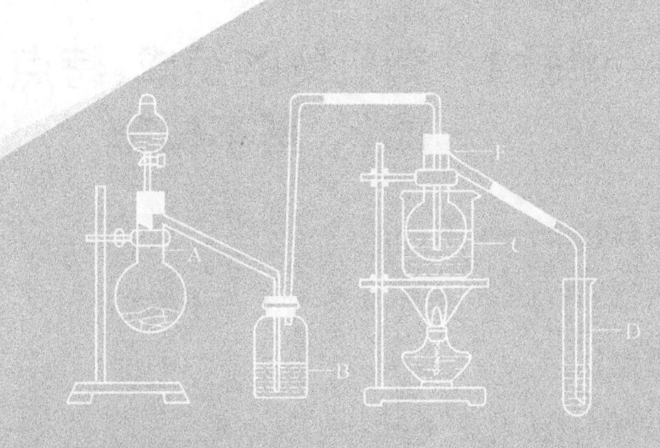

第二部分 有机化学基础知识

第一章　有机化合物概述

课题 1　有机物的组成、特点、分类、命名、基本概念

【教学目标】

掌握有机化合物的组成、特点、分类、命名、基本概念。

【教学重点】

有机化合物的组成、特点、分类、命名、基本概念。

【教学难点】

有机化合物的分类、命名。

【知识回顾】

有机化合物

1. 组成

有机化合物：简称有机物，指的是含碳元素的化合物，研究有机物的化学。除主要的碳以外，通常还有氢、氧、氮、硫、卤族等。

2. 特点

溶解性、热稳定性、导电性、溶沸点、化学反应。

3. 分类

(1) 烃的分类

- 烃
  - 脂肪烃(链烃)
    - 饱和链烃　烷烃　C_nH_{2n+2}　($n\geqslant1$)
    - 不饱和链烃
      - 烯烃　C_nH_{2n}　($n\geqslant2$)
      - 二烯烃　C_nH_{2n-2}　($n\geqslant3$)
      - 炔烃　C_nH_{2n-2}　($n\geqslant2$)
  - 环烃
    - 环烷烃　C_nH_{2n}
    - 芳香烃
      - 苯和苯的同系物　C_nH_{2n-6}　($n\geqslant6$)
      - 稠环芳烃

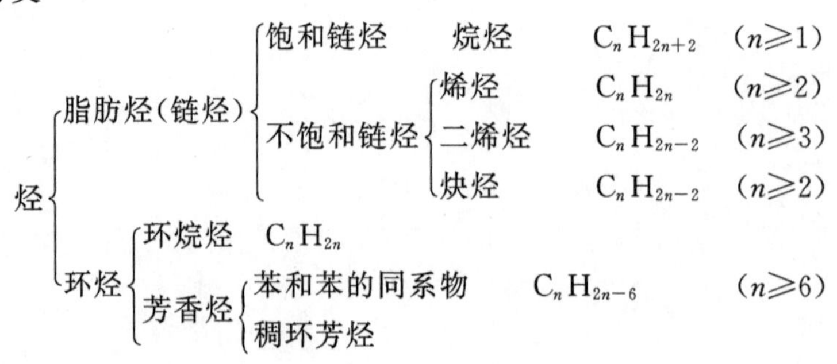

(2) 官能团及其有机化合物

官能团名称	官能团结构	含相应官能团的有机物
碳碳双键	>C=C<	烯烃、二烯烃
碳碳三键	—C≡C—	炔烃
	—X	卤代烃
	—OH	醇类(R—OH) 酚类(C_6H_5—OH) 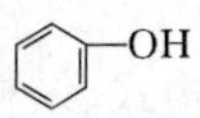
醚键	—O—	醚
醛基	—CH(=O)	醛类(RCH(=O))
羰基	—C(=O)—	酮(R—C(=O)—R′)
羧基	—C(=O)—OH	羧酸(RC(=O)—OH)
酯基	—C(=O)O—	酯类(RC(=O)OR′)

(3) 糖类

单糖、二糖、多糖重要代表物的比较。

(+:能反应;—不能反应)

①单糖	葡萄糖	果糖
组成	$C_6H_{12}O_6$	$C_6H_{12}O_6$
官能团	一个—CHO,五个—OH,	一个 —C(=O)— 五个 OH(—C(=O)— 在2号位)
性质	加成 H_2 为己六醇	加成 H_2 为己六醇
与溴水反应	被氧化成葡萄酸	—
银镜反应	+	+
新制 $Cu(OH)_2$	+	+

②二糖	麦芽糖	蔗糖
组成	$C_{12}H_{22}O_{11}$	$C_{12}H_{22}O_{11}$
官能团	一个—CHO,多个—OH	无—CHO,无 —C(=O)— ,有多个—OH
性质	还原性糖	非还原性糖
来源	水解产物都是葡萄糖 由淀粉在酶作用下水解制得	水解产物葡萄糖和果糖 植物体内

③多糖	淀粉	纤维素
组成 结构 水解 酯化	$(C_6H_{10}O_5)_n$ 由多个葡萄糖单元组成 有较多支链 较容易 不要求	$(C_6H_{10}O_5)_n$ 也由葡萄糖单元组成 但较规整，链较长，且支链少 较困难 与醋酸，硝酸发生酯化

4. 基本概念

(1) 电子式、结构式、结构简式。

(2) 烷基：即饱和烃基，是烷烃分子中少掉一个氢原子而成的烃基。

烷基是一类仅含有碳、氢两种原子的链状有机官能团。它们是一系列同系物。

(3) 同系物：一般地，把结构相似、分子组成相差若干个"CH_2"原子团的有机化合物互相称为同系物。

(4) 烃的衍生物：烃分子中的氢原子被其他原子或原子团所取代，能生成一系列新的有机化合物。这些化合物，从结构上说都可以看作是由烃衍变而来的。

(5) 官能团：烃的衍生物中取代氢原子的原子或原子团对衍生物的性质起着决定性的作用，这种决定衍生物的化学性质的原子或原子团就称为官能团。

(6) 同分异构现象和同分异构体：

简单地说，化合物具有相同分子式，但具有不同结构的现象，称为同分异构现象；具有相同分子式而结构不同的化合物互为同分异构体。很多同分异构体有相似的性质。

5. 命名

有机物的种类繁多，命名时总体可分为不含官能团和含有官能团的两大类。原则是"一长、二多、三近"，关键是掌握确定主链和编号的原则。

(1) 比较：用系统命名法命名两类有机物

	无官能团	有官能团
类别	烷烃	烯、炔、卤代烃、烃的含氧衍生物
主链条件	碳链最长 同碳数支链最多	含官能团的最长碳链
编号原则	(小)取代基最近	官能团最近、兼顾取代基尽量近
名称写法	支位一支名母名 支名同，要合并 支名异，简在前	支位一支名一官位一母名
符号使用	数字与数字间用"，"数字与中文间用"一"，文字间不用任何符号	

命名时的注意点：①如果有两条以上相同碳原子数的碳链时，则要选择支链最多的一条为主链。如：

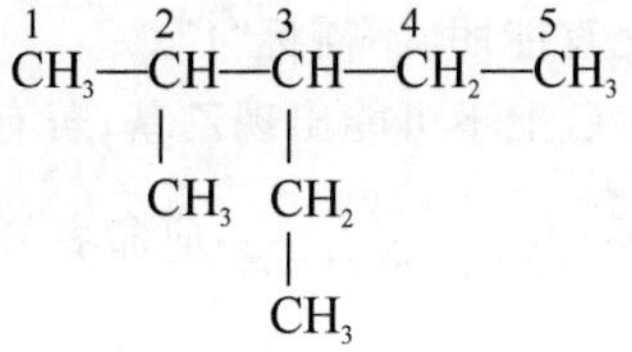

```
 1      2    3    4     5
CH3—CH—CH—CH2—CH3
        |     |
       CH3  CH2
              |
             CH3
```

正确命名为：2－甲基－3－乙基戊烷

② 如果有两条主链碳原子数相同，最小定位也相同，则应选择取代基所连接的碳原子的号码数之和为最小。如：

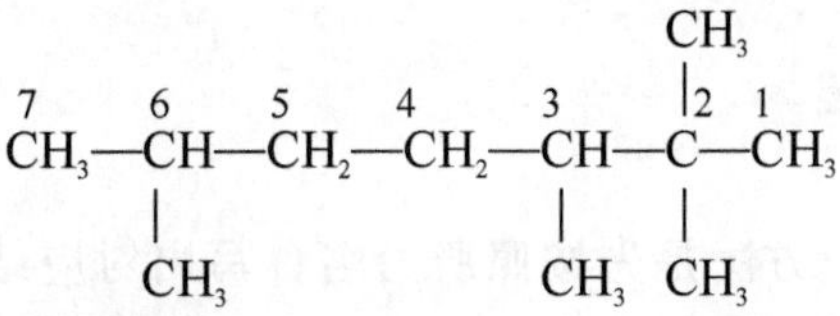

```
                                      CH3
 7      6      5       4       3      |2  1
CH3—CH—CH2—CH2—CH—C—CH3
        |                     |     |
       CH3                   CH3  CH3
```

正确命名为 2,2,3,6－四甲基庚烷，(不能称 2,5,6,6－四甲基庚烷)

(2) 常见有机物的母体和取代基

	取代基	母体	实例
卤代烃	卤素原子	烯、炔、烷	H_2C ═ $CHCl$ 氯乙烯
苯环上连接烷基、硝基	烷基($—C_nH_{2n+1}$) 硝基($—NO_2$)	苯	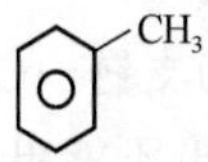 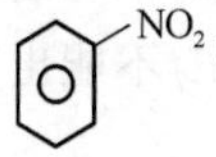 CH_3 甲苯 NO_2 硝基苯
苯环上连接不饱和烃基	苯基	不饱和烃	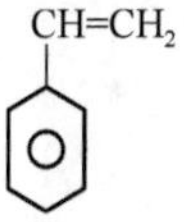 $CH{=}CH_2$ 苯乙烯
醛基		醛	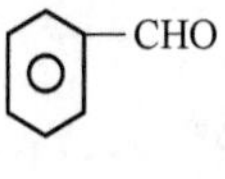 —CHO 苯甲醛
羟基		酚	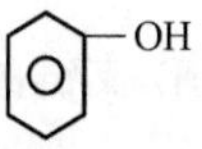 —OH 苯酚
羧基		酸	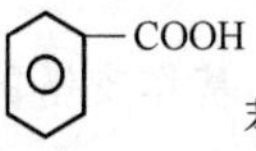 —COOH 苯甲酸

(3) 高聚物

在单体名称前加“聚”。如聚乙烯、聚乙二酸乙二酯。

例　下列有机物实际存在且命名正确的是(　　)。

A. 2,2—二甲基丁烷　　　　B. 2—甲基—5—乙基—1—己烷

C. 3—甲基—2—丁烯　　　　D. 3,3—二甲基—2—戊烯

解析：A 正确。

B 错误。① 己烷属于烷烃，无官能团，不需标“1”。

② 己烷主链上有 6 个 C，5 位 C 上不可能出现乙基，若有，则主链应有 7 个 C。

C 错误。主链正确的编号应是

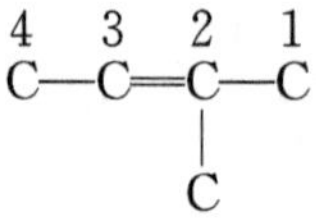

```
4   3   2   1
C—C═C—C
        |
        C
```

，应命名为 2—甲基—2—丁烯。

D 错误。

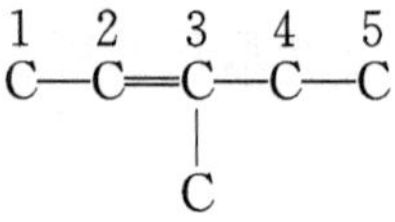

```
1   2   3   4   5
C—C═C—C—C
        |
        C
```

3 号 C 已超过个四个价键。

小结：

(1) 处理该类问题的一般方法是先按照所给名称写出对应结构简式或碳架，然后根据系统命名法的原则加以判别。

(2) 常见的错误有：

① 主链选择不当。

② 编号顺序不对。

③ C 价键数不符。

④ 名称书写有误。

⑤ 烷烃中，作为支链$-CH_3$不能出现有首位和末位 C 上。

作为支链$-C_2H_5$不能出现在正数或倒数第 2 位 C 上。

作为支链$-C_3H_7$不能出现在正数 3 位 C 上或以前。

如：

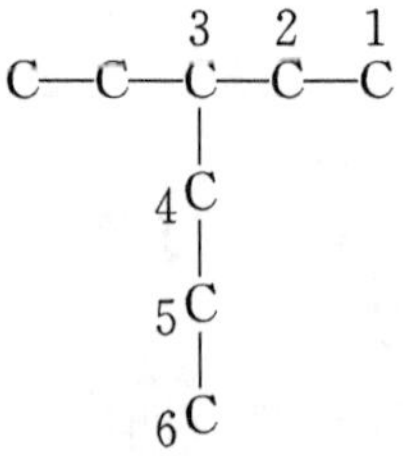

```
        3   2   1
C—C—C—C—C
        |
       4C
        |
       5C
        |
       6C
```

正丙基未作支链

名称：3－乙基己烷

由此可推得出：

分子中含有甲基作支链的最小烷烃是

```
CH3CHCH3
   |
   CH3
```

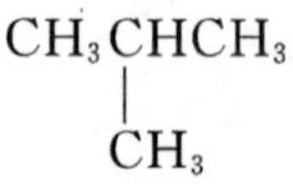

分子中含有乙基作支链的最小烷烃是

```
CH3CH2CHCH2CH3
        |
        C2H5
```

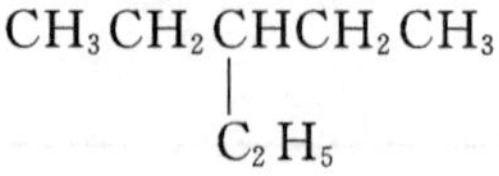

习题一

一、选择题

1. 下列各化合物的命名正确的是(　　)。

A. $CH_2=CH-CH=CH_2$　1,3-二丁烯　B. $CH_3-CH_2-CH(OH)-CH_3$　3-丁醇

C. （邻甲基苯酚结构式：苯环上连 OH 与 CH_3）　甲基苯酚　D. $CH_3-CH(CH_2-CH_3)-CH_3$　2-甲基丁烷

2. 下列说法正确的是(　　)。

A. 淀粉和纤维素的组成都可用$(C_6H_{10}O_5)_n$表示，它们互为同分异构体

B. $CH_2=CHC(CH_3)_3$与氢气完全加成后，生成物的名称是3,3-二甲基丁烷

C. CS_2的结构式为 $S=C=S$

D. $-CH_3$(甲基)的电子式 $\begin{matrix} & H & \\ & \cdot\cdot & \\ H: & C & :H \end{matrix}$

3. 去掉苯酚中混有的少量苯甲酸，应选用的最好方法是(　　)。

A. 在混合物中加入盐酸，充分振荡，再用分液漏斗分离

B. 在混合物中加入NaOH溶液，充分振荡，再通入过量CO_2气体，待完全反应后，用分液漏斗分离

C. 将混合物用蒸馏方法分离

D. 在混合物中加入乙醚，充分振荡，萃取苯酚，然后再用分液漏斗分离

4. 最简式相同，但既不是同系物，又不是同分异构体的是(　　)。

A. 辛烯和3-甲基-1-丁烯　B. 苯和乙炔

C. 1-氯丙烷和2-氯丙烷　D. 甲基环己烷和己炔

5. 下列8种有机物：①$CH_2=CH_2$

②H_2C—（苯环）—OH　③CH_3OH　④CH_3Cl　⑤CCl_4

⑥$HCOOCH_3$　⑦$CH_3COOCH_2CH_3$　⑧CH_3COOH 按官能团的不同可分为(　　)。

A. 4类　B. 5类　C. 6类　D. 8类

6. 2002年诺贝尔化学奖表彰了两项成果，其中一项是瑞士科学家库尔特·维特里希发明的“利用核磁共振技术测定溶液中生物大分子三维结构的方法”。在化学上经常使用的是核磁共振氢谱，它是根据不同化学环境的氢原子在核磁共振氢谱中给出的信号不同来确定有机物分子中的不同的氢原子。下列有机物分子在核磁共振氢谱中只给出2种信号，且强度(个数比)是1∶3的是(　　)。

A. 1,2,3-三甲基苯　B. 丁烷　C. 异丙醇　D. 醋酸叔丁酯

7. 已知某有机化合物的相对分子质量为128，而且只有碳、氢两种元素组成。下面对该有机化合物中碳原子成键特点的分析正确的是(　　)。

A. 一定含有碳碳双键　B. 一定含有碳碳三键

C. 一定含有碳碳不饱和键　D. 可能含有苯环

二、双项选择题

8. 下列说法正确的是(　　)。

A. 分子组成相差一个或若干个CH_2原子团的有机物不一定是同系物

B. 具有相同通式且相差一个或若干个CH_2原子团的有机物不一定是同系物

C. 互为同系物的有机物分子结构不一定相似

D. 互为同系物的有机物一定具有相同的通式

9. 2008 年 6 月 26 日是第 21 个国际禁毒日，今年活动的主题是“抵制毒品，参与禁毒”，口号是“毒品控制你的生活了吗？你的生活，你的社区，拒绝毒品”。据公安部通报，目前冰毒、摇头丸、氯胺酮等新型毒品在我国有较大传播范围，吸、贩新型毒品问题十分突出，吸毒人数持续增多，滥用种类日趋多样。已知下列四种毒品的结构简式：

氯胺酮(K粉)

摇头丸

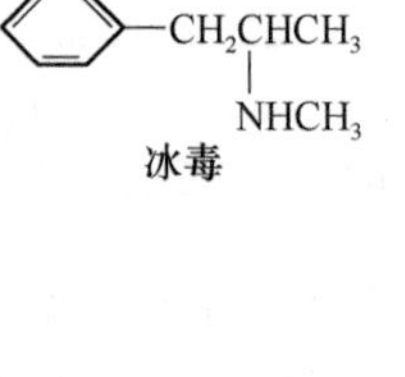

冰毒

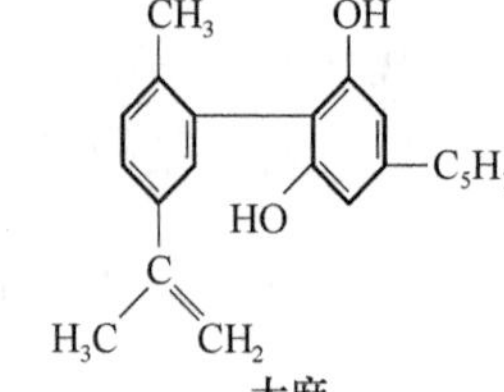

大麻

下列说法不正确的是(　　)。

A. 这四种毒品都属于芳香烃

B. K 粉的分子式为 $C_{12}H_{16}ClNO$

C. 其中有三种毒品能与盐酸作用生成盐

D. 大麻可与 Br_2 发生反应

10. 下列关于碳原子的成键特点及成键方式的理解中正确的是(　　)。

A. 饱和碳原子不能发生化学反应

B. 碳原子只能与碳原子形成不饱和键

C. 具有六个碳原子的苯与环己烷的结构不同

D. 五个碳原子最多只能形成五个碳碳单键

三、非选择题

11. A 为烃，B 是烃的含氧衍生物。由等物质的量的 A 和 B 组成的混合物 0.05 mol 在 0.125 mol 的氧气中恰好完全燃烧，生成 0.1 mol CO_2 和 0.1 mol H_2O。试通过计算回答：

(1) 从分子式的角度看，该混合物组合可能有________种。

(2) 另取一定量的 A 和 B 完全燃烧。将其以任意物质的量之比混合，且物质的量之和一定。

① 若耗氧量一定，则 A、B 的分子式分别是________、________；

② 若生成的 CO_2 和 H_2O 的物质的量一定，则 A、B 的分子式分别是________、________。

(3) 另取 a mol 的以任意比混合的 A 和 B 的混合物，在过量的氧气中完全燃烧。

① 若耗氧量为定值，则该值为________ mol(用含 a 的代数式表示，下同)；

② 若生成物 CO_2 的量为定值，则生成物水的物质的量范围为________。

12. 请仔细阅读以下转化关系。

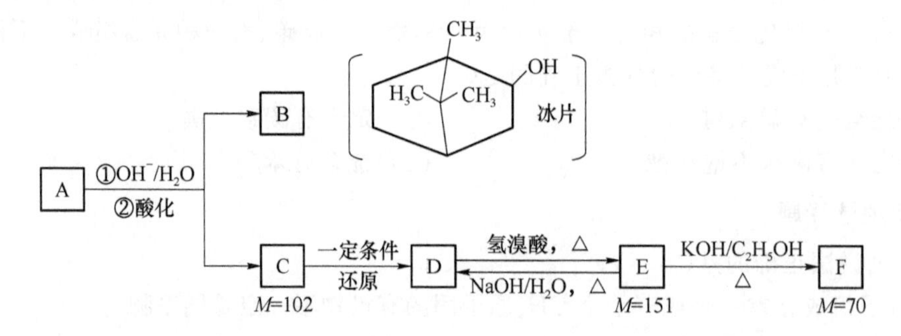

A 是从蛇床子果实中提取的一种中草药有效成分，是由碳、氢、氧元素组成的酯类化合物。

B 称作冰片，可用于医药和制香精、樟脑等。

C 的核磁共振氢谱显示其分子中含有 4 种氢原子。

D 中只含一个氧原子，与 Na 反应放出 H_2。

F 为烃。

请回答：

(1) B 的分子式为________。

(2) B 不能发生的反应是(填序号)________。

a. 氧化反应　b. 聚合反应　c. 消去反应　d. 取代反应　e. 与 Br_2 加成反应

(3) 写出 D ⟶ E、E ⟶ F 的反应类型：

D ⟶ E ________________、E ⟶ F ________________。

(4) F 的分子式为________。化合物 H 是 F 的同系物，相对分子质量为 56，写出 H 所有可能的结构：________________。

(5) 写出 A、C 的结构简式并用系统命名法给 F 命名：

A：________________________________。

C：________________________________。

F 的名称：____________________________。

(6) 写出 E ⟶ D 的化学方程式：________________________。

13. 有机物 A 可作为合成降血脂药物安妥明（$Cl-C_6H_4-O-C(CH_3)_2-COOC_2H_5$）和某聚碳酸酯工程塑料

塑料（$H\!\left[O-C_6H_4-C(CH_3)_2-C_6H_4-O-\overset{O}{\overset{\|}{C}}\right]_n O-C_6H_5$）

的原料之一。已知：

① 如下有机物分子结构不稳定，会发生变化：

$$HO-\underset{OH}{\underset{|}{\overset{R}{\overset{|}{C}}}}-OH \longrightarrow R-\overset{O}{\overset{\|}{C}}-OH + H_2O$$

② 某些醇或酚可以与碳酸酯反应生成聚碳酸酯，如：

$$nHOCH_2CH_2OH + nRO-\overset{O}{\overset{\|}{C}}-OR \xrightarrow{\text{一定条件}}$$

$$H\!\left[OCH_2CH_2O-\overset{O}{\overset{\|}{C}}\right]_n OR + (2n-1)ROH$$

相关的合成路线如下图所示。

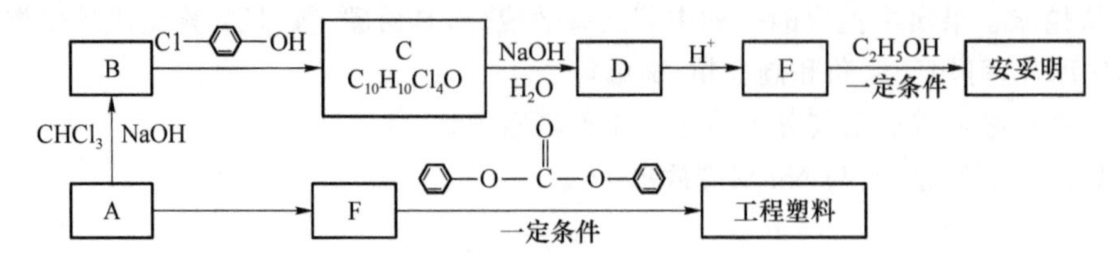

(1) 经质谱测定,有机物 A 的相对分子质量为 58,燃烧 2.9 g 有机物 A,生成标准状况下 3.36 L CO_2 和 2.7 g H_2O,A 的核磁共振氢谱只出现一个吸收峰。则 A 的分子式是________。

(2) E ⟶安妥明反应的化学方程式是________________。

(3) C 可能发生的反应类型是________(填选项序号)。

a. 取代反应 b. 加成反应 c. 消去反应 d. 还原反应

(4) F 的结构简式是____________________。

(5) 写出同时符合下列条件的 E 的同分异构体 X 的结构简式:________(只写 1 种即可)。

① X 能与饱和溴水发生取代反应。

② X 的苯环上有 2 个取代基,且苯环上的一溴取代物只有 2 种。

③ 1 mol X 与足量 $NaHCO_3$ 溶液反应生成 1 mol CO_2,与足量 Na 反应生成 1 mol H_2。

④ X 与 NaOH 水溶液发生取代反应所生成的官能团能被连续氧化为羧基。

习题一　参考答案

一、1. D　2. C　3. B　4. B　5. C　6. D　7. D

二、8. AD　9. AB　10. CD

三、11. (1)5

(2)① C_2H_2　$C_2H_6O_2$

② C_2H_4　$C_2H_4O_2$

(3) ① 2.5a　② a mol $< n(H_2O) < 3a$ mol

12. (1) $C_{10}H_{18}O$　(2) be　(3)取代反应　消去反应

(4) C_5H_{10}　CH_2 ═CHCH_2CH_3、

H_3C　CH_3
　C═C　　、
H　　H

H_3C　H
　C═C　　、CH_2 ═C$(CH_3)_2$
H　　CH_3

(5) （桥环结构：CH_3，H_3C—C—CH_3，O‖OC）　$CH_2CH(CH)_2$　$(CH_3)_2CHCH_2COOH$　3-甲基-1-丁烯

(6) $(CH_3)_2CHCH_2CH_2Br + NaOH \xrightarrow[\triangle]{H_2O} (CH_3)_2CHCH_2CH_2OH + NaBr$

13. (1) C_3H_6O

(2) 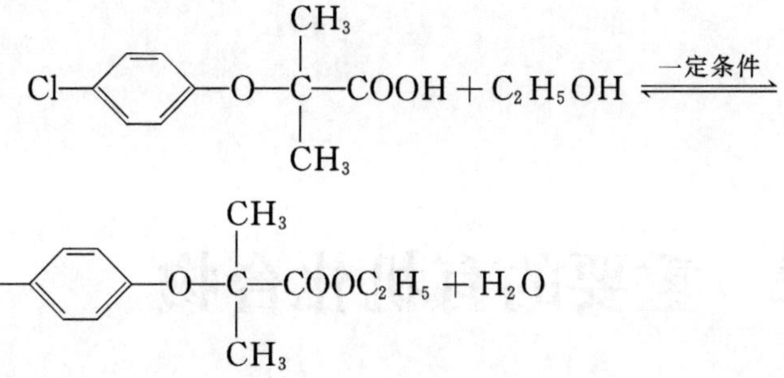 $$Cl-C_6H_4-O-C(CH_3)_2-COOH + C_2H_5OH \xrightleftharpoons{\text{一定条件}} Cl-C_6H_4-O-C(CH_3)_2-COOC_2H_5 + H_2O$$

(3) abd

(4) 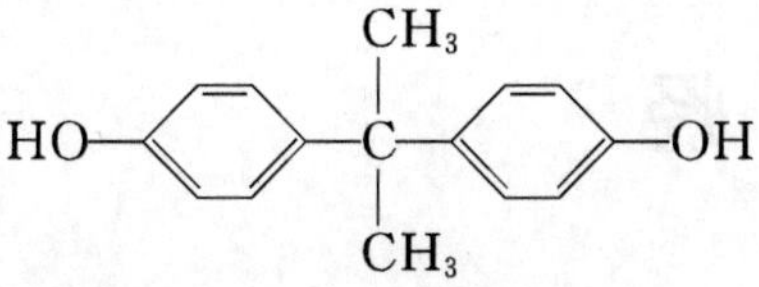 $$HO-C_6H_4-C(CH_3)_2-C_6H_4-OH$$

(5)（写出以下任意 1 种即可）

$$HO-C_6H_4-CH_2-CH(CH_2Cl)COOH$$、$$HO-C_6H_4-CH(CH_2Cl)-CH_2COOH$$、

$$HO-C_6H_4-C(CH_2Cl)(CH_3)-COOH$$、$$HO-C_6H_4-CH(CH_2CH_2Cl)-COOH$$

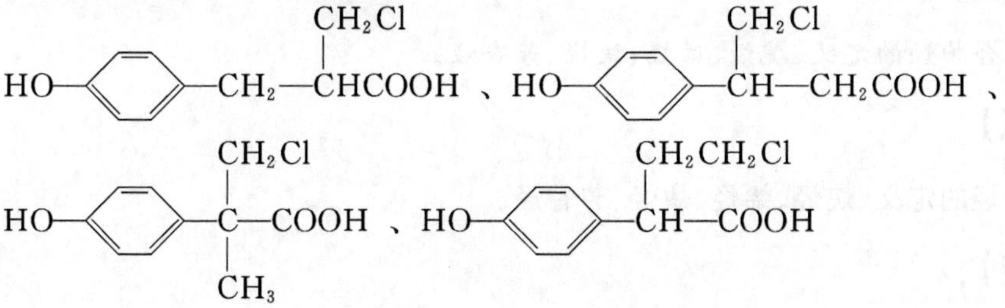

第二章　重要的有机化合物

课题1　烃

【教学目标】

掌握有机化合物烃的定义、烷烃、烯烃、炔烃、芳香烃。

【教学重点】

有机化合物烃的定义、烷烃、烯烃、炔烃、芳香烃。

【教学难点】

烷烃、烯烃、炔烃、芳香烃。

【知识回顾】

1. 烃

只含有碳、氢两种元素的化合物称为碳氢化合物，简称为烃。

2. 烷烃

烷烃是碳氢化合物下的一种饱和烃，其整体构造大多仅由碳、氢、碳碳单键与碳氢单键所构成，同时也是最简单的一种有机化合物，而其下又可细分出链烷烃与环烷烃。

烷烃分子式：$C_nH_{(2n+2)}$，($n \geqslant 1$)。

烷烃的代表物是甲烷；它是组成和结构最简单的烷烃。

最简单的有机化合物——甲烷

① 甲烷的结构

分子式：CH_4

电子式：
```
   H
   ×·
H×̣ C ×̣H
   ·×
   H
```

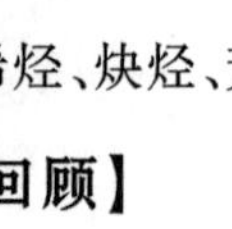

结构式：用短线来表示一对共用电子的图式称为结构式。

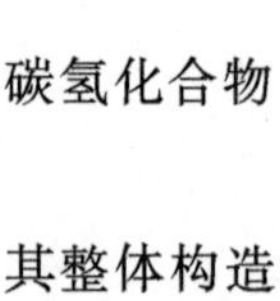

```
    H
    |
H—C—H
    |
    H
```

立体结构：正四面体型。

② 甲烷的物理性质：无色无味气体，难溶于水，比空气轻。

③ 甲烷的化学性质

氧化反应：$CH_4 + 2O_2 \xlongequal{点燃} CO_2 + 2H_2O$

取代反应：有机物分子里的某些原子或原子团被其他原子或原子团所替代的反应。

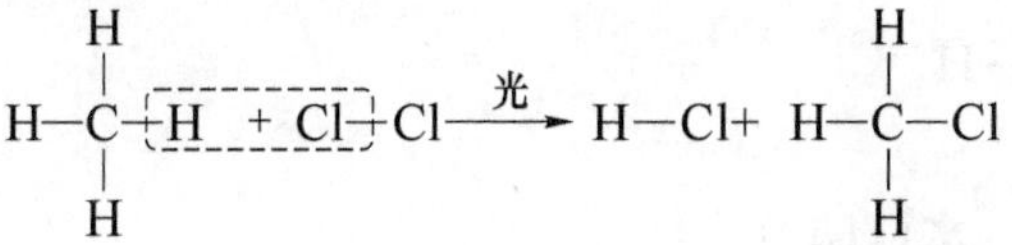

$$H-\underset{H}{\overset{H}{\overset{|}{\underset{|}{C}}}}-H + Cl-Cl \xrightarrow{光} H-Cl + H-\underset{H}{\overset{H}{\overset{|}{\underset{|}{C}}}}-Cl$$

一氯甲烷(气体)

3. 烯烃

烯烃是链烃分子中含有 C═C 键(碳—碳双键)(烯键)的碳氢化合物。

烯烃属于不饱和烃，分为链烯烃与环烯烃。按含双键的多少分别称单烯烃、二烯烃等。双键中有一根属于能量较高的 π 键，不稳定，易断裂，所以会发生加成反应。

单链烯烃分子通式为 $C_nH_{2n}(n\geqslant 2)$。

烯烃的代表物是乙烯；它是分子组成最简单的烯烃。

乙烯：

① 乙烯的分子组成和结构

分子式：C_2H_4 电子式：$H:\overset{H}{\overset{\cdot\cdot}{C}}::\overset{H}{\overset{\cdot\cdot}{C}}:H$

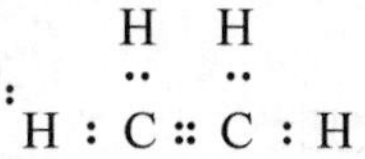

结构式：$H-\overset{H}{\overset{|}{C}}=\overset{H}{\overset{|}{C}}-H$ 结构简式：$CH_2=CH_2$

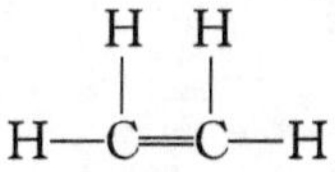

键角：120° 空间构型：平面四边形

② 乙烯的物理性质：无色、稍有气味、气体、密度稍小于空气、难溶于水。

③ 乙烯的化学性质：

氧化反应：

$$C_2H_4(g)+3O_2(g)\xrightarrow{点燃}2CO_2(g)+2H_2O(l)+1\ 411\ kJ$$

使高锰酸钾溶液褪色

加成反应：

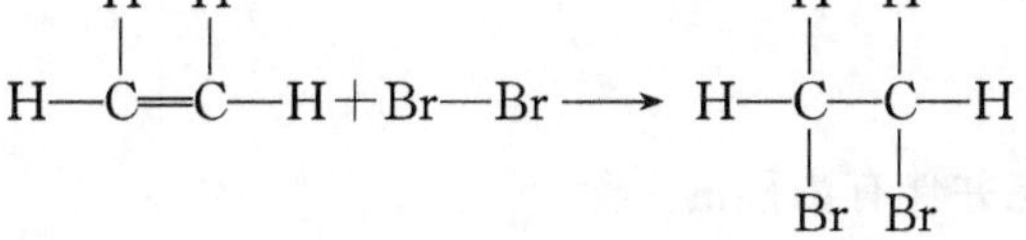

$$H-\overset{H}{\overset{|}{C}}=\overset{H}{\overset{|}{C}}-H+Br-Br\longrightarrow H-\underset{Br}{\underset{|}{\overset{H}{\overset{|}{C}}}}-\underset{Br}{\underset{|}{\overset{H}{\overset{|}{C}}}}-H$$

1,2-二溴乙烷

乙烯的用途：制取酒精、橡胶、塑料等，并能作为植物生长调节剂和水果的催熟剂等。

4. 炔烃

炔烃是链烃分子中含有碳碳三键的碳氢化合物的总称，是一种不饱和的碳氢化合物，简单的炔烃化合物有乙炔(C_2H_2)，丙炔(C_3H_4)等。

炔烃分子式：C_nH_{2n-2}，($n \geqslant 2$)；

炔烃的代表物是乙炔，它是分子组成最简单的炔烃。

乙炔：

① 乙炔分子的结构和组成

• 分子式：C_2H_2

• 电子式：$H\overset{\times}{\cdot}C \vdots\vdots C \overset{\cdot}{\times} H$

• 结构式：H—C≡C—H

② 乙炔的实验室制法

反应药品：电石(CaC_2)　水(H_2O)

反应原理：$CaC_2 + 2H_2O \longrightarrow C_2H_2\uparrow + Ca(OH)_2$

制取乙炔气体

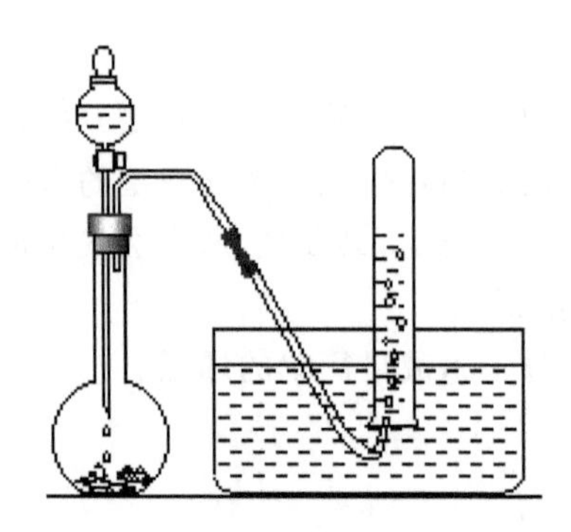

注意事项：(边讲边实验)

• 实验前，先检查装置的气密性，合格才能使用。

• 盛电石的试剂要及时密封，严防电石吸水而失效。

• 取电石要用镊子夹取，切忌用手拿电石。

• 作为反应器的烧瓶在使用前要进行干燥处理。

• 向烧瓶中加入电石时，要使电石沿烧瓶内壁慢慢滑下，严防让电石打破烧瓶。

• 电石与水的反应很剧烈，向烧瓶里加水时要使水逐滴慢慢地滴下，当乙炔气流达到所需要求时，要及时关闭分液漏斗活塞，停止加水。也可用饱和食盐水代替水，降低纯水浓度，控制反应速率。

收集方法：排水法。

③ 物理性质

纯的乙炔是没有颜色、没有气味的气体，比空气稍轻，微溶于水，易溶于有机溶剂。

④ 化学性质

氧化反应：

可燃性——火焰明亮并伴有浓烈的黑烟

$$2C_2H_2 + 5O_2 \xrightarrow{\text{点燃}} 4CO_2 + 2H_2O$$

加成反应：

$$H-C\equiv C-H + Br-Br \longrightarrow \underset{\displaystyle Br\quad Br}{H-\overset{}{C}=C-H}$$

（产物中两个 C 上各连一个 Br）　1,2- 二溴乙烯

$$H-\underset{Br}{\underset{|}{C}}=\underset{Br}{\underset{|}{C}}-H + Br-Br \longrightarrow H-\underset{Br}{\underset{|}{\overset{Br}{\overset{|}{C}}}}-\underset{Br}{\underset{|}{\overset{Br}{\overset{|}{C}}}}-H$$ 1,1,2,2-四溴乙烷

$$H-C\equiv C-H + 2H_2 \xrightarrow[\triangle]{Ni} CH_3-CH_3$$

$$H-C\equiv C-H + HCl \xrightarrow[\triangle]{催化剂} H_2C=CHCl$$

制聚氯乙烯：

$$CH\equiv CH + HCl \xrightarrow{催化剂} CH_2=CHCl$$

$$nCH_2=CHCl \xrightarrow{催化剂} [\!-CH_2-\underset{Cl}{\underset{|}{CH}}-]\!_n$$

聚氯乙烯

5. 芳香烃

分子里含一个或多个苯环的碳氢化合物属于芳香族化合物。苯是芳香烃中最简单的。

芳香烃分子通式是 $C_nH_{2n-6}(n\geqslant 6)$。

苯：

苯的分子结构：C_6H_6；具有平面的正六边形结构。

① 物理性质

苯有毒、油漆中用苯作溶剂等。

无色、有特殊气味的液体。

比水轻，不溶于水；易溶于有机溶剂。

沸点是 80.1 ℃(易挥发)。

熔点是 5.5 ℃(苯放入冰水混合物中结晶)。

② 化学性质

燃烧：

$$2C_6H_6 + 15O_2 \xrightarrow{点燃} 12CO_2 + 6H_2O$$

发出明亮的带有浓烟的火焰，这是由于苯中含碳量很大的缘故。

苯分子中的键是一种介于单键和双键之间的独特的键，决定了苯具有独特的化学性质，既可以发生取代反应，又可以发生加成反应。

取代反应：

苯与液溴的反应

反应方程式：$C_6H_6 + Br_2 \xrightarrow{FeBr_2} C_6H_5Br + HBr$

溴苯

苯与硝酸的反应(硝化反应)

反应方程式：$C_6H_6 + HNO_3 \xrightarrow[\triangle]{浓硫酸} C_6H_5NO_2 + H_2O$

硝基苯

加成反应：

苯的加成反应

$$\text{C}_6\text{H}_6 + 3H_2 \xrightarrow[\triangle]{Ni} \text{C}_6\text{H}_{12}$$

③ 用途与来源

苯是一种很重要的有机化工原料，广泛用来合成纤维、橡胶、农药。

大量的苯从石油工业中获得，从炼焦所得的煤焦油里也能提取出苯。

课题 2　烃的衍生物

【教学目标】

掌握有机化合物烃的衍生物：醇、醛、羧酸、酯。

【教学重点】

机化合物烃的衍生物：醇、醛、羧酸、酯。

【教学难点】

醇、醛、羧酸、酯。

【知识回顾】

1. 醇

醇是分子里含有跟链烃基结合着的羟基(—OH)的化合物，含一个羟基的称为一元醇，含两个羟基的称为二元醇，二元以上的醇统称为多元醇。

乙醇

① 乙醇的分子结构

分子式 C_2H_6O

结构式 H—C(H)(H)—C(H)(H)—O—H　（—O—H：羟基——官能团，写作—OH）

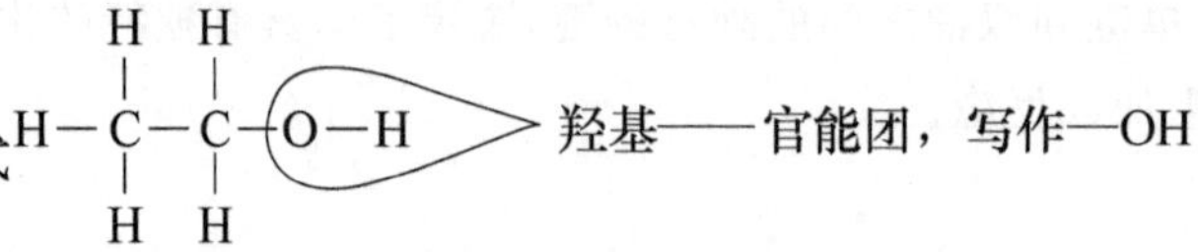

乙醇

结构简式　CH_3CH_2OH 或 C_2H_5OH

② 物理性质

乙醇俗称酒精，无色、透明，具有特殊香味的液体(易挥发)，密度比水小，能跟水以任意比互溶(一般不能做萃取剂)。其是一种重要的溶剂，能溶解多种有机物和无机物。

③ 化学性质

乙醇能与金属钠(活泼的金属)反应：

$$2CH_3CH_2OH + 2Na \longrightarrow 2CH_3CH_2ONa + H_2\uparrow$$

其他活泼金属如钾、钙、镁等也可与乙醇反应。

例如：乙醇与镁反应的化学方程式。

$$2CH_3CH_2OH+Mg \longrightarrow (CH_3CH_2O)_2Mg+H_2\uparrow$$

乙醇的氧化反应：

乙醇燃烧：

化学反应方程式：$C_2H_5OH+3\ O_2 \xrightarrow{点燃} 2CO_2+3H_2O$

乙醇的催化氧化：

$C_2H_5OH+CuO \xrightarrow{\triangle} CH_3CHO+H_2O+Cu$

脱水反应：

乙醇可以在浓硫酸和高温的催化发生脱水反应，随着温度的不同生成物也不同。

消去(分子内脱水)制乙烯(170 ℃浓硫酸)制取时要在烧瓶中加入碎瓷片(或沸石)以免爆沸。

$$C_2H_5OH \longrightarrow CH_2=CH_2\uparrow+H_2O$$

缩合(分子间脱水)制乙醚(130～140 ℃ 浓硫酸)。

$$2C_2H_5OH \longrightarrow C_2H_5OC_2H_5+H_2O$$(此为取代反应)

④ 用途

乙醇可以用来制造饮料和香料；也可作为有机化工原料。

2. 醛

分子中含有跟烃基结合着的醛基(—CHO)的化合物称为醛。

醛能被还原为醇，被氧化成酸，能起银镜反应。乙醛是一种重要的醛。

乙醛

① 物理性质

乙醛是一种醛，又名醋醛，无色易流动液体，有刺激性气味。熔点-121 ℃，沸点20.8 ℃，相对密度小于1。可与水和乙醇等一些有机物质互溶。易燃易挥发，蒸气与空气能形成爆炸性混合物。

化学式：CH_3CHO

② 化学性质

工业制乙醛方程式：$2CH_3CH_2OH+O_2 \longrightarrow 2CH_3CHO+2H_2O$(加热，催化剂 Cu/Ag)

乙炔水化法：$C_2H_2+H_2O \longrightarrow CH_3CHO$(催化剂，加热)(是加成反应，也是还原反应)

乙烯氧化法：$2CH_2=CH_2+O_2 \longrightarrow 2CH_3CHO$(催化剂，加热，加压)

乙醛催化氧化：$2CH_3CHO+O_2 \longrightarrow 2CH_3COOH$(催化剂，加热)

乙醛燃烧：$2CH_3CHO+5O_2 \longrightarrow 4H_2O+4CO_2$

银镜反应：$CH_3CHO+2Ag(NH_3)_2OH \longrightarrow CH_3COONH_4+2Ag\downarrow+3NH_3+H_2O$(加热)

乙醛与新制的氢氧化铜：$CH_3CHO+2Cu(OH)_2 \longrightarrow CH_3COOH+Cu_2O\downarrow+2H_2O$(加热)(生成砖红色 Cu_2O 沉淀)

乙醛和氢气反应生成乙醇，是加成反应：$CH_3CHO+H_2 \longrightarrow CH_3CH_2OH$

③ 应用

乙醛为有机合成工业中的重要原料，主要用来生产乙酸、丁醇等。

3. 羧酸

羧酸为在分子中烃基跟羧基直接相连接的有机化合物。

乙酸

① 物理性质：无色、刺激性味道、液态、易溶于水和乙醇。

分子式：$C_2H_4O_2$

结构式：$$H-\underset{\underset{H}{|}}{\overset{\overset{H}{|}}{C}}-\overset{\overset{O}{\|}}{C}-O-H$$

结构简式：CH_3COOH

官能团：$-\overset{\overset{O}{\|}}{C}-OH$ 或$-COOH$（羧基）

② 化学性质

乙酸的酸性

性质	化学方程式
与酸碱指示剂反应	乙酸能使紫色石蕊试液变红
与活泼金属反应	$Zn+2CH_3COOH \longrightarrow (CH_3COO_2)Zn+H_2\uparrow$
与碱反应	$CH_3COOH+NaOH \longrightarrow CH_3COONa+H_2O$
与碱性氧化物反应	$CuO+2CH_3COOH \longrightarrow (CH_3COO)_3Cu+H_2O$
与某些盐反应	$CaCO_3+2CH_3COOH \longrightarrow (CH_3COO)_2Ca+H_2O+CO_2\uparrow$

酸性由强到弱顺序：$HCl>H_2SO_3>CH_3COOH>H_2CO_3>C_6H_5OH$

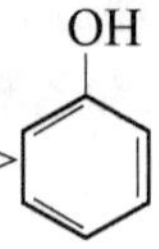

酯化反应

$$CH_3COOH+HOC_2H_5 \rightleftharpoons CH_3COOC_2H_5+H_2O$$

乙酸乙酯酸和醇起反应生成酯和水的反应，称为酯化反应

4. 酯

酸跟醇起反应，生成水和一类称为酯的化合物。

① 分子结构

$RCOOR'$或 $R-\overset{\overset{O}{\|}}{C}-O-R'$

饱和酯的通式：$C_nH_{2n}O_2(n\geqslant 2)$

② 酯的性质

酯一般是比水轻，难溶于水的液体(或固体)，易溶于有机溶剂。低级酯多数具有芳香气味。

酯在一定条件下可发生水解反应。

如：$CH_3COOC_2H_5+H_2O \rightleftharpoons CH_3COOH+C_2H_5OH$

$CH_3COOC_2H_5+NaOH \longrightarrow CH_3COONa+C_2H_5OH$

③ 酯的用途

酯可作为溶剂和饮料、糖果中的香料。

5. 烃与烃的衍生物之间的转化关系

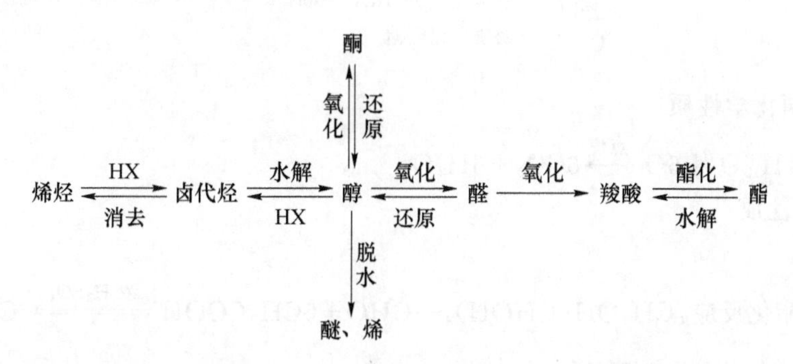

课题 3　糖类和蛋白质

【教学目标】

(1) 掌握有机化合物糖类的类型：单糖、低聚糖、多糖。

(2) 掌握有机化合物蛋白质的组成及性质。

【教学重点】

掌握有机化合物糖类的类型：单糖、低聚糖、多糖。

【教学难点】

掌握有机化合物蛋白质的组成及性质。

【知识回顾】

1. 糖类

糖类是自然界中广泛分布的一类重要的有机化合物。日常食用的蔗糖、粮食中的淀粉、植物体中的纤维素、人体血液中的葡萄糖等均属糖类。

(1) 组成

糖类是指多羟基醛或多羟基酮以及能水解生成它们的物质，是由碳、氢、氧三种元素组成的。

(2) 分类

糖类
- 单糖
  - 结构：一般是多羟基醛或多羟基酮，不能进一步水解
  - 分类
    - 按分子中所含碳原子数多少：丙糖、丁糖、戊糖、己糖等
    - 按与羰基连接的原子团情况：醛糖、酮糖等
- 低聚糖：由不到 20 个单糖缩合形成的糖类化合物
- 多糖：如淀粉和纤维素

2. 单糖

（1）葡萄糖结构

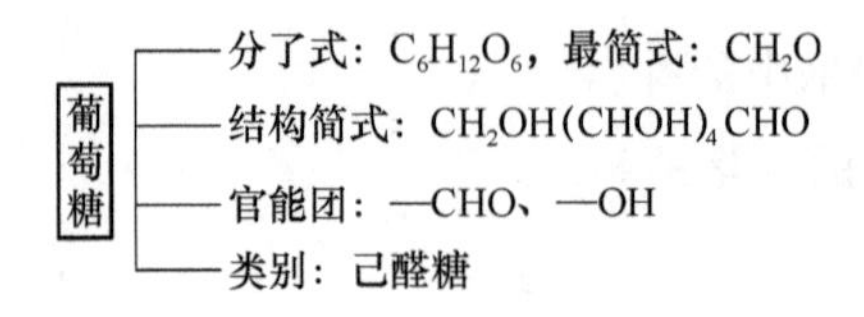

（2）葡萄糖化学性质

① 燃烧 $C_6H_{12}O_6+6O_2 \xrightarrow{点燃} 6CO_2+6H_2O$

② 羟基的性质

与乙酸的酯化反应：$CH_2OH(CHOH)_4—CHO+5CH_3COOH \underset{\triangle}{\overset{浓\ H_2SO_4}{\rightleftharpoons}} CH_3\overset{\overset{O}{\|}}{C}OCH_2—(CHOOCCH_3)_4—CHO+5H_2O$

③ 醛基的性质

• 银镜反应：$CH_2OH—(CHOH)_4—CHO+2Ag(NH_3)_2OH \xrightarrow[\triangle]{水浴} CH_2OH—(CHOH)_4COONH_4+3NH_3+2Ag\downarrow+H_2O$

• 与氢气加成：$CH_2OH—(CHOH)_4—CHO+H_2 \xrightarrow{催化剂} CH_2OH—(CHOH)_4—CH_2OH$

（3）果糖

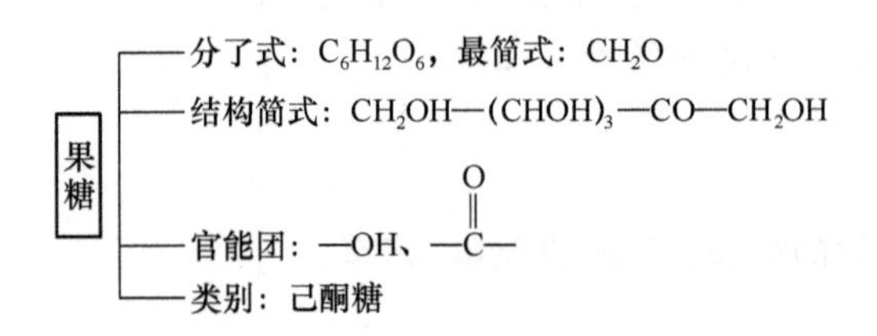

3. 低聚糖

形成：由单糖分子之间脱去水形成。

常见的二糖：蔗糖、麦芽糖、乳糖、纤维二糖，它们互为同分异构体，分子式为 $C_{12}H_{22}O_{11}$。

性质

（1）银镜反应：能发生银镜反应的常见二糖有麦芽糖、纤维二糖和乳糖。

（2）水解反应

① 蔗糖水解

实验操作	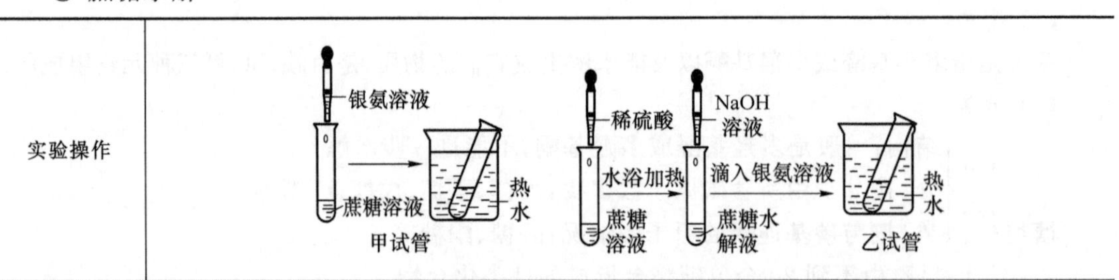

续表

实验现象	甲试管无现象;乙试管出现银镜反应
化学方程式	$\underset{\text{蔗糖}}{C_{12}H_{22}O_{11}}+H_2O\xrightarrow[\triangle]{H_2SO_4}\underset{\text{葡萄糖}}{C_6H_{12}O_6}+\underset{\text{果糖}}{C_6H_{12}O_6}$

② 其他二糖水解

二糖	麦芽糖	纤维二糖	乳糖
水解产物	葡萄糖	葡萄糖	半乳糖、葡萄糖
被人体水解情况	能	不能	能

4. 多糖

组成:$(C_6H_{10}O_5)_n$

性质

(1) 淀粉水解

① 酸催化

实验操作	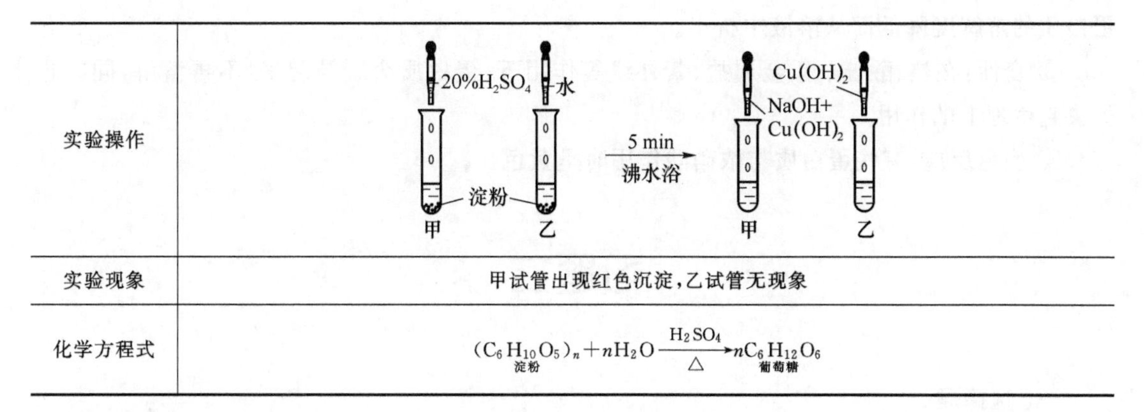
实验现象	甲试管出现红色沉淀,乙试管无现象
化学方程式	$\underset{\text{淀粉}}{(C_6H_{10}O_5)_n}+nH_2O\xrightarrow[\triangle]{H_2SO_4}n\underset{\text{葡萄糖}}{C_6H_{12}O_6}$

② 酶催化

淀粉$\xrightarrow{\text{淀粉酶}}$麦芽糖

(2) 纤维素的性质

① 水解反应:$\underset{\text{纤维素}}{(C_6H_{10}O_5)_n}+nH_2O\xrightarrow[\triangle]{\text{硫酸}}n\underset{\text{葡萄糖}}{C_6H_{12}O_6}$。

② 酯化反应

硝化纤维的制取反应:

$$\left[(C_6H_7O_2)\begin{matrix}-OH\\-OH\\-OH\end{matrix}\right]_n+3nHNO_3\xrightarrow[\triangle]{\text{浓硫酸}}\left[(C_6H_7O_2)\begin{matrix}-O-NO_2\\-O-NO_2\\-O-NO_2\end{matrix}\right]_n+3nH_2O$$

用途

(1) 多糖是生物体重要组成成分。纤维素是构成植物细胞壁的基础物质,淀粉则是植物储存能量的主要形式。

(2) 人类对纤维素利用历史悠久，其中造纸术是杰出代表。

(3) 硝化纤维是一种烈性炸药，醋酸纤维用于生产电影胶片片基，黏胶纤维用于生产人造丝或人造棉。

5. 蛋白质

(1) 蛋白质的组成

由不同的氨基酸互相结合而形成的高分子化合物。氨基酸是一种含氮有机物，它分子中含有羧酸和氨基。

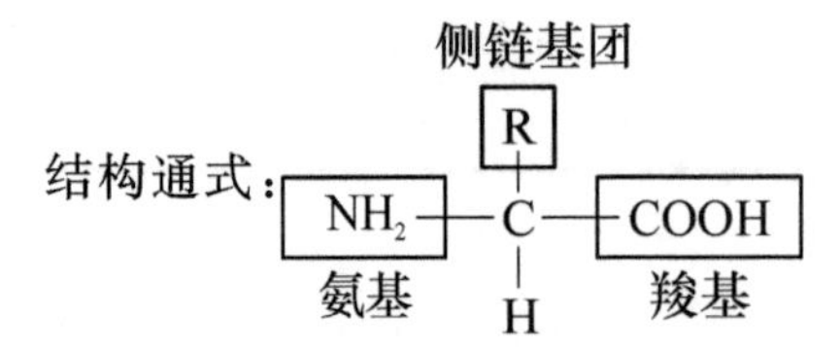

(2) 蛋白质的性质

① 水解：蛋白质在酸、碱或酶的作用下，逐步水解成分子量较小的化合物，最后得到各种a-氨基酸。

② 盐析：少量的盐能促进蛋白质的溶解，但如果向蛋白质溶液中加入浓的盐溶液，反而使蛋白质的溶解度降低而从溶液中析出。

③ 变性：在热、酸、碱、重金属盐、紫外线等作用下，蛋白质会凝结起来，不再溶解，同时也失去它生理上的作用。

④ 颜色反应：有些蛋白质与浓硝酸作用时呈黄色。

习题二

一、选择题

1. 下列各有机物的名称肯定错误的是(　　)。

A. 3－甲基－2－戊烯　　B. 3－甲基－2－丁烯

C. 2,2—二甲基丙烷　　D. 2－甲基－3－丁烯

2. 与 H_2 完全加成后，不可能生成 2、2、3－三甲基戊烷的烃是(　　)。

A. 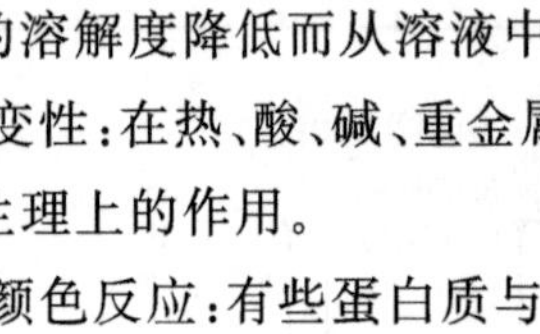 $HC\equiv C-C(CH_3)_2-C(CH_3)_2-CH_3$　　B. 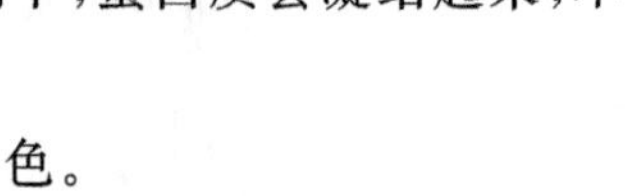 $(CH_3)_3C-C(=CH_2)-CH=CH_2$

C. $CH_2=CHC(CH_3)_2CH(CH_3)_2$　　D. $(CH_3)_3CC(CH_3)=CH(CH_3)$

3. 某烯烃与 H_2 加成后得到 2,2-二甲基丁烷，该烯烃的名称是(　　)。

A. 2,2-二甲基-3-丁烯　　B. 2,2-二甲基-2-丁烯

C. 2,2-二甲基-1-丁烯　　D. 3,3-二甲基-1-丁烯

4. 下列化学式中只能表示一种物质的是(　　)。

A. C_3H_7Cl　　B. CH_2Cl_2　　C. C_2H_6O　　D. $C_2H_4O_2$

5. 已知 $CH—CH—CH_2—CH_3$ (下接 $CH—C{=}O$,其中上方 CH 与下方 CH 以双键相连,上方第二个 CH 与下方 C 相连),可表示为(键线式,含 O),另有一种有机物 A 为(键线式,含 O)。

(1) 属于芳香醇的同分异构体种数为(　　)。

(2) 属于芳香醚的同分异构体种数为(　　)。

(3) 属于酚类的同分异构体种数为(　　)。

A. 5　　B. 6　　C. 8　　D. 9

6. 按系统命名法(　　)应命名为(　　)。

```
  1     2    3     4     5
CH3—CH—CH—CH2—CH3
       |    |
      CH3  CH2
            |
           CH3
```

A. 2,3-二甲基-2-乙基丁烷

B. 2,3,3-三甲基戊烷

C. 3,3,4-三甲基戊烷

D. 1,1,2,2-四甲基丁烷

7. 下列物质经催化加氢后,可还原生成 $(CH_3)_2CHCH_2C(CH_3)_3$ 的是(　　)。

A. 3,3,4,4-四甲基-1-戊　　B. 2,4,4-三甲基-1 戊烯

C. 2,3,4,-三甲基-1-戊烯　　D. 2,4,4-三甲基-2-戊烯

8. 下列物质①3,3-二甲基戊烷　②正庚烷　③3-甲基已烷　④正戊烷的沸点由高至低的顺序正确的是(　　)。

A. ③①②④　　B. ①②③④　　C. ②③①④　　D. ②①③④

9. 某烯烃与氢气加成后得到 2.2-二甲基戊烷,烯烃的名称是(　　)。

A. 2.2-二甲基-3-戊烯　　B. 2.2-二甲基-4-戊烯

C. 4.4-二甲基-2-戊烯　　D. 2.2-二甲基-2-戊烯

10. 某高聚物的结构如下:

```
—CH2—C=CH—CH—CH2—CH2—n
     |      |
    CH3    CH3
```

其单体名称为(　　)。

A. 2,4-二甲基-2-已烯　　B. 2,4-二甲基-1,3-已二烯

C. 2-甲基-1,3-丁二烯和丙烯　　D. 2-甲基-1,3-戊二烯和乙烯

11. 下列说法正确的是(　　)。

A. 含有羟基的化合物一定属于醇类

B. 代表醇类的官能团是与链烃基相连的羟基

C. 酚类和醇类具有相同的官能团,因而具有相同的化学性质

D. 分子内有苯环和羟基的化合物一定是酚类

12. 某有机物分子中含有一个$—C_6H_5$,一个$—C_6H_4$,一个$—CH_2$,一个—OH,该有机物属于酚类的结构有(　　)。

A. 5 种　　B. 4 种　　C. 3 种　　D. 2 种

13. 甲基带有的电荷数是(　　)。

A. －3　　B. 0　　C. ＋1　　D. ＋3

14. 下列有机物经催化加氢后可得到3-甲基戊烷的是(　　)。

A. 异戊二烯　　　B. 3-甲基-2-戊烯

C. 2-甲基-1-戊烯　　D. 2-甲基-1,3-戊二烯

15. 戊烷的三种同分异构体中,不可能由烯烃通过加成反应而制得的是(　　)。

A. 正戊烷　　B. 异戊烷　　C. 新戊烷　　D. 全不是

16. 为了减少大气污染,许多城市推广汽车使用清洁燃料。目前使用的清洁燃料主要有两类,一类是压缩天然气(CNG),另一类是液化石油气(LPG)。这两类燃料的主要成分都是(　　)。

A. 碳水化合物　　B. 碳氢化合物　　C. 氢气　　D. 醇类

17. 下面是某些稠环芳香烃的结构简式,这些式子表示的化合物共有(　　)。

①　②　③　④

A. 1种　　B. 2种　　C. 3种　　D. 4种

18. 婴儿用的一次性纸尿片中有一层能吸水保水的物质。下列高分子中有可能被采用的是(　　)。

A. $\lbrack CH_2—CH \rbrack_n$（CH 上连 F）

B. $\lbrack CH_2—CH \rbrack_n$（CH 上连 OH）

C. $\lbrack Cl_2—CCl_2 \rbrack_n$

D. $\lbrack CH_2—CH \rbrack_n$（CH 上连 $OOCCH_3$）

二、填空题

19. 用系统命名法命名下列有机物:

(1) $CH_3—CH—C═CH—CH_3$（CH 上连 C_2H_5，C 上连 C_2H_2）＿＿＿＿＿＿＿＿＿＿

(2) $CH_3—CH—C(CH)_3$（CH 上连 C_2H_5）＿＿＿＿＿＿＿＿＿＿

20. 支链上共含有3个C原子,主链上含碳原子数少的烯烃的结构简式＿＿＿＿。

21. 分子中含有50个电子的烷烃分子式为＿＿＿＿;常温常压下为液态,相对分子质量(分子量)最小的烷烃按习惯命名法名称为＿＿＿＿,＿＿＿＿,＿＿＿＿,其中沸点最低的是＿＿＿＿;支链含有乙基且分子中碳原子数最少的烷烃结构简式为＿＿＿＿,名称为＿＿＿＿.

22. 有A、B、C三种烃,分子式都是C_5H_{10},经在一定条件下与足量H_2反应,结果得到相同的生成物,这三种烃可能的结构简式为:＿＿＿＿ ＿＿＿＿ ＿＿＿＿。

23. 某烃C_mH_n,含氢10%,(质量分数)同温同压下,a g乙烷或$4a$ gC_mH_n蒸气都能充满在体积为150 mL的烧瓶中,另取1.2 g C_mH_n可以跟0.06 g H_2发生加成反应生成有机物C_mH_p,在FeX_3催化下,C_mH_n中的一个氢原子被卤原子取代,产生只有两种。

(1) m、n、p 数值分别为 m ________、n ________、p ________。

(2) C_mH_n结构简式为________、________，它能使________褪色，不能使________褪色（均指化学反应）。

24. 2000 年，国家药品监督管理局发布通告暂停使用和销售含苯丙醇胺的药品制剂。苯丙醇胺（英文缩写 PPA）结构简式如下：Φ—CH—CH—CH_3（两个 CH 上分别连 OH、NH_2）

Φ—CH—CH—CH_3
　　|　　|
　 OH　NH_2

其中 Φ—代表苯基。苯丙醇胺是一种一取代苯，取代基是 —CH—CH—CH_3
　|　　|
OH　NH_2

(1) PPA 的分子式是：________________。

(2) 它的取代基中有两个官能团，名称是________基和________基（请填写汉字）。

(3) 将 Φ—、H_2N—、HO—在碳链上的位置作变换，可以写出多种同分异构体，其中 5 种的结构简式是：

Φ—CH—CH—CH_3
　　|　　|
　 OH　NH_2

Φ—CH—CH_2—CH_2—NH_2
　　|
　 OH

Φ—CH_2—CH—CH_2
　　　　|　　|
　　　 OH　NH_2

Φ—CH—CH—CH_3
　　|　　|
　NH_2　OH

Φ—CH—CH_2—CH_2—OH
　　|
　NH_2

请写出另外 4 种同分异构体的结构简式（不要写出—OH 和—NH_2连在同一个碳原子上的异构体；写出多余 4 种的要扣分）：__________、__________、__________、__________。

习题二　参考答案

一、选择题

1. BD　2. AC　3. D　4. B　5. (1) A　(2) A　(3) D

6. B　7. BD　8. C　9. C　10. D　11. B　12. C

13. B　14. AC　15. C　16. B　17. B　18. B

二、填空题

19. (1) 4—甲基 3—乙基—2—已烯　(2) 2,2,3—三甲基戊烷

20.
　　　　　　CH_3
　　　　　　|
CH_2=C—C—CH_3
　　　|　　|
　　CH_3 CH_3

　　　　　　CH_2
　　　　　　|
CH_2=C—CH—CH_3
　　　|
　　C_2H_5

21. C_6H_{14}；正戊烷、异戊烷、新戊烷，新戊烷；CH_3—CH_2—CH—CH_2—CH_3　3-乙基戊烷

22.
CH_2=CH—CH—CH_3
　　　　　|
　　　　CH_3

CH_2=C—CH_2—CH_3
　　　|
　　CH_2

CH_2—CH=C—CH_3
　　　　　|
　　　　CH_3

23.(1) $m=9$　$n=12$　$p=18$

(2) 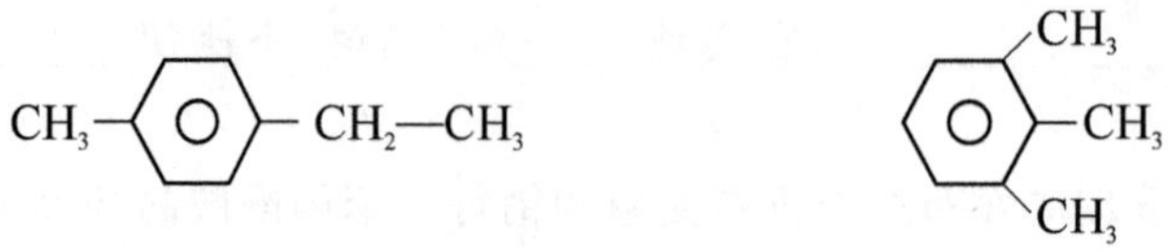 $CH_3-C_6H_4-CH_2-CH_3$（对甲基乙苯）　　1,2,3-三甲基苯（$C_6H_3(CH_3)_3$）

(3) $KMnO_4(H^+)$，　Br_2水溶液

24.(1) $C_9H_{13}NO$　(2) 羟基、氨基

(3) 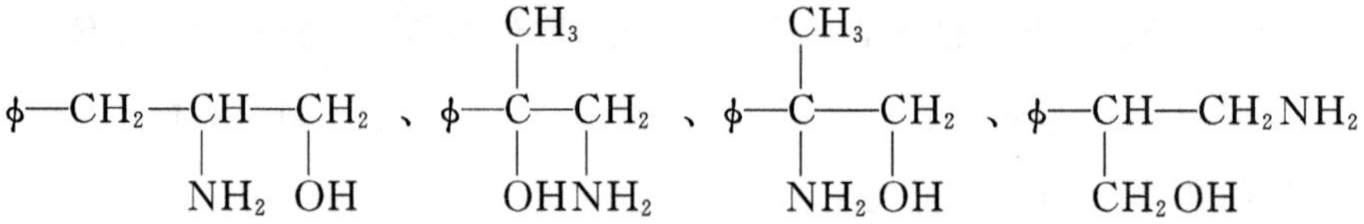 $\phi-CH_2-CH(NH_2)-CH_2OH$ 、$\phi-C(CH_3)(OH)-CH_2NH_2$ 、$\phi-C(CH_3)(NH_2)-CH_2OH$ 、$\phi-CH(CH_2OH)-CH_2NH_2$

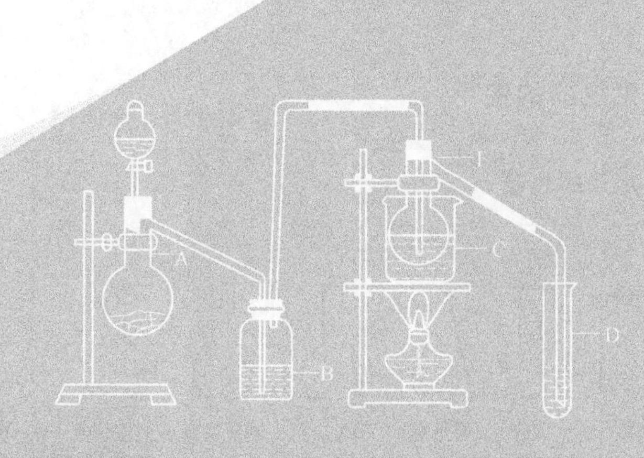

第三部分 化学实验基础知识

第一章　化学实验基础知识

一、常见仪器的使用

1. 用于加热的仪器

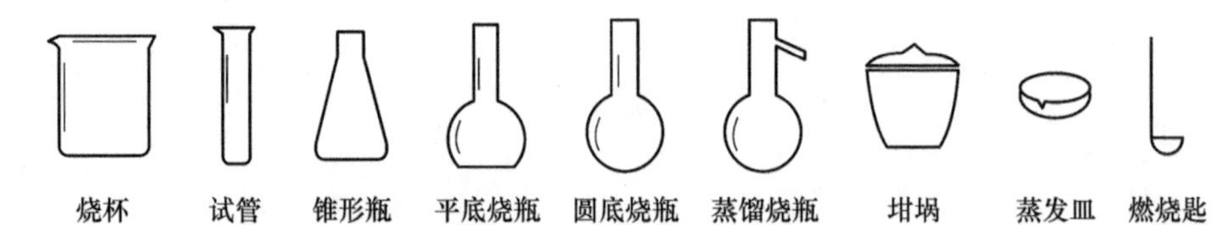

(1) 试管:是用于少量物质的溶解或反应的容器,也常用于制取和收集少量气体(即简易气体发生器)。实验时盛放液体药量不能超过试管容积的1/3,以防振荡或加热时逸出。用试管夹或铁夹固定时,要从试管底部套入并夹持管口约1/3的部位。试管是可以用灯焰直接加热的仪器。

试管可以用于简易制气装置,硬质试管常用于较高温度下的反应加热装置。

(2) 烧杯:是用于大量物质溶解和配制溶液或进行化学反应的容器,也常用于承接分液或过滤后的液体。实验时盛放液体的量不能超过烧杯容积的1/2,以防搅拌时溅出。

(3) 烧瓶:依外形和用途不同,分为圆底烧瓶、平底烧瓶、蒸馏烧瓶三种。用于较大量而又有液体物质参加的反应,生成物有气体且要导出收集的实验,可用圆底烧瓶或平底烧瓶。蒸馏液体时要用带支管的蒸馏烧瓶。

烧瓶一般用于制气实验,加热时,若无固体反应物,往往需要加入沸石等,如实验室制乙烯。

(4) 蒸发皿:是用于蒸发浓缩溶液或使溶液结晶的瓷质仪器。所盛溶液量较多时,可放在铁圈上用火焰直接加热;当溶液中有部分晶体析出时,要改放在石棉网上加热,以防晶体飞溅。

(5) 坩埚:是进行固体物质高温加热、灼烧的仪器。实验时要放在泥三角上用火焰直接加热。

(6) 锥形瓶:是用于中和滴定的实验容器,也常用来代替烧杯组装成气体发生装置。

(7) 燃烧匙:是进行固体物质或液体物质燃烧的仪器。由于燃烧匙一般是铜或铁的制成品。遇到跟铜、铁反应的物质时,要在匙底部铺一层细砂。

2. 用于计量的仪器

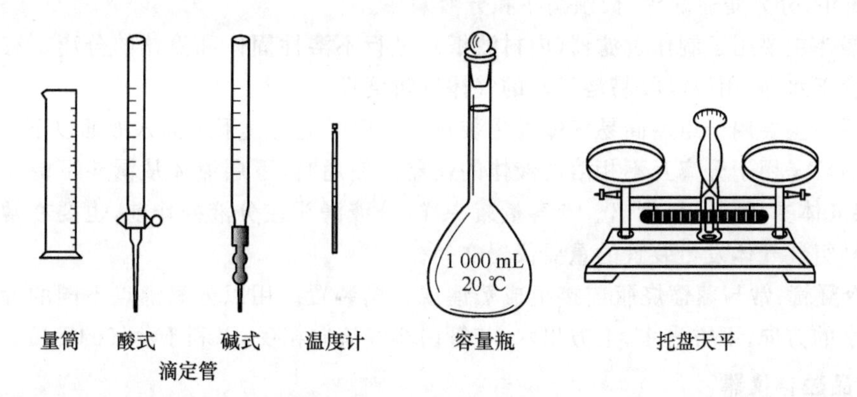

量筒　酸式　碱式　温度计　容量瓶　托盘天平
滴定管

(1) 量筒：是用于粗略量取一定体积液体的仪器。使用量筒来量取液体时，首先要选用与所量取液体体积接近的量筒。如果取 15 mL 的稀酸，应选用 20 mL 的量筒，但不能用 50 mL 或 100 mL 的量筒，否则造成误差过大。其次量筒的读数方法，应将量筒平放，使视面与液体的凹液面最低处保持水平。量筒不能加热，不能量取温度高的液体，也不能作为化学反应和配制溶液的仪器。

(2) 滴定管：分酸式滴定管理和碱式滴定管。实验时，酸式滴定管可盛放酸或氧化性的溶液。因其阀门的活栓是经磨砂的，易受碱的腐蚀，所以酸式滴定管不能盛碱溶液。而碱式滴定管下端阀门是用橡胶管和玻璃珠组成的，易受氧化剂的腐蚀。

(3) 容量瓶：是用来配制一定物质的量浓度溶液的仪器。使用时应根据所配溶液的体积选定相应规格的容量瓶。由于容量瓶是精确计量一定体积溶液的仪器，并且是在常温时标定的，因此使用时不能加热也不能注入过热的溶液。

(4) 托盘天平：是用来粗略称量固体物质质量的仪器，它的精确度是 0.1 g。使用托盘天平称量前，先要调零点，然后左、右两盘各放大小相同的称量纸。称量时要遵循“左物右码”的原则。

(5) 温度计：是用来量温度的仪器。使用温度计，先要结合所测量温度高低，选择相应的温度计。因温度计下端水银球部位玻璃壁极薄，易破裂，则不能代替玻璃棒进行搅拌，使用时也不能接触仪器壁。测量液体温度时，温度计的水银球部位应浸在液体内。

3. 用于分离的仪器

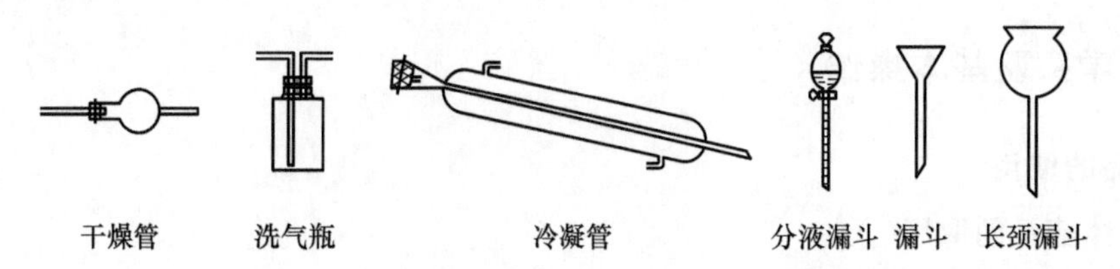
干燥管　洗气瓶　冷凝管　分液漏斗　漏斗　长颈漏斗

(1) 干燥器：是用于保持试剂干燥的仪器。干燥器内隔板下放干燥剂(如无水 $CaCl_2$ 或硅胶等)。

(2) 干燥管：是用于干燥气体的仪器。使用时要将固体颗粒状干燥剂(如碱石灰、无水 $CaCl_2$)等放满球形容器内。气体流向应是大口进小口出。

(3) 洗气瓶：可用于干燥气体(用浓 H_2SO_4 作干燥剂时)也可用于气体除杂。瓶内放的是浓硫酸或其他试剂的溶液。气体流向应是长进短出。

其也可用于暂时储气，或用排液体法测量生成气体的体积。

（4）漏斗：分为变通漏斗、长颈漏斗和分液漏斗。

普通漏斗主要用于制作过滤器（内衬滤纸），进行不溶性固体和液体的分离。有时也将普通漏斗倒置于水面，用以吸收易溶于水的气体以防倒吸。

长颈漏斗主要用于组装简易气体发生装置。使用时应将其下端插入液面以下。

分液漏斗是用于分离互不相溶的液体的仪器。使用时，下层液体从漏斗下端并沿烧杯壁流出，上层液体要从漏斗口倒出。与容量瓶一样，分液漏斗在分液操作前，也要在常温下。分液漏斗也是组装气体发生装置的重要仪器之一。

（5）冷凝管：常与蒸馏烧瓶连接组成蒸馏或分馏装置。用以分离沸点不同的混合物。要注意进出水的方向，下方进水，上方出水，与管内蒸气流向相反，以利于蒸气的冷凝。

4. 药品贮存仪器

（1）集气瓶：是用来进行物质与气体反应的容器，如氢气和氯气混合强光照射爆炸，铁丝、木炭、硫在氧气中燃烧等实验。在进行燃烧实验时，有时需要在瓶底放少量水或砂，以防瓶底受热不均而破裂。

（2）广口瓶和细口瓶：广口瓶是存放固体试剂的仪器，细口瓶是存放液体试剂的仪器，如果药品呈酸性或氧化性时，要用玻璃盖；如果药品呈碱性时，要用橡胶塞。对见光易变质的要用棕色瓶。

（3）滴瓶：是用来存放少量液体试剂的仪器。它与细口瓶的用途相同。只是滴瓶口配有胶头滴管，在实验操作上，需要加几滴溶液，使用滴瓶更为方便。

5. 其他仪器

（1）启普发生器：是用于块状固体与液体反应并且不加热而产生气体的仪器。它适合于实验室制取 CO_2、H_2等气体。其特点是打开导气管立刻会有气体生成，关闭导气管气体就会停止产生，操作方便。使用前要检查装置的气密性，它是不能用于加热的仪器。

（2）胶头滴管：是用于滴加液体试剂的专用仪器。使用时不得将液体流进胶头，以防液体药品与胶头作用而污染。向试管里滴加液体药品时，要求滴管垂直悬空，不能伸入试管里，也不能将尖嘴贴靠管壁。

（3）研钵：是用于粉碎块状固体物质的仪器。对易燃、易爆的药品，不能使用研钵。

此外，还有用于固定、支垫的铁架台、铁圈、铁夹、坩埚钳、试管夹、三角架、石棉网，还有水槽、玻璃导管、玻璃棒、橡胶管等仪器和用品，这里就不逐一叙述了。

二、化学实验基本操作

1. 药品的取用

（1）固体药品的取用

① 药品不能用手接触，更不能尝药品的味道。

② 向试管里装装粉末，应用药匙取少量药品，伸入横放的试管中的 2/3 处，然后将试管直立，使药剂落在试管底。如果试管口径小，药匙大，可把固体粉末倒入对折的纸槽，送入平放的试管底部。

③ 向试管里装快状固体，将试管倾斜，用镊子夹持快状固体试剂，使其沿管壁缓缓滑下。不可从试管口垂直放下，以免打碎试管。

(2) 液体药品的取用

① 取少量液体时,可用胶头滴管吸取;有时用玻璃棒蘸取。

② 取用准确体积的液体时,可用滴定管或者移液管。

③ 取用较多量液体时,可以直接倾倒。方法是:

取下瓶盖倒放在桌面上,将标签贴手心一边,倾倒液体,倾倒液体。倒完后盖好瓶盖,放回原处。往小口容器倒液体时,应用玻璃棒引流或用漏斗。

2. 试纸的使用

(1) 试纸的种类

① 石蕊试纸(红、蓝):定性检验溶液或气体的酸碱性。

② pH 值试纸:定量(粗测)检验溶液的酸碱性强弱。

③ 品红试纸:检验 SO_2 等有漂白性的气体或水溶液。

④ KI 淀粉试纸:检测 Cl_2 等有氧化性的物质。

⑤ 醋酸铅试纸:检验 H_2S 气体及水溶液以及可溶性硫化物的水溶液。

(2) 使用方法

① 检验溶液:将一小块试纸放在表面皿或玻璃片上,用沾有待测溶液的玻璃棒点在试纸上,观测试纸颜色变化。pH 值试纸变色后与标准比色卡对照。

② 检验气体:一般先用蒸馏水把试剂湿润,将之粘贴在玻璃棒的一端,置于待检气体出口(或管口、瓶口)处,观察试纸的颜色变化,并判断气体属性。

③ 注意事项

试纸不可伸入或投入溶液中,也不能与容器口接触。

测溶液的 pH 值时,pH 值试纸决不能润湿。

观察或对比试纸的颜色应快,否则空气中的某些成分为影响其颜色,干扰判断。

3. 物质的加热

(1) 酒精灯的使用

① 酒精灯中酒精不超过酒精灯容量的 2/3。

② 加热应用外焰部分。

③ 给固体、液体加热均要预热,给液体加热时液体体积一般不超过 1/3 容积。

④ 熄灭是酒精灯应该用灯帽盖灭,不可吹灭。

⑤ 酒精不慎洒在桌上燃烧,应立刻用湿抹布扑盖。

(2) 物质的加热方法及选用。

(3) 水浴加热

加热均匀,易于控制加热温度、加热温度不高于 100 ℃。

4. 仪器的装配与气密性检查

(1) 仪器装配的一般原则

一般从热源开始,由下往上,自左向右的顺序。

(2) 气密性检查

把导管一端浸入水中,用双手捂住烧瓶或试管,借助手的热量使容器内的空气膨胀(大型装置也可用酒精灯加热),容器内的空气从导管口形成气泡冒出,把手(酒精灯)拿开,过一会,水沿导管上升,形成一小段水柱,说明装置不漏气。

5．玻璃仪器的洗涤

（1）洗净的标准

玻璃仪器内壁均匀附着一层水膜，既不聚成水滴，也不成股流下。

（2）洗涤方法

一般有冲洗法、刷洗法、药剂洗涤法。

（3）药剂洗涤法

对于用水洗不掉的污物，可根据不同污物的性质用相应的药剂处理。

附着物	洗涤试剂
不溶于水的碱、碳酸盐、碱性氧化物及 MnO_2	盐酸
油脂、苯酚	NaOH 溶液
碘	酒精
银镜	稀硝酸
硫	CS_2

三、试剂保存与实验室安全

1．特殊试剂的保存

（1）存放药品对试剂瓶和瓶塞的要求

试剂瓶或瓶塞	存放药品	实例
广口瓶	固体药品	大理石、锌粒
细口瓶	液体药品	盐酸、食盐溶液
棕色瓶	见光分解、变质的药品	HNO_3、$AgNO_3$、氯水、溴水
不用玻璃塞	与玻璃反应使瓶口与瓶塞粘合的药品	碱溶液或 Na_2CO_3 等碱性溶液
不用橡皮塞	能与胶塞发生反应或腐蚀的药品	有机溶液、强氧化性物质，如：高锰酸钾溶液、HNO_3

（2）常见试剂的变质与保存

变质原因	实例	保存方法
易被空气中氧气氧化而变质	活泼金属（Na、K）等 SO_3^{2-}、Fe^{2+}、I^- 白磷、苯酚	密闭、隔绝空气。 少量 Na、K 保存在煤油中 Fe^{2+}溶液中加 Fe 屑 少量白磷保存在水中
吸收空气中二氧化碳、水而变质	碱、漂白粉、水玻璃、过氧化钠、碱性氧化物	密半和、隔绝空气
见光易分解或变质	HNO、AgNO、氯水、硝酸、卤化银	用棕色瓶或黑绝包裹，冷暗密封保存
易挥发、易升华	液溴 碘	少量液溴用水封碘用棕色瓶，密封

2. 实验事故的处理方法

意外事故	处理方法
洒在桌面的酒精燃烧	立即用湿抹布扑盖
酸洒在皮肤上	立即用较多的水冲洗（皮肤上不慎洒上浓硫酸，不得先用水冲洗，而要用布擦去，再用水冲洗），再涂上3%～5% Na_2CO_3 溶液
碱洒在皮肤上	用较多的水冲洗，再涂上硼酸溶液
液溴、苯酚洒在皮肤上	用酒精擦洗
水银洒在桌面上	撒上硫粉进行回收

第二章　物质的制备

气体制备的一般装置流程：

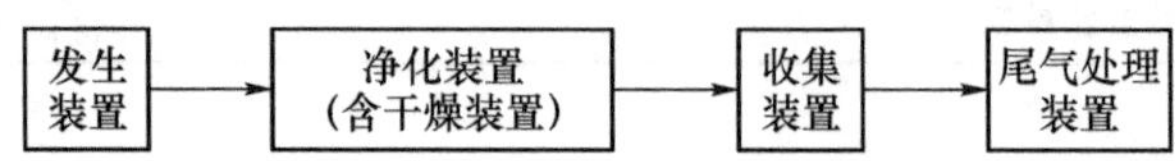

一、气体发生装置

装置图	适用类型	适用气体	注意事项
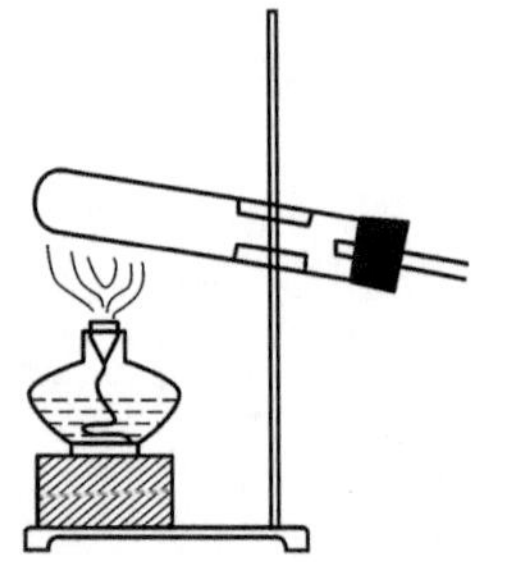	固体＋固体（加热）	O_2、NH_3	① 检查装置的气密性 ② 装固体的试管口要略向下倾斜 ③ 先均匀加热后固定在放药品处加热 ④ 若用排水法收集，停止加热前，应先撤导管，后熄灭酒精灯
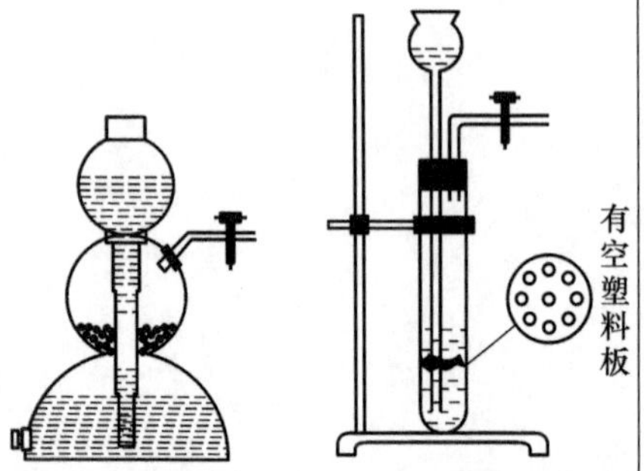 有空塑料板	（块状）固体＋液体（不加热）	H_2、CO_2、H_2S	① 检查装置的气密性 ② 简易装置中长颈漏斗管口要插入液面以下 ③ 使用启普发生器时，反应物应是块状固体，且不溶于水
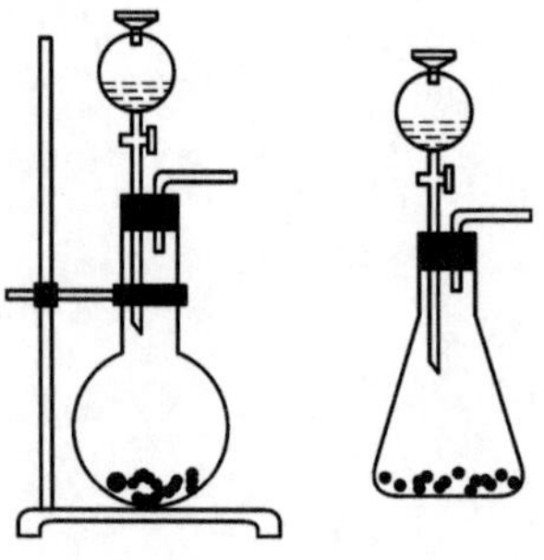	固体＋液体（不加热）	C_2H_2、SO_2、NO_2、H_2、CO_2、H_2S	① 检查装置的气密性 ② 制乙炔要用分液漏斗，以控制反应速率 ③ H_2S剧毒，应在通风橱中制备，或用碱液吸收尾气

续表

装置图	适用类型	适用气体	注意事项
	固体 (或液体)+ 液体 (加热)	Cl_2、HCl、 NO、C_2H_4	① 同第一套装置的①、③、④ ② 液体与液体加热，反应器内应添加碎瓷片以防暴沸 ③ 制取乙烯温度应控制在 170℃左右 ④ 氯气有毒，尾气用碱液吸收 ⑤ HCl 要用水吸收(倒置漏斗)

二、常见气体的制备

气体	反应原理(反应条件、化学方程式)	装置类型	收集方法
O_2		固体+固体 (加热)	排水法
NH_3			向下排气法
H_2		固体+液体 (不加热)	向下排气法 或排水法
C_2H_2			向上排气法
CO_2			
H_2S			
SO_2			
NO_2			
Cl_2		固体 (或液体)+ 液体 (加热)	向上排气法
HCl			
NO			排水法
C_2H_4			

三、气体的净化

在气体制备过程中可能的副反应、试剂的挥发性、水的挥发都可能使制得的气体中含有杂质气体。可以选用适当的方法净化。

1. 干燥

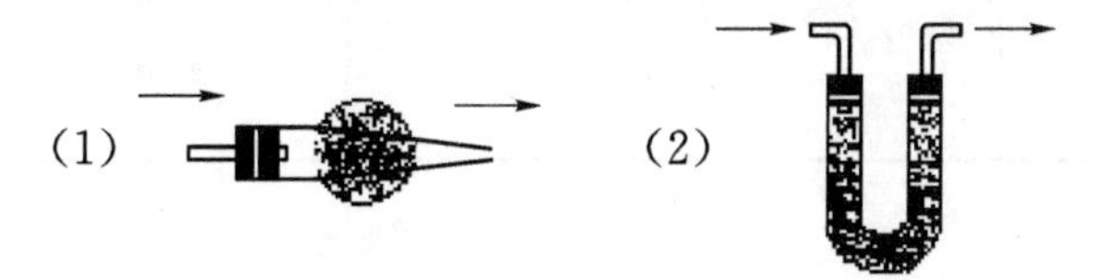

常用的固体干燥剂有：无水 $CaCl_2$、碱石灰、P_2O_5 等，碱石灰不能用于酸性气体的干燥，P_2O_5 则不能用于碱性气体(如 NH_3)的干燥。

2. 洗气

浓硫酸作为干燥剂时不能干燥碱性气体和一些还原性气体。如：NH_3、HBr、HI、H_2S 等。

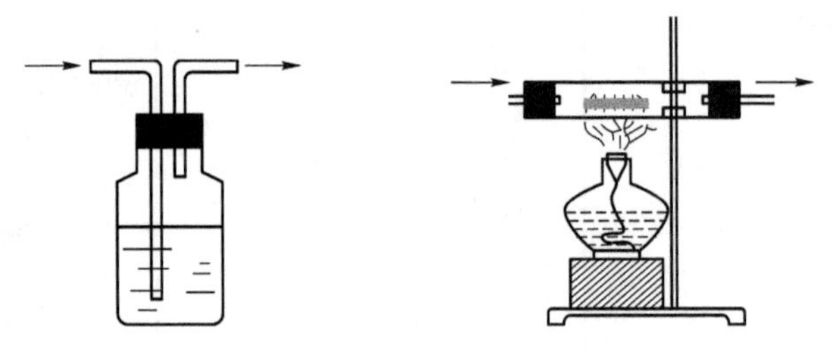

3. 固体加热吸收

如用灼热铜网除去 O_2，灼热 CuO 除去 H_2 等。

4. 干燥剂的选择

除去气体中混有少量水分的方法称为气体的干燥。选择干燥剂的原则是被干燥的气体不能与干燥剂发生化学反应。

常用气体干燥剂按酸碱性可分为三类：

① 酸性干燥剂，如浓硫酸、五氧化二磷。酸性干燥剂能够干燥显酸性或中性的气体，如 CO_2、SO_2、NO_2、HCl、H_2、Cl_2、O_2、CH_4 等。

② 碱性干燥剂，如生石灰、碱石灰、固体 NaOH。碱性干燥剂可以用来干燥显碱性或中性的气体，如 NH_3、H_2、O_2、CO、CH_4 等。

③ 中性干燥剂，如无水氯化钙等，可以干燥中性、酸性、碱性气体，如 O_2、H_2、CO、CH_4 等(NH_3 除外)。

在选择干燥剂时，显碱性的气体不能用酸性干燥剂，显酸性的气体不能选用碱性干燥剂。有还原性的气体不能选用有氧化性的干燥剂。能与气体反应的物质不能选作干燥剂，如不能用浓硫酸干燥 NH_3、H_2S、HBr、HI 等，不能用 $CaCl_2$ 来干燥 NH_3(因生成 $CaCl_2 \cdot 8NH_3$)。

5. 常见气体的净化、除杂方法

气体(括号内为杂质)	试剂	操作方法	干燥
$H_2(O_2)$	Cu 粉	通过灼热的铜粉	
$H_2(HCl)$	NaOH	洗气	浓硫酸等
$H_2(H_2S)$	$CuSO_4$ 溶液	洗气	无水 $CaCl_2$
$O_2(H_2)$	CuO	灼热 CuO 粉末	浓硫酸
$O_2(Cl_2)$	NaOH	洗气	碱石灰
$Cl_2(HCl)$	饱和食盐水或 H_2O	洗气	浓硫酸
$CO_2(HCl)$	饱和 $NaHCO_3$ 溶液	洗气	浓硫酸
$CO_2(SO_2)$	饱和 $NaHCO_3$ 溶液 或酸性 $KMnO_4$ 溶液	洗气	浓硫酸

续表

气体(括号内为杂质)	试剂	操作方法	干燥
$CO_2(H_2S)$	$CuSO_4$溶液	洗气	浓硫酸
$CO_2(CO)$	CuO	灼热 CuO 粉末	
$CO(CO_2)$	NaOH	洗气	碱石灰
$NH_3(H_2O)$			碱石灰
$HCl(Cl_2)$	CCl_4	洗气	
$SO_2(SO_3)$	浓硫酸	洗气	
$CH_4(C_2H_4)$	溴水	洗气	
$CH_4(CO_2)$			碱石灰
$C_2H_4(SO_2)$			

四、常见气体的检验

气体	检验方法	反应方程式
H_2	纯 H_2在空气中燃烧呈淡蓝色火焰,不纯 H_2点燃有爆鸣声	
O_2	使带火星木条复燃	
Cl_2	黄绿色气体	
	能使湿润的淀粉 KI 试纸变蓝	
	通入 $AgNO_3$溶液产生白色沉淀	
Br_2蒸气	加水得橙色溶液	
	能使湿润的淀粉 KI 试纸变蓝	
	通入 $AgNO_3$溶液产生淡黄色沉淀	
HCl	能使湿润的蓝色石蕊试纸变红	
	用蘸浓氨水的玻璃棒靠近产生白烟	
	通入 $AgNO_3$溶液产生白色沉淀	
H_2S	有臭鸡蛋气味	
	能使湿润的醋酸铅试纸变黑	
	通入 $CuSO_4$溶液产生黑色沉淀	
NH_3	能使湿润的红色石蕊试纸变蓝	
	用蘸浓盐酸的玻璃棒靠近产生白烟	
SO_2	通入品红溶液,使溶液褪色,加热又变红色	
NO	无色气体在空气中变为红棕色	
NO_2	红棕色有刺激性气味的气体	
	溶于水生成无色溶液	
	能使湿润的蓝色石蕊试纸变红	

续表

气体	检验方法	反应方程式
CO	点燃时安静燃烧，火焰呈蓝色	
	点燃后生成的气体通入澄清石灰水，溶液变浑浊	
	通过灼热的黑色氧化铜，使之变紫红色，产生的气体能使澄清石灰水变浑浊	
CO_2	能使燃着的木条熄灭	
	能使澄清石灰水变浑浊	
CH_4	点燃，火焰呈淡蓝色	
	通入溴水或酸性 $KMnO_4$ 溶液，溶液不褪色	
C_2H_4	点燃，火焰较明亮，有少量黑烟	
	通入溴水使之褪色	
	通入酸性 $KMnO_4$ 溶液使之褪色	
C_2H_2	点燃，火焰明亮，有浓烟	
	通入溴水使之褪色	
	通入酸性 $KMnO_4$ 溶液使之褪色	

五、气体的收集

1. 排水(液)法

Cl_2 收集可用排饱和食盐水收集。

一般排水法收集的气体纯度比排气法好。但与水反应的气体(如 NO_2)、易溶于水的气体(如 HCl、NH_3)不能用排水法收集。

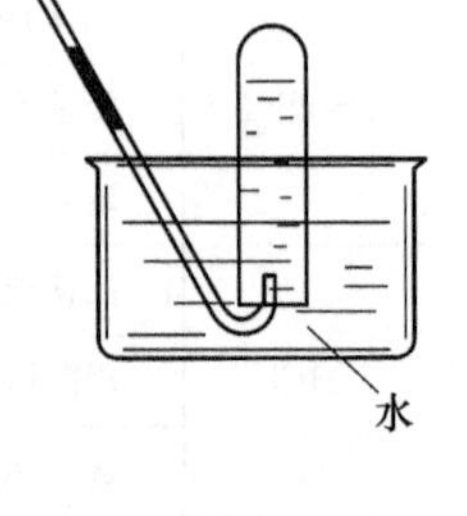

2. 排空气法

与空气中成分能反应的气体(如 NO)、密度与空气差不多的气体(如 C_2H_4、CO)不能用排空气法收集。

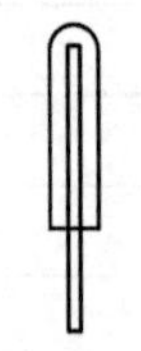

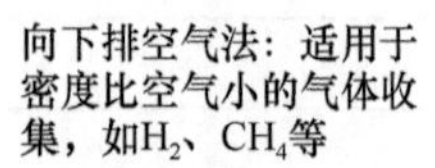

向下排空气法：适用于密度比空气小的气体收集，如 H_2、CH_4 等

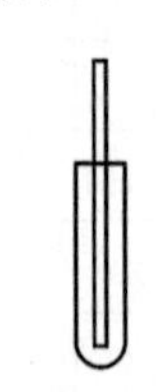

向上排空气法：适用于密度比空气大的气体收集，如 Cl_2、NO_2 等

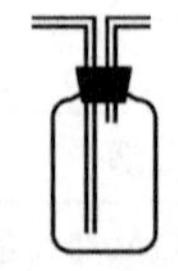

密度比空气大的：长进短出
密度比空气小的：短进长出

六、尾气的处理

有毒有害尾气应该进行适当的处理，以免污染环境。

1. 用液体吸收

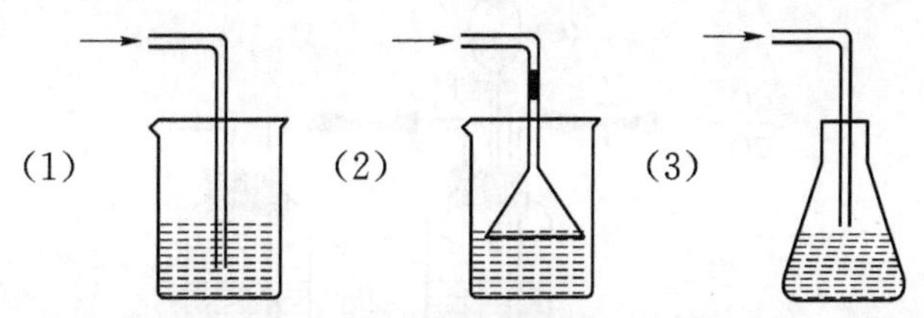

装置(1)适用于一些水中溶解度不大的气体的吸收。如用 NaOH 溶液吸收 Cl_2。

装置(2)、(3)可用于一些易溶于的水溶解度较大的气体的吸收。如 HCl、HBr、NH_3 等。

2. 用气球收集

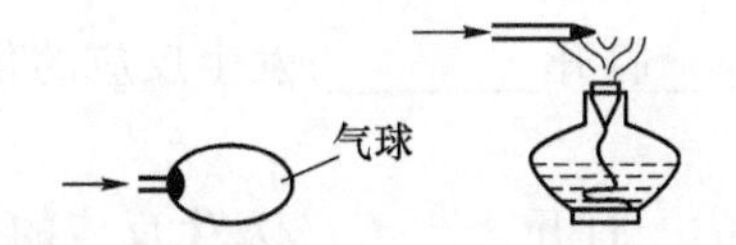

3. 点燃处理

一些可燃气而且燃烧产物无毒无害的气体可用燃烧的方法处理。如 CO。

例 1　实验室里用下列仪器和药品来制取纯净的无水氯化铜：

序号	(1)	(2)	(3)	(4)	(5)	(6)
仪器及装置图	 铜粉	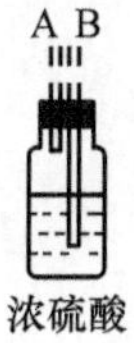 A B 浓硫酸	 足量浓硫酸	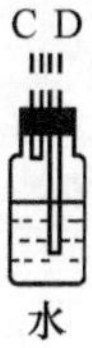 C D 水	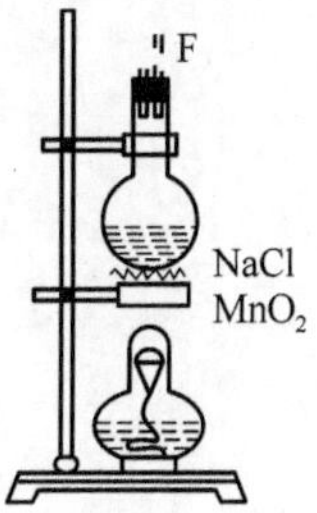 F NaCl MnO_2	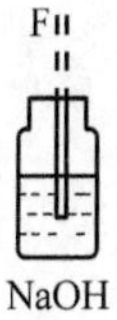 F NaOH

图中 A、B、C、D、E、F 的虚线部分表示玻璃管接口，接口的弯曲和伸长等部分未画出。根据要求填写下列各小题空白。

① 如果所制气体从左向右流向时，上述各仪器装置的正确连接顺序是(填各装置的序号)(　　)接(　　)接(　　)接(　　)接(　　)接(　　)；其中，(2)与(4)装置相连时，玻璃管接口(用装置中字母表示)应是接。

② 装置(2)的作用是＿＿＿＿＿＿；

装置(4)的作用是＿＿＿＿＿＿；

装置(6)中发生反应的化学方程式是＿＿＿＿＿＿。

③ 实验开始时，应首先检难装置的＿＿＿＿＿＿；实验结束时，应先熄灭＿＿＿＿＿＿处的酒精灯。

④ 在装置(5)的烧瓶中，发生反应的化学方程式为＿＿＿＿＿＿＿＿＿＿＿＿。

例 2　实验室可用如图装置进行 CO 与 CO_2 的分离与干燥，图中 a 为活塞，b 为分液漏斗活塞。

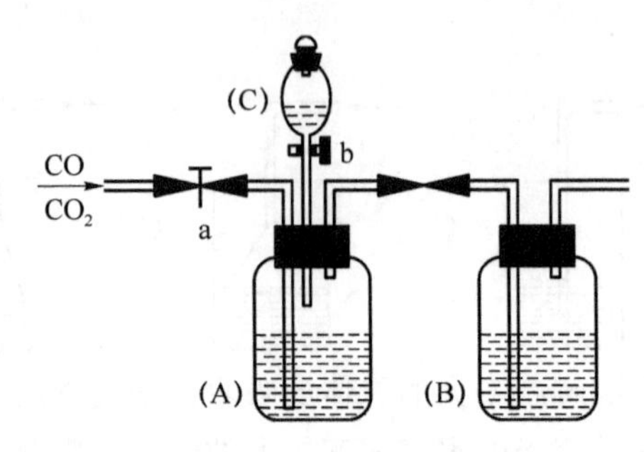

(1) 广口瓶(A)盛有________;广口瓶(B)盛有________;分液漏斗(C)中一般盛有________。

(2) 先分离CO:关闭________打开________,发生反应的化学方程式为________________________________。

(3) 再分离CO_2:关闭________打开________,发生反应的化学方程式为________________________________。

第三章　物质的分离、提纯与鉴别

物质分离的一般思路：

(1) 固体与固体混合物：若杂质易分解、升华时，可用加热法；若一种易溶，另一种难溶，可用溶解过滤法；若两者均易溶，但其溶解度受温度影响不同，用重结晶法。

(2) 液体与液体混合物：若沸点相差较大时，用分馏法；若互不相溶时，用分液法；若在溶剂中的溶解度不同时，用萃取法。

(3) 气体与气体混合物：一般可用洗气法，也可用固体来吸收。

当不具备上述条件时一般可先用适当的化学方法处理，待符合上述条件时再选用适当的方法。

一、物理分离提纯法

1. 过滤

装置与注意事项：

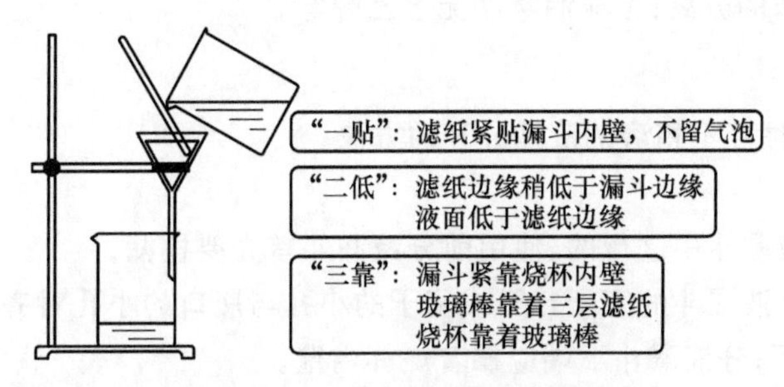

① 过滤后得到的沉淀一般要洗涤。洗涤方法：沿玻璃棒向漏斗中注入少量水，使水面浸过沉淀物，等水滤出后，再次加水洗涤，连续几次，即可把固体洗涤干净。

② 可取最后洗下的水加入适当的试剂检验沉淀是否洗净。

适用范围：用于固体与液体的分离。

2. 蒸发、结晶与重结晶

(1) 蒸发一般是用加热的方法，使溶剂不断挥发，从而使溶质析出的过程。

(2) 结晶是溶质从溶液中析出晶体的过程。

适用范围：

结晶原理是根据混合物中各成分在某种溶剂里的溶解度不同，通过蒸发溶剂或降低温度使溶解度变小，从而使晶体析出。

注意事项：

① 加热蒸发皿使溶液蒸发时，要用玻璃棒不断搅拌溶液，防止由于局部过热，造成液滴飞

溅。当蒸发皿中出现较多量固体时，即停止加热。要求：溶质受热不易分解、不易水解、不易氧化。

② 利用降温结晶时一般先配较高温度下的浓溶液，然后降温结晶，结晶后过滤，分离出晶体。

实例：KNO_3与 NaCl 分离。

3. 升华

原理适用范围：

混合物某一成分在一定温度下可直接变为气体，再冷却成固体。

实例：粗碘的提纯。

4. 蒸馏、分馏

原理与适用范围：利用沸点不同以分离互溶液体混合物。

装置与注意事项：

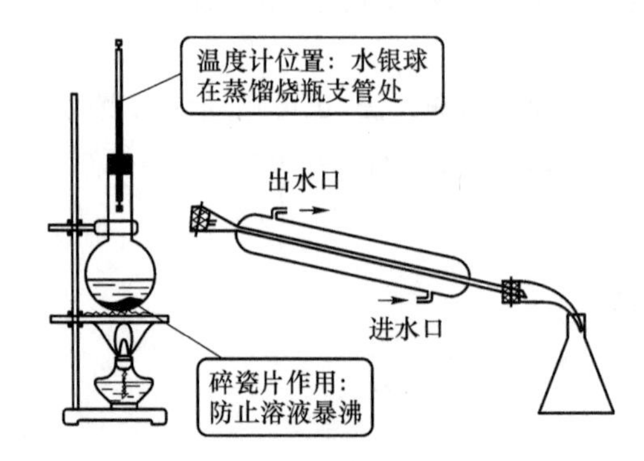

实例：苯与硝基苯的分离；工业酒精制无水乙醇等。

5. 分液与萃取

(1) 分液是把两种互不相溶的液体分开的方法。

注意事项：

① 分液是在分液漏斗中进行的，使用前分液漏斗首先要检漏。

② 分液时应将分液漏斗的塞子打开或塞子的小孔与瓶口的小孔对齐，使漏斗内部与大气相同，以利于液体流下；分液漏斗下端应靠着烧杯内壁。

③ 分液时：下层液体打开活塞于漏斗下口放出，上层液体则从上口倒出。

实例：水与苯的分离。

(2) 萃取是利用溶质在互不相溶的溶剂里溶解度不同，用一种溶剂把溶质从另一种溶剂中提取出来的方法。

注意：

① 萃取后要进行分液。得到的溶液一般要通过分馏的方法进一步分离。

② 对萃取剂的要求：与原溶剂互不相溶、不反应；溶质在其中的溶解度不如原溶剂大；溶质不与萃取剂反应；溶质与萃取剂易于分离。

③ 萃取过程中的注意点：将要萃取的溶液和萃取剂依次从上口倒入分液漏斗，其量不超过容积的 2/3，塞好塞子振荡；振荡过程中有必要时可适当放气；振荡充分后将分液漏斗静置，待液体分层后分液。

实例：溴水中溴的提取。

6. 渗析

原理与适用范围：

利用半透膜使胶体与混在其中的小分子、离子分离的方法。

注意事项：

渗析时要不断更换烧杯中的水或者改用流水，以提高渗析效果。

实例：淀粉与食盐的分离。

7. 盐析

原理与适用范围：利用某些物质在加某些无机盐时，其溶解度降低而凝聚的性质来分离物质。

实例：皂化反应后，肥皂的提取；蛋白质的提纯。

二、化学分离提纯法

化学方法分离和提纯物质时要注意：①不能引入新的杂质 ②被提纯物质尽量不要减少 ③要易于分离复原。常用的方法有：

1. 加热分解法

实例：NaCl 中混有少量 NH_4Cl、Na_2CO_3固体中混有的 $NaHCO_3$。

2. 生成沉淀法

实例：CO_2中混有少量 H_2S。

3. 生成气体法

实例：NaCl 中混有少量 Na_2CO_3。

4. 氧化还原法

实例：$FeCl_3$溶液中混有 $FeCl_2$、$FeCl_2$溶液中混有 $FeCl_3$。

5. 酸、碱法

实例：$NaHCO_3$溶液中混有少量 Na_2CO_3。

6. 水解法

实例：$MgCl_2$中混有少量 $FeCl_3$。

7. 转化法

实例：NaCl 中混有少量 NH_4Cl。

8. 其他：如利用 $Al(OH)_3$的两性等

实例：$AlCl_3$中混有少量 $FeCl_3$。

三、物质检验的含义

1. 鉴定

鉴定通常是指对于一种物质的定性检验，鉴定是根据物质的化学特性，分别检出阳离子、阴离子。

2. 鉴别

鉴别通常是指对两种或两种以上的物质进行定性辩论，可根据一种物质的特性区别于另一种。

3. 推断

推断是通过已知实验事实，根据性质分析推理被检验物质的组成或名称。

四、常见气体的检验(在第二章常见气体的制备中已详细叙述，这里从略。)

五、常见离子的检验

1. 阳离子的检验

阳离子	检验试剂	现象	化学方程式及理由
H^+	(1) 石蕊 (2) pH 值试纸	变红 变红	
NH_4^+	NaOH 溶液	加热，并用湿润的红色石蕊试纸检验产生的气体，变蓝色	
Na^+	焰色反应	火焰焰色为黄色	
K^+	焰色反应	火焰焰色为淡紫色(透过蓝色钴玻璃)	
Ba^{2+}	硫酸或硫酸盐，硝酸	加 SO_4^{2-} 产生白色沉淀，加稀 HNO_3 不消失	
Al^{3+}	NaOH 溶液 氨水	加氨水或适量 NaOH 溶液有白色沉淀，NaOH 过量则沉淀消失，但沉淀不溶于氨水	
Ca^{2+}	Na_2CO_3 溶液，稀硝酸		
Fe^{3+}	(1) NaOH 溶液 (2) KSCN 溶液		
Fe^{2+}	(1) NaOH 溶液 (2) KSCN 溶液，氯水		

2. 阴离子的检验

阴离子	检验试剂	现象	化学方程式及理由
Cl^-	$AgNO_3$ 溶液，HNO_3 溶液		
Br^-	(1) $AgNO_3$ 溶液，HNO_3 溶液 (2) 氯水，四氯化碳		
I^-	(1) $AgNO_3$ 溶液，HNO_3 溶液 (2) 氯水，四氯化碳		

续表

阴离子	检验试剂	现象	化学方程式及理由
OH^-	(1) 石蕊 (2) pH 值试纸 (3) 酚酞		
SO_3^{2-}	(1) $BaCl_2$溶液，盐酸 (2) 盐酸或硫酸，品红溶液		
SO_4^{2-}	(1) $BaCl_2$溶液，盐酸 (2) $Ba(NO_3)_2$溶液，硝酸溶液		
CO_3^{2-}	(1) $BaCl_2$溶液，盐酸 (2) 盐酸，石灰水		

六、几种有机物的检验

有机物	检验试剂	现象	化学方程式及理由
不饱和烃	(1) 溴水(或溴的四氯化碳溶液) (2) 酸性高锰酸钾溶液		
甲苯(苯的同系物)	酸性高锰酸钾溶液		
苯酚	(1) 浓溴水 (2) $FeCl_3$溶液		
醛基物质	(1) 新制 $Cu(OH)_2$ (2) 银氨溶液		
淀粉	碘水		
蛋白质	浓硝酸		

例 1　一瓶澄清透明的溶液，可能含有下列离子中的一种或几种：NH_4^+、Fe^{2+}、Fe^{3+}、Ba^{2+}、Al^{3+}、SO_3^{2-}、HCO_3^-、CL^-取溶液进行如下实验：

(1) 溶液滴在蓝色石蕊试纸上，试纸呈红色。

(2) 取少量溶液浓缩后加入铜片和浓硫酸共热，有红棕色气体生成。

(3) 取少量溶液，加入用硝酸酸化的氯化钡溶液，产生白色沉淀。

(4) 另将(3)中的沉淀过滤出，滤液中加入硝酸银溶液，生成白色沉淀。

(5) 另取原溶液，逐滴加入氢氧化钠溶液至过量，先看到生成沉淀，随之该沉淀部分溶解，并呈红褐色。

根据上述实验现象推断：

① 溶液中肯定存在的离子有$\underline{NO_3^-}$、$\underline{SO_3^{2-}}$、$\underline{Al^{3+}}$、$\underline{Fe^{3+}}$。

② 溶液中肯定不存在的离子有$\underline{Ba^{2+}}$、$\underline{HCO_3^-}$。

③ 溶液中不能确定是否存在的离子有$\underline{Cl^-}$、$\underline{NH_4^+}$、$\underline{Fe^{2+}}$。

例 2 已知乙醇可以和氯化钙反应生成微溶于水的 $CaCl_2 \cdot 6C_2H_5OH$，有关的有机试剂的沸点如下：

$CH_3COOC_2H_5$ 77.1 ℃；$C_2H_5OC_2H_5$（乙醚）34.5 ℃；

C_2H_5OH 78.3 ℃；CH_3COOH 118 ℃。

实验室合成乙酸乙酯粗产品的步骤如下：

在蒸馏烧瓶内将过量的乙醇与少量浓硫酸混合，然后经分液漏斗边滴加醋酸、边加热蒸馏，得到含有乙醇、乙醚、醋酸和水的乙酸乙酯粗产品。

(1) 反应中加入的乙醇是过量的，其目的是：增加一种反应物浓度，有利于酯化反应向正方向进行。

(2) 边滴加醋酸、边加热蒸馏的目的是：蒸出生成物，有利于酯化反应向正方向进行将粗产品再经下列步骤精制：

(3)为除去其中的醋酸，可向产品中加入(填字母) B 。

A. 无水乙醇　　B. 碳酸钠粉末　　C. 无水醋酸钠

(4) 再向其中加入饱和氯化钙溶液，振荡、分离，其目的是：除去粗产品中的乙醇。

(5) 然后再向其中加入无水硫酸钠，振荡，其目的是：除去粗产品中的水。

最后，将经过上述处理后的液体放入另一干燥的蒸馏烧瓶内，再蒸馏。弃去低沸点馏分，收集沸程在 76～78 ℃的馏分即得。

第四章 化学实验方案设计与综合实验

一、化学实验方案设计的基本要求

所谓实验设计，是用多种装置和仪器按某种目的进行串联组合完成某项实验，其类型较多，考查形式多样。解答这类题目，要求学生对所学过的物质的性质、制备和净化，常用仪器和装置的作用及使用时应注意的问题等知识融会贯通，要善于吸收新信息并且能加以灵活运用。

化学实验方案设计题具有较强的综合性，但一个化学实验，必须依据一定的实验原理，使用一定的仪器组装成一套实验装置，按一定顺序进行实验操作，才能顺利完成。据此，一道综合实验方案设计题，可以把它化解成几个相互独立又相互关联的小实验、小操作来解答。由各个小实验确定各步操作方法，又由各个小实验之间的关联确定操作的先后顺序。

（一）化学实验设计的类型

根据不同的标准，可以将中学化学教学中的实验设计划分成不同的类型。

(1) 根据实验在化学教学认识过程中的作用来划分。

① 启发性（或探索性）实验设计。由于这类实验是在课堂教学中配合其他化学知识的教授进行的，采取的又多是边讲边做实验或演示实验的形式，因此，在设计这类实验时，要注意效果明显、易操作、时间短、安全可靠。

② 验证性实验设计。由于这类实验的目的主要是验证化学假说和理论，又多采取学生实验课或边讲边做实验的形式，因此，在设计这类实验时，除了上述要求外，还要注意说服力要强。

③ 运用性实验设计。这类实验的目的是综合运用所学的化学知识和技能，解决一些化学实验习题或实验问题。因此，在引导学生进行实验设计时，要注意灵活性和综合性，尽可能设计多种方案，并加以比较，进而进行优选。从课内、课外的角度来分，运用性实验设计又包括课内的实验习题设计和课外的生产、生活小实验设计。

(2) 根据化学实验的工具来划分。

① 化学实验仪器、装置和药品的改进或替代。

② 化学实验方法的改进。这主要是由于中学化学课本中的一些实验因装置过于繁杂、操作不太简便、方法不太合适、可见度较低而影响化学教学效果，因此需要改进方案，重新设计。另外，由于中学受到种种条件的限制，常会发生缺少某些仪器、药品的情况，因而需要自制一些仪器和代用品，或采用微型实验，所以也需要对实验重新进行设计。

(3) 根据化学实验内容来划分。

① 物质的组成、结构和性质实验设计。

② 物质的制备实验设计。

③ 物质的分离、提纯、鉴别实验设计。

（二）化学实验设计的内容

一个相对完整的化学实验方案一般包括下述内容：

(1) 实验目的。

(2) 实验原理。

(3) 实验用品(药品、仪器、装置、设备)及规格。

(4) 实验装置图、实验步骤和操作方法。

(5) 注意事项。

(6) 实验现象及结论记录表。

（三）化学实验设计的要求

1. 科学性

科学性是化学实验方案设计的首要原则。所谓科学性是指实验原理、实验操作程序和方法必须正确。例如，鉴别 Na_2SO_3 和 NaI，在试剂的选择上就不宜选用硝酸等具有氧化性的酸，在操作程序的设计上，应取少量固体先溶解，然后再取少量配成的溶液并再加入试剂，而不能将样品全部溶解或在溶解后的全部溶液中加入试剂。

2. 安全性

实验设计时应尽量避免使用有毒的药品和进行具有一定危险性的实验操作。如果必须使用，应在所设计的化学实验方案中详细写明注意事项，以防造成环境污染和人身伤害。

3. 可行性

实验设计应切实可行，所选用的化学药品、仪器、设备和方法等在中学现有的实验条件下能够得到满足。

4. 简约性

实验设计应尽可能简单易行，应采用简单的实验装置、用较少的实验步骤和实验药品，并能在较短的时间内完成实验。

对同一个化学实验，可以设计出多种实验方案，并对它们进行选择。选择采用的实验设计方案，应具有效果明显、操作安全、装置简单、用药少、步骤少、时间短等优点。

（四）化学实验设计的一般思路

①接受信息。接受、分析、筛选信息，明确实验设计的课题、条件和要求。②实验设计原理。通过对新旧信息的加工，实现制定的实验设计。从设计的要求及解决问题的顺序分析，大致有以下两个层次：一是实验方案的选定。二是实验装置与实验操作的设计。③设计实验内容。见上。

1. 设计思想、规律和方法

(1) 思考问题的顺序：

① 围绕主要问题思考。例如：选择适当的实验路线、方法；所用药品、仪器简单易得；实验过程快速、安全；实验现象明显。

② 思考有关物质的制备、净化、吸收和存放等有关问题。例如：制取在空气中易水解的物质(如 Al_2S_3、$AlCl_3$、Mg_3N_2等)及易受潮的物质时，往往在装置末端再接一个干燥装置，以防止空气中水蒸气进入。

③ 思考实验的种类及如何合理地组装仪器，并将实验与课本实验比较、联靠。例如涉及气体的制取和处理，对这类实验的操作程序及装置的连接顺序大体可概括为：发生→除杂质→干燥→主体实验→尾气处理。

(2) 仪器连接的顺序：

① 所用仪器是否恰当，所给仪器是全用还是选用。

② 仪器是否齐全。例如：制有毒气体及涉及有毒气体的实验应有尾气的吸收装置。

③ 安装顺序是否合理。例如：是否遵循"自下而上，从左到右"；气体净化装置中不应先经干燥，后又经过水溶液洗气。

④ 仪器间连接顺序是否正确。例如：洗气时"进气管长，出气管短"；干燥管除杂质时"大进小出"等。

(3)实验操作的顺序：

① 连接仪器。按气体发生→除杂质→干燥→主体实验→尾气处理顺序连接好实验仪器。

② 检查气密性。在整套仪器连接完毕后，应先检查装置的气密性，然后装入药品。检查气密性的方法要依装置而定。

③ 装药品进行实验操作。

2. 设计时，应全方位思考的问题

(1) 检查气体的纯度，点燃或加热通有可燃性气体(H_2、CO、CH_4、C_2H_4、C_2H_2等)的装置前，必须检查气体的纯度。例如用 H_2、CO 等气体还原金属氧化物时，需要加热金属氧化物，在操作中，不能先加热，后通气，应当先通入气体，将装置内的空气排干净后，检查气体是否纯净(验纯)，待气体纯净后，再点燃酒精灯加热金属氧化物。

(2) 加热操作先后顺序的选择。若气体发生需加热，应先用酒精灯加热发生气体的装置，等产生气体后，再给实验需要加热的固体物质加热。目的是：一则防止爆炸(如氢气还原氧化铜)；二则保证产品纯度，防止反应物或生成物与空气中其他物质反应。例如用浓硫酸和甲酸共热产生 CO，再用 CO 还原 Fe_2O_3，实验时应首先点燃 CO 发生装置的酒精灯，生成的 CO 赶走空气后，再点燃加热 Fe_2O_3的酒精灯，而熄灭酒精灯的顺序则相反，原因是：在还原性气体中冷却 Fe 可防止灼热的 Fe 再被空气中的 O_2氧化，并防止石灰水倒吸。

(3) 冷凝回流的问题。有的易挥发的液体反应物，为了避免反应物损耗和充分利用原料，要在发生装置设计冷凝回流装置。如在发生装置安装长玻璃管等。

(4) 冷却问题。有的实验为防止气体冷凝不充分而受损失，需用冷凝管或用冷水或冰水冷凝气体(物质蒸气)，使物质蒸气冷凝为液态便于收集。

(5) 防止倒吸问题。(前已述。)

(6) 具有特殊作用的实验改进装置。如为防止分液漏斗中的液体不能顺利流出，用橡皮管连接成连通装置；为防止气体从长颈漏斗中逸出，可在发生装置中的漏斗末端套住一只小试管等。

(7) 拆卸时的安全性和科学性。实验仪器的拆卸要注意安全和科学性，有些实验为防止"爆炸"或"氧化"，应考虑停止加热或停止通气的顺序，如对有尾气吸收装置的实验，必须将尾气导管提出液面后才熄灭酒精灯，以免造成溶液倒吸；用氢气还原氧化铜的实验应先熄灭加热氧化铜的酒精灯，同时继续通氢气，待加热区冷却后才停止通氢气，这是为了避免空气倒吸入加热区使铜氧化，或形成可爆气；拆卸用排水法收集需加热制取气体的装置时，需先把导管从水槽中取出，才能熄灭酒精灯，以防止水倒吸；拆后的仪器要清洗、干燥、归位。

例 1 碱式碳酸镁有多种不同的组成，如 $Mg_2(OH)_2CO_3$、$Mg_4(OH)_2(CO_3)_3$、$Mg_5(OH)_2(CO_3)_4$ 等。请你设计一个测定碱式碳酸镁组成的实验方案。包括：

(1)测定原理(2)测定实验的装置图(3)操作步骤。

可使用的仪器、试剂和用品如下：

仪器：天平(附砝码)、大试管(附带有短玻璃管的橡皮塞)、酒精灯、洗气瓶、球形干燥管(附带有短玻璃管的橡皮塞)、铁架台、铁夹、角匙。

试剂：碱式碳酸镁(粉状)、浓硫酸、石灰水、无水氯化钙、碱石灰。

其他：火柴、棉花、短橡皮管、弹簧夹。

注意：①上述仪器和试剂只需应用其中的一部分。②仪器、试剂、用品的数量不限。

解析：考查测定碱式碳酸镁组成的实验方案设计。

可加热碱式碳酸镁，通过测定生成的 MgO、CO_2、H_2O 的物质的量之比来确定碱式碳酸镁的组成。用浓硫酸吸收 H_2O，根据浓硫酸增重的量，求出水的物质的量；用碱石灰吸收 CO_2，根据碱石灰的增重，确定 CO_2 物质的量。

答案：(1) 通过测定 MgO、CO_2、H_2O 的物质的量之比来测定碱式碳酸镁的组成。

(2) 测定实验的装置如下图所示。

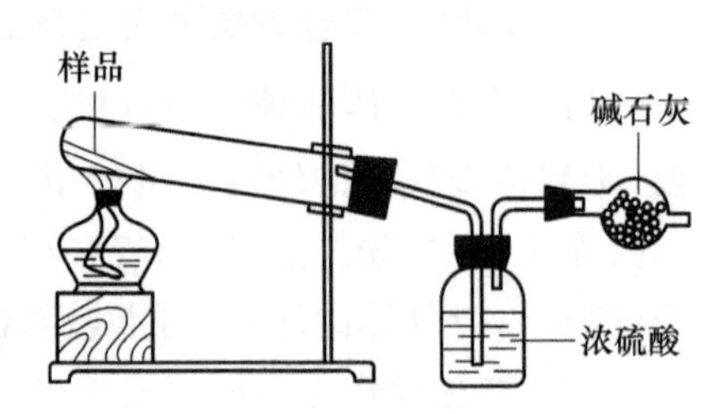

(3) 操作步骤

① 将装置按上图连接好后，检查装置的气密性。

② 称取一定量(W_1 g)样品于大试管中。

③ 加热，至样品完全分解。

④ 实验结束后，称量洗气瓶和干燥管的增重(设为 W_2、W_3)。

⑤ 计算 MgO、CO_2、H_2O 的物质的量之比为

$$n(MgO):n(CO_2):n(H_2O)=\frac{W_1-W_2-W_3}{40}:\frac{W_3}{44}:\frac{W_2}{18}$$

确定碱式碳酸镁的组成。

例 2 欲在室温和 1.01×10^5 Pa 条件下测定镁的原子量。请利用图给定的仪器(盛放镁条的隔板有小孔)组装成一套实验装置(每种仪器只允许用一次)。

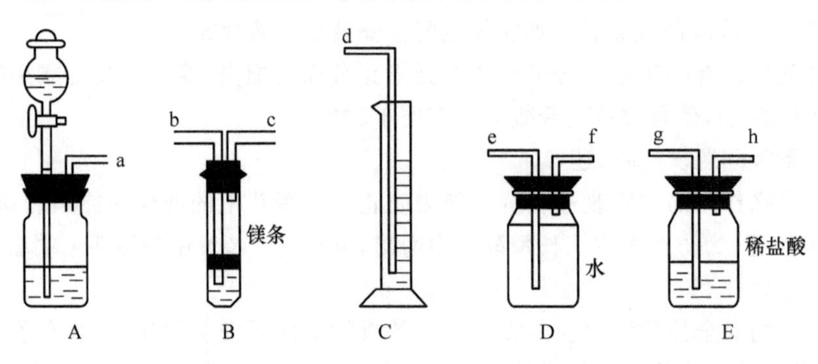

请回答下列问题：

(1) 假设气流方向为左→右，则各仪器的接口连接的先后顺序为（用小写字母填写）________。

(2) 连接好仪器后，要进行的操作有以下几步：① 待仪器 B 中的物质恢复至室温时，测量筒 C 中水的体积（若假定将测定的体积换算成标准状况下为 V mL）；② 擦掉镁条表面的氧化膜，将其置于天平上称量（假定其质量为 mg），并将其投入试管 B 中；③ 检查各装置的气密性；④ 旋开仪器 A 上分液漏斗的活塞，当镁条完全溶解时再关闭活塞。上述几步操作的先后顺序是________。

(3) 根据实验数据可算出镁的相对原子质量，其数字表达式为________。

(4) 若未将试管 B 冷却至室温就测量量筒 C 中水的体积，这将会使所测镁的相对原子质量数据（填偏高、偏低或无影响）________。

(5) 若未擦净镁条表面氧化膜就进行实验，这将会使所测镁的相对原子质量数据（填偏高、偏低或无影响）________。

解析：本题考查为实现某定量测定目标设计、组装仪器和操作程序的能力，以及依据实验原理判断实验误差的能力。

本题测定镁的相对原子质量的实验原理是根据已称量的 mg 镁产生 H_2 的体积，来计算镁的相对原子质量。根据题目给的装置，完成此实验必须做到以下两点：一是镁跟盐酸反应要充分；二是用排水法准确量得产生 H_2 的体积。

为此，仪器的连接顺序应为：a 接 h、g 接 b、c 接 f、e 接 d，最终使产生的 H_2 将 D 中的水排入量筒中，可测得 H_2 的体积。

根据 Mg 与 HCl 反应不难确定（设镁的相对原子质量为 A）：

Mg——H_2

A　　22 400

m　　　V

$$A=\frac{22\,400m}{V}$$

实验误差的讨论应依据上式：若 B 试管未冷却至室温，H_2 体积偏大，会造成计算结果镁原子量偏低；若镁条表面氧化膜未擦净，称量时将 MgO 的质量计在镁的质量上，实际收集到 H_2 体积偏小，计算结果的相对原子质量偏高。

答案：(1) a 接 h、g 接 b、c 接 f、e 接 d

(2) ②③④①或③②④①

(3) $\frac{22\,400m}{V}$　(4) 偏低　(5) 偏高

例 3　用下列仪器、药品验证由铜和适量硝酸反应产生的气体中含 NO（仪器可选择使用，N_2 和 O_2 的用量可自由控制）。已知：

① $NO+NO_2+2OH^- \longrightarrow 2NO_2^- + H_2O$

② 气体液化温度：NO_2 21 ℃，NO －152 ℃

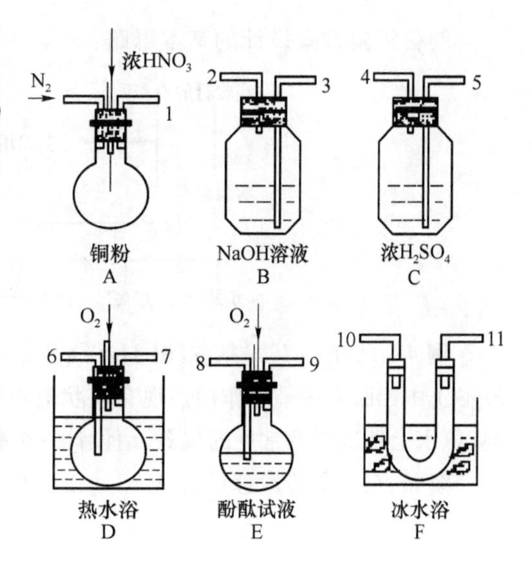

试回答：

(1) 仪器的连接顺序(按左→右连接，填各接口的编号)为________。

(2) 反应前先通入 N_2，目的是________。

(3) 确认气体中含 NO 的现象是________。

(4) 装置 F 的作用是________。

(5) 如果 O_2 过量，则装置 B 中发生反应的化学方程式为________。

解析：本实验的目的是验证 Cu 和浓 HNO_3 反应产生的气体中的 NO，即产物中一定有 NO，而不是通过实验来确定是否有 NO。而反应产物中 NO_2 是一定存在的，所以要将 NO_2 和 NO 分离后进行验证，如何分离？题目给出了两种气体相差甚远的液化温度，联系装置 F，便知其意了。NO_2 和 NO 分离(NO_2 被液化)后的气体与 O_2 作用，又出现红棕色，这个特征现象便确认了 NO 的存在。

另外，制气前须将各装置内的空气排尽(否则会氧化 NO)，气体中混有的水气的吸收以及最后尾气的吸收，这些问题都要考虑。而盛酚酞的装置 E 便成了命题者用来干扰思维的多余装置。

框图分析

$$\boxed{\begin{matrix}Cu\\ 浓HNO_3\end{matrix}} \longrightarrow \begin{matrix}NO\\ NO_2\\ H_2O\end{matrix} \xrightarrow{浓H_2SO_4} \begin{matrix}NO_2\\ NO\end{matrix} \xrightarrow{冰水浴} NO \xrightarrow{O_2} \begin{matrix}NO_2\\ O_2\end{matrix} \xrightarrow[溶液]{NaOH水} NaNO_3$$

答案：

(1) ①⑤④(10)(11)[或(11)(10)]⑥⑦③。

(2) 驱赶装置中的空气，防止产生的 NO 被氧化。

(3) 通入 O_2 后装置 D 中有红棕色气体生成。

(4) 使 NO_2 液化(分离 NO_2 和 NO)。

(5) $4NO_2+O_2+4NaOH = 4NaNO_3+2H_2O$。

二、制备实验方案的设计

制备实验方案设计的基本思路：

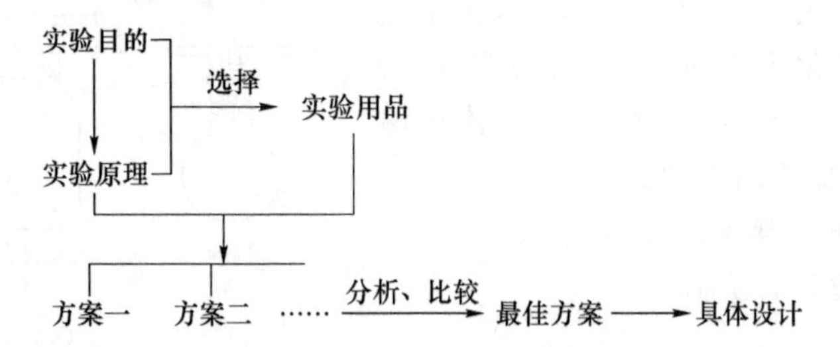

例 4 已知在 75℃左右，用 $HgSO_4$ 作催化剂，乙炔可水化生成乙醛，但 H_2S 之类物质可使 $HgSO_4$ 中毒而失去催化作用。现有块状电石、浓硫酸、水、氢氧化钠溶液、氧化汞粉末、$AgNO_3$ 溶液、氨水七种试剂及常见的仪器，请设计一个整套实验装置完成制取乙醛并验证其生成的实验。

解析：(1) 实验原理设计：$CaC_2+2H_2O \longrightarrow C_2H_2\uparrow+Ca(OH)_2$，还有杂质 H_2S，用 NaOH 溶液可除去 H_2S 等杂质。由于 $CH\equiv CH+H_2O \xrightarrow{75\ ℃} CH_3\overset{\overset{\large O}{\|}}{C}—H$ 则需采用水浴加热。将生成

的蒸气沿导管通入盛有银氨溶液的试管,并水浴加热,可检出乙醛的生成。

(2) 实验装置的设计:

根据反应原理,反应物的状态和反应条件,选择本实验所需的仪器并装配装置,如下图所示。

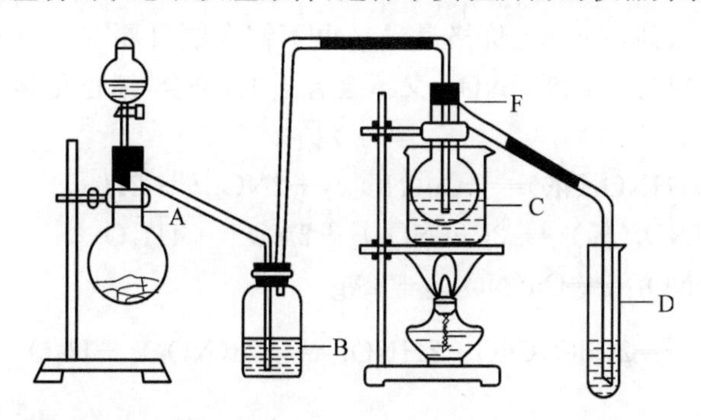

(3) 实验操作及顺序设计:

① 按上图所示装配仪器,检查装置的气密性。

② 往一支洁净的试管D中加入少许质量分数为2%的$AgNO_3$溶液,逐滴滴入质量分数为2%的氨水中至最初产生的沉淀恰好溶解为止,将试管放在盛有热水的烧杯中温热。

③ 将蒸馏烧瓶横置,用药匙将HgO粉末送到烧瓶底部,竖起后加少许水再缓慢地加入适量的浓H_2SO_4。

④ 将蒸馏烧瓶斜置,用镊子夹持电石使之从瓶颈沿瓶壁滑下。盖严双孔塞后,往分液漏斗中加入水。

⑤ 往洗气瓶中加入NaOH溶液。

⑥ 点燃酒精灯,使水温升至并保持在75 ℃左右。

⑦ 打开分液漏斗的活塞。

⑧ 待观察到试管D(稍振荡)内壁附有银白色物质(或呈棕黑色)时,实验完成。

说明:实验方法主要取决于实验原理,并受实验条件的制约。解实验设计题的关键首先要明确实验原理和要求,然后据此设计实验方法并进行仪器装配和操作。

答案:略。

例5　以铜、硝酸、硝酸银、水、空气等为原料,可用多种方法制取$Cu(NO_3)_2$。

(1) 试设计四种制取$Cu(NO_3)_2$的途径(用化学方程式表示)。

(2) 从"绿色化学"角度(环境保护和经济效益)考虑,大量制取$Cu(NO_3)_2$最宜采用上述哪种方法?说明原因。

解析:这是一道开放型的实验设计题目,答案是多样化的。从给出的原料和目标产物$Cu(NO_3)_2$来看,基本的思路如下:

$$Cu \xrightarrow{?} Cu(NO_3)_2$$

完成这一转化的途径很多。

① 直接用Cu与HNO_3反应:

$$Cu + 4NHO_3(浓) = Cu(NO_3)_2 + 2NO_2\uparrow + 2H_2O$$

$$3Cu + 8HNO_3(稀) = 3Cu(NO_3)_2 + 2NO\uparrow + 4H_2O$$

② 利用$Cu + 2AgNO_3 = Cu(NO_3)_2 + 2Ag$

③ $2Cu + O_2 \xlongequal{\triangle} 2CuO, CuO + 2HNO_3 = Cu(NO_3)_2 + H_2O$

问题(2)实际上是要求从环境保护和经济效益两个角度对上述四种制取 $Cu(NO_3)_2$ 的方法进行评价。很显然,用 Cu 和 HNO_3 直接反应的方法既污染环境(生成 NO 或 NO_2),又浪费原料(HNO_3 的理论利用率分别只有 50%和 75%),故不符合要求。用 Cu 和 $AgNO_3$,反应方法虽然简单,但是成本太高($AgNO_3$ 价格昂贵),也不符合题目要求。只有最后一种方法既不造成污染,两种基本原料为 Cu 和 HNO_3,又不会有损失,符合“绿色化学”的设计思想。

答案:

(1) 方法一:$Cu+4HNO_3(浓)\xlongequal{}Cu(NO_3)_2+2NO_2\uparrow+2H_2O$

方法二:$3Cu+8HNO_3(稀)\xlongequal{}3Cu(NO_3)_2+2NO\uparrow+4H_2O$

方法三:$Cu+2AgNO_3\xlongequal{}Cu(NO_3)_2+2Ag$

方法四:$2Cu+O_2\xlongequal{\triangle}2CuO$,$CuO+2HNO_3\xlongequal{}Cu(NO_3)_2+H_2O$

(2)(略)

三、性质实验方案的设计

1. 完成性质实验方案设计的基础

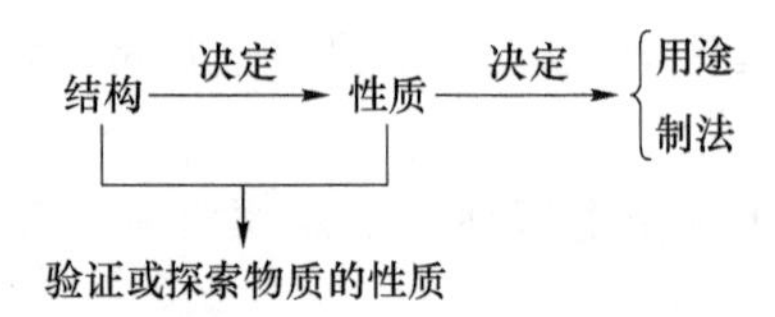

(1) 无机物质的性质:与原子结构有关。

(2) 有机物质的性质:与分子结构有关。

而有机物的分子结构又与官能团的种类和基团之间的相互影响有关。

2. 性质实验方案设计的一般思路

分析结构→对比回顾相关知识→预测性质→拟定方案

分子结构	同系物	稳定性
原子结构	元素周期表	酸、碱性
		氧化还原性
		官能团反应
		常识了解

3. 具体示例

(1) 乙二酸化学性质实验方案的设计;(运用上述思路和给出乙二酸性质的相关资料拟定实验方案)

(2) 铜和铜的化合物性质实验方案的设计:

铜的性质——弱还原性

铜的化合物性质——CuO、$Cu(OH)_2$、$CuSO_4\cdot5H_2O$

(3) 红砖中氧化铁的成分检验

例 6 为探究乙炔与溴的加成反应,甲同学设计并进行了如下实验:先取一定量工业用电石与水反应,将生成的气体通入溴水中,发现溶液褪色,即证明乙炔与溴水发生了加成反应。

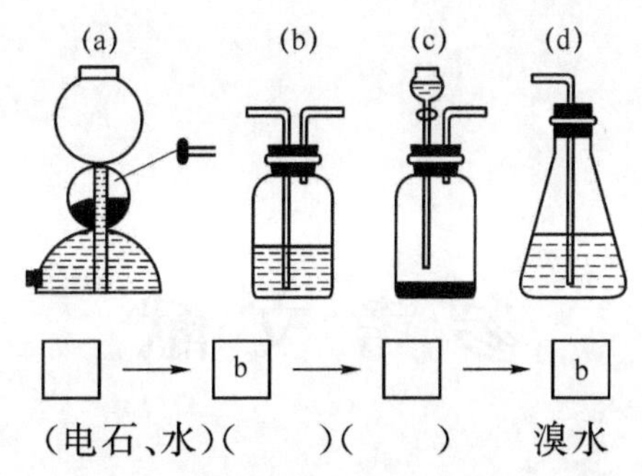

乙同学发现甲同学实验中，褪色后的溶液里有少许淡黄色浑浊，推测在制得乙炔中还有可能含有少量还原性的杂质气体，由此他提出必须先除去之，再与溴水反应。

请你回答问题：

(1) 写出甲同学实验中两个主要的化学方程式________。

(2) 甲同学设计的实验________(填能或不能)验证乙炔与溴发生加成反应，其理由是________。

① 使溴水褪色的反应，未必是加成反应。

② 使溴水褪色的反应，就是加成反应。

③ 使溴水褪色的物质，未必是乙炔。

④ 使溴水褪色的物质，就是乙炔。

(3) 乙同学推测此乙炔中必定含有的一种杂质气体是________，它与溴水反应的化学方程式是________________。验证过程中必须全部除去。

(4) 请你选用上列四个装置(可重复使用)来实现乙同学的实验方案，将它们的编号填入方框，并写出装置内所放的化学药品。

(5) 为验证这一反应是加成而不是取代，丙同学提出可用 pH 值试纸来测试反应后溶液的酸性，理由是________________。

解析：该题为有机化合物性质的实验。已知乙炔与 Br_2 发生加成生成 1,1,2,2－四溴乙烷成或 1,2－二溴乙烯，不会产生淡黄色沉淀。则电石与 H_2O 反应生成气体物质中必含还原性物质。

答案：

(1) $CaC_2+2H_2O \longrightarrow CH\equiv CH\uparrow+Ca(OH)_2$

$$CH\equiv CH+2Br_2 \longrightarrow \underset{Br}{\overset{Br}{\underset{|}{\overset{|}{CH}}}}-\underset{Br}{\overset{Br}{\underset{|}{\overset{|}{CH}}}} \text{ 或 } CH\equiv CH+Br_2 \longrightarrow \overset{Br}{\overset{|}{CH}}=\overset{Br}{\overset{|}{CH}}$$

(2) 不能；(由于生成的气体中混有还原性气体，也会使 Br_2 水褪色，则在净化前不能直接与 Br_2 反应。)①、③

(3) H_2S；$H_2S+Br_2 = 2HBr+S\downarrow$

(4) c($CuSO_4$溶液)；b($CuSO_4$溶液)

(5) 如若发生取代反应，必定生成 HBr，溶液酸性将会明显增强，故可用 pH 值试纸验证

参考文献

[1] 人民教育出版社课程教材研究所,化学课程教材研究开发中心.化学.北京:人民教育出版社,2007.

[2] 旷英姿主编.化学基础.2版.北京:化学工业出版社,2008.

[3] 何巧红,张嘉捷主编.高等学校教材:大学化学实验.北京:高等教育出版社,2012.

[4] 董敬芳主编.无机化学.4版.北京:化学工业出版社,2007.

[5] 黎春南.有机化学.北京:化学工业出版社,2002.

[6] 何晓春主编.化学与生活.北京:化学工业出版社,2007.

[7] 浙江大学普通化学教研组编.普通化学.5版.北京:高等教育出版社,2002.

化学元素周期表

原子序数 → 26 Fe ← 元素符号
铁 ← 元素名称
原子量 → 55.84

周期	ⅠA	ⅡA	ⅢB	ⅣB	ⅤB	ⅥB	ⅦB	Ⅷ			ⅠB	ⅡB	ⅢA	ⅣA	ⅤA	ⅥA	ⅦA	
1	1 H 氢 1.0079																	2 He 氦 4.0026
2	3 Li 锂 6.941	4 Be 铍 9.0122											5 B 硼 10.811	6 C 碳 12.011	7 N 氮 14.007	8 O 氧 15.999	9 F 氟 18.998	10 Ne 氖 20.17
3	11 Na 钠 22.9898	12 Mg 镁 24.305											13 Al 铝 26.982	14 Si 硅 28.085	15 P 磷 30.974	16 S 硫 32.06	17 Cl 氯 35.453	18 Ar 氩 39.94
4	19 K 钾 39.098	20 Ca 钙 40.08	21 Sc 钪 44.956	22 Ti 钛 47.9	23 V 钒 50.9415	24 Cr 铬 51.996	25 Mn 锰 54.938	26 Fe 铁 55.84	27 Co 钴 58.9332	28 Ni 镍 58.69	29 Cu 铜 63.54	30 Zn 锌 65.38	31 Ga 镓 69.72	32 Ge 锗 72.59	33 As 砷 74.9216	34 Se 硒 78.9	35 Br 溴 79.904	36 Kr 氪 83.8
5	37 Rb 铷 85.467	38 Sr 锶 87.62	39 Y 钇 88.906	40 Zr 锆 91.22	41 Nb 铌 92.9064	42 Mo 钼 95.94	43 Tc 锝 99	44 Ru 钌 101.074	45 Rh 铑 102.906	46 Pd 钯 106.42	47 Ag 银 107.868	48 Cd 镉 112.41	49 In 铟 114.82	50 Sn 锡 118.6	51 Sb 锑 121.8	52 Te 碲 127.6	53 I 碘 126.905	54 Xe 氙 131.3
6	55 Cs 铯 132.905	56 Ba 钡 137.33	57-71 La-Lu 镧系	72 Hf 铪 178.4	73 Ta 钽 180.947	74 W 钨 183.8	75 Re 铼 186.207	76 Os 锇 190.2	77 Ir 铱 192.2	78 Pt 铂 195.08	79 Au 金 196.967	80 Hg 汞 200.5	81 Tl 铊 204.3	82 Pb 铅 207.2	83 Bi 铋 208.98	84 Po 钋 (209)	85 At 砹 (201)	86 Rn 氡 (222)
7	87 Fr 钫 (223)	88 Ra 镭 226.03	89-103 Ac-Lr 锕系	104 Rf 𬬻 (261)	105 Db 𬭊 (262)	106 Sg 𬭳 (266)	107 Bh 𬭛 (264)	108 Hs 𬭶 (269)	109 Mt 鿏 (268)	110 Ds 𫟼 (271)	111 Rg 𬬭 (272)	112 Uub (285)	113 Uut (284)	114 Uuq (289)	115 Uup (288)	116 Uuh (292)	117 Uus	118 Uuo

镧系	57 La 镧 138.905	58 Ce 铈 140.12	59 Pr 镨 140.91	60 Nd 钕 144.2	61 Pm 钷 147	62 Sm 钐 150.4	63 Eu 铕 151.96	64 Gd 钆 157.25	65 Tb 铽 158.93	66 Dy 镝 162.5	67 Ho 钬 164.93	68 Er 铒 167.2	69 Tm 铥 168.934	70 Yb 镱 173.0	71 Lu 镥 174.96
锕系	89 Ac 锕 (227)	90 Th 钍 232.03	91 Pa 镤 231.03	92 U 铀 238.02	93 Np 镎 237.04	94 Pu 钚 (244)	95 Am 镅 (243)	96 Cm 锔 (247)	97 Bk 锫 (247)	98 Cf 锎 (251)	99 Es 锿 (254)	100 Fm 镄 (257)	101 Md 钔 (228)	102 No 锘 (259)	103 Lr 铹 (260)